AI 驱动创意制造与设计

AI赋能 AutoCAD

高效作图与自动化实现

（AutoCAD 2024）（视频教学版）

何凤　方聪　编著

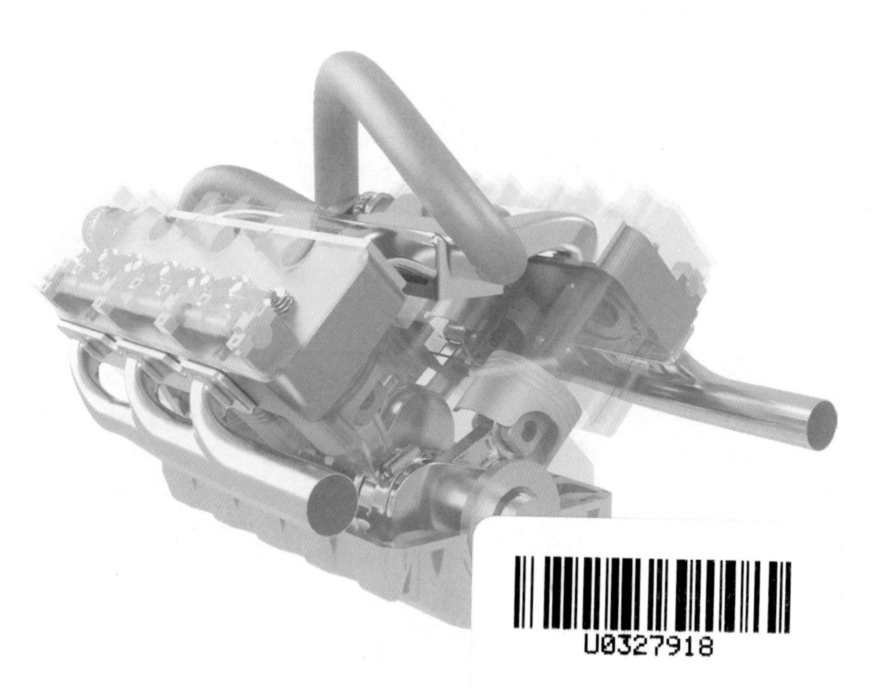

人民邮电出版社
北京

图书在版编目（CIP）数据

AI 赋能 AutoCAD 高效作图与自动化实现 : AutoCAD 2024 : 视频教学版 / 何凤, 方聪编著. -- 北京 : 人民邮电出版社, 2025. -- (AI 驱动创意制造与设计).

ISBN 978-7-115-66018-3

Ⅰ. TP391.72

中国国家版本馆 CIP 数据核字第 2025VR1750 号

内容提要

AutoCAD作为工程设计领域软件工具的典范，凭借卓越的性能成为设计师的得力助手。随着人工智能（Artificial Intelligence，AI）技术的日新月异及其在各领域的广泛应用，AutoCAD的功能范畴与应用技术也产生了变化。AI辅助AutoCAD绘图极大地提升了设计效率，推动设计领域迈上了新台阶。本书旨在帮助读者掌握AutoCAD+AI辅助设计的技术，以便在设计实践中更加高效、精准地实现创意与构想。

本书共分7章，首先从基础操作与绘图入手，循序渐进地引导读者掌握图形绘制、参数化设计、尺寸标注、图层操作、图纸设计以及AI辅助AutoCAD绘图等多个方面的高级功能。然后，深入剖析AI在设计领域的应用实践，如智能优化、自动化生成等创新手段。

本书可作为高等院校机械、建筑、城市规划、环境艺术及园林景观等相关专业的教材，也适合作为行业内相关从业者的自学资料。

◆ 编　　著　何　凤　方　聪
　责任编辑　李永涛
　责任印制　王　郁　胡　南

◆ 人民邮电出版社出版发行　　北京市丰台区成寿寺路 11 号
　邮编　100164　　电子邮件　315@ptpress.com.cn
　网址　https://www.ptpress.com.cn
　优奇仕印刷河北有限公司印刷

◆ 开本：700×1000　1/16
　印张：11.75　　　　2025 年 4 月第 1 版
　字数：227 千字　　　2025 年 4 月河北第 1 次印刷

定价：59.90 元

读者服务热线：(010) 81055410　印装质量热线：(010) 81055316

反盗版热线：(010) 81055315

前言

自动化设计软件的发展对设计领域有着越来越重要的影响。随着 AI 技术的日新月异，AI 辅助设计逐渐崭露头角，为设计师和工程师提供了更为精准、高效的设计方案。

本书致力于引领读者深入学习 AutoCAD 2024 与 AI 辅助设计技术的核心内容，并探索其在实际应用场景中的设计技巧。本书全面探讨 AI 在设计领域的广泛应用，详尽阐述如何借助 AI 辅助设计工具优化设计流程、提升设计效率，从而推动设计领域的创新发展。

全书共 7 章，各章内容简要介绍如下。

- 第 1 章：概述 AutoCAD 2024 基础知识和 AI 辅助绘图，介绍 AutoCAD 的常见命令、执行方式及坐标输入方式。
- 第 2 章：详细介绍 AutoCAD 2024 的基本线性作图和变换作图方法及实践。
- 第 3 章：详细介绍 AutoCAD 2024 的参数化作图技巧，包括几何约束、标注约束及约束管理等内容。
- 第 4 章：详细介绍 AutoCAD 2024 的尺寸标注和文字注释功能，包括定制标注、基本尺寸标注、快速标注、公差与引线标注及文字与表格注释等内容。
- 第 5 章：介绍 AutoCAD 2024 的图层和图块的应用知识，包括图层特性与操作、图块操作及应用实践等内容。
- 第 6 章：详细介绍 AI 工具结合 AutoCAD 进行自动化绘图的实际应用，包括 ChatGPT 辅助作图和 Python 自动化绘图等内容。
- 第 7 章：详细介绍 AutoCAD 2024 的图纸布局和文件打印功能，包括打印设备配置、布局空间使用、打印设置和出图等内容。

通过学习本书，读者将掌握 AutoCAD 2024 的核心功能，了解 AI 辅助设计的原理和方法，并能够灵活运用这些知识解决实际设计中的问题。我们希望本书能够成为读者学习和应用 AutoCAD 2024 和 AI 辅助设计技术的指南，帮助读者在设计领域取得更大的成就。

本书包含以下几大特色。

- 功能指令齐全。

- 穿插大量典型范例。
- 结合书中内容介绍，配备教学视频，让读者更好地理解和贯通所学知识。
- 配套资源中包含大量有价值的学习资料及练习内容，能让读者充分利用软件功能进行相关设计。

本书由广西职业技术学院的何凤老师和方聪老师共同编著。

感谢您选择了本书，希望我们的努力对您的工作和学习有所帮助。由于编著者水平有限，加之时间仓促，书中不足之处在所难免，恳请各位朋友和专家批评指正！电子邮箱：shejizhimen@163.com。

编著者

2024 年 6 月

资源与支持

资源获取

本书提供如下资源。

- 本书思维导图。
- 异步社区 7 天 VIP 会员。
- 本书实例的素材文件、结果文件及实例操作的视频教学文件。

要获得以上资源，您可以扫描右侧二维码，根据指引领取。

提交错误信息

尽管作者和编辑尽最大努力来确保书中内容的准确性，但仍难免存在疏漏。欢迎您将发现的问题反馈给我们，帮助我们提升图书的质量。

当您发现错误时，请登录异步社区（https://www.epubit.com），按书名搜索，进入本书页面，单击“发表勘误”，输入错误信息，单击“提交勘误”按钮即可（见下图）。本书的作者和编辑会对您提交的错误进行审核，确认并接受后，您将获赠异步社区的 100 积分。积分可用于在异步社区兑换优惠券、样书或奖品。

图书勘误　　发表勘误

页码：1　　页内位置（行数）：1　　勘误印次：1

图书类型：纸书　电子书

添加勘误图片（最多可上传4张图片）

+

提交勘误

与我们联系

我们的联系邮箱是 liyongtao@ptpress.com.cn。

如果您对本书有任何疑问或建议，请您发邮件给我们，并请在邮件标题中注明本书书名，以便我们更高效地做出反馈。

如果您有兴趣出版图书、录制教学视频，或者参与图书翻译、技术审校等工作，可以发邮件给我们。

如果您所在的学校、培训机构或企业想批量购买本书或异步社区出版的其他图书，也可以发邮件给我们。

如果您在网上发现有针对异步社区出品图书的各种形式的盗版行为，包括对图书全部或部分内容的非授权传播，请您将怀疑有侵权行为的链接发邮件给我们。您的这一举动是对作者权益的保护，也是我们持续为您提供有价值的内容的动力之源。

关于异步社区和异步图书

“异步社区”（www.epubit.com）是由人民邮电出版社创办的 IT 专业图书社区，于 2015 年 8 月上线运营，致力于优质内容的出版和分享，为读者提供高品质的学习内容，为作译者提供专业的出版服务，实现作译者与读者在线交流互动，以及传统出版与数字出版的融合发展。

“异步图书”是异步社区策划出版的精品 IT 图书的品牌，依托于人民邮电出版社在计算机图书领域 40 多年的发展与积淀。异步图书面向 IT 行业以及各行业使用 IT 的用户。

目录

第 1 章 AutoCAD 与 AI 辅助设计基础

在当前数字化和自动化不断发展的背景下，AutoCAD 2024 与 AI 的结合开启了设计领域的新纪元。本章全面概述 AutoCAD 和 AI 辅助绘图的入门知识，并介绍 AI 如何在辅助设计中发挥关键作用。

1.1 AutoCAD 2024 概述

AutoCAD 2024 是一款由 Autodesk 公司开发的计算机辅助设计（Computer Aided Design，CAD）软件，被广泛应用于建筑、机械、电子、冶金、化工等各个领域，满足不同行业的需求。

1.1.1 AutoCAD 2024 主页界面

AutoCAD 2024 的主页界面保留了之前版本的新选项卡功能，如图 1-1 所示。

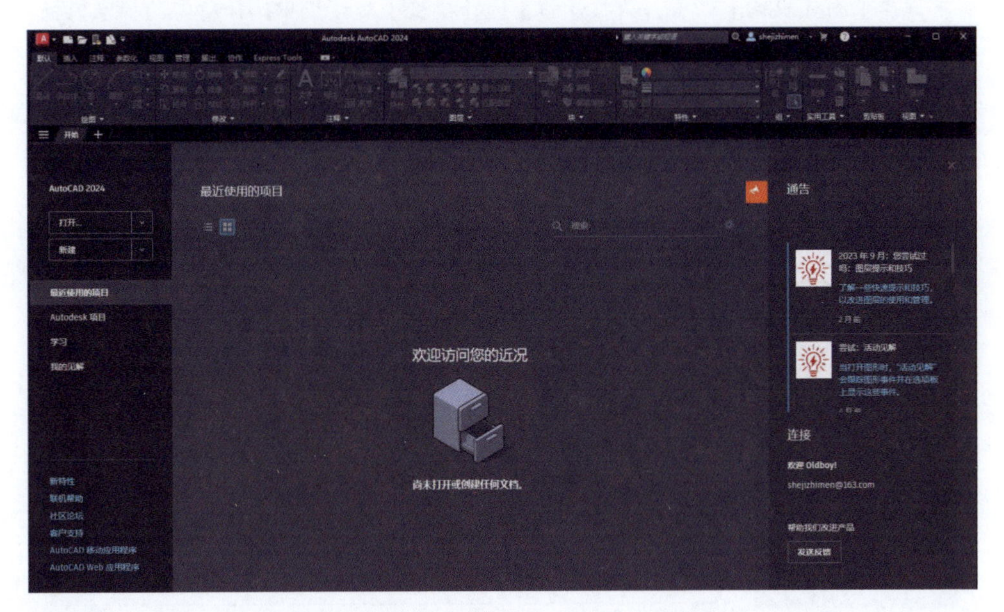

图 1-1

AutoCAD 2024 的主页界面主要有以下功能。

- 开始新工作：从空白状态、样板内容或已知位置的现有内容开始新工作。
- 最近使用的项目：从上次离开的位置继续工作或者从保存的项目开始工作。
- Autodesk 项目：登录 Autodesk 官方网站查看用户上传的项目。
- 学习：浏览产品、学习新技能或提高现有技能、发现产品中的更改内容或接收相关通知。
- 我的见解：登录 Autodesk Account 获取个性化的见解。
- 参与：查看软件新特性、获取联机帮助、参与社区论坛或者联系客户支持等功能。

下面介绍 AutoCAD 2024 主页界面中的主要功能。

1. 主页界面的中间位置为【最近使用的项目】区域。在【最近使用的项目】区域中可打开之前未完成或已完成的设计文件，以便继续工作或修改设计。每次打开的设计文件仅当用户保存后才会自动显示在【最近使用的项目】区域中。

2. 用户也可以在主页界面的左侧区域单击【打开】按钮，打开之前保存的文件。

3. 当用户需要创建一个全新的工作文件时，可在主页界面的左侧区域单击【新建】按钮，系统会自动创建一个制图文件并进入工作界面。

4. 自动创建的制图文件是以国际标准化组织（International Organization for Standardization, ISO）的标准作为制图标准（默认的制图模板文件是 acadiso.dwt）。如果需要切换标准，可在【新建】按钮的右侧单击下拉按钮展开下拉菜单，从中选择【浏览模板】选项，从打开的【选择模板】对话框中选择所需的标准模板，然后单击【打开】按钮，如图 1-2 所示。

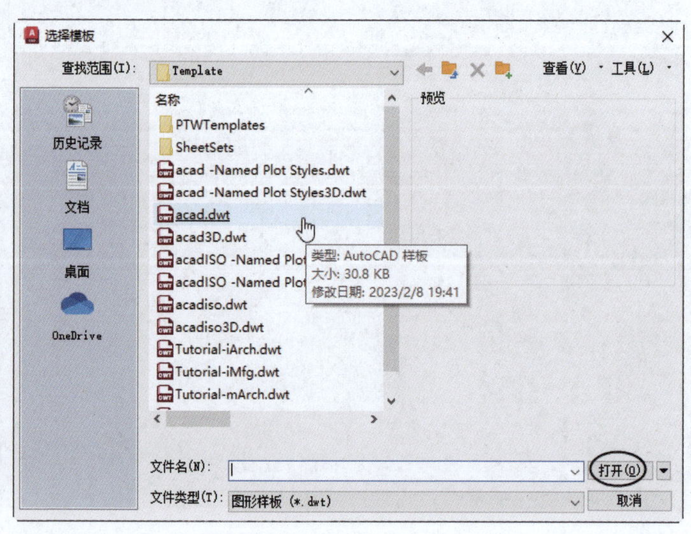

图 1-2

> **提示：** 模板是一个包含制图标准和图层管理的属性及特性的配置文件。用户可以在模板中进行相关标准的设定，也可以先打开具有相关标准的模板再进行工作。本章的源文件夹中为用户提供了机械、建筑及电气的国家标准图纸模板文件。将这些模板文件复制并粘贴到“C:\Users\Administrator\AppData\Local\Autodesk\AutoCAD 2024\R24.1\chs\Template”路径即可使用。

5. 当用户第一次学习和使用 AutoCAD 2024 时，可在主页界面中浏览产品、学习新技能或提高现有技能、发现产品中的更改内容或接收相关通告。

6. 在主页界面左侧打开【学习】选项卡，如图 1-3 所示。主页界面的中间位置会显示该选项卡中有关 AutoCAD 2024 的学习提示与学习视频。

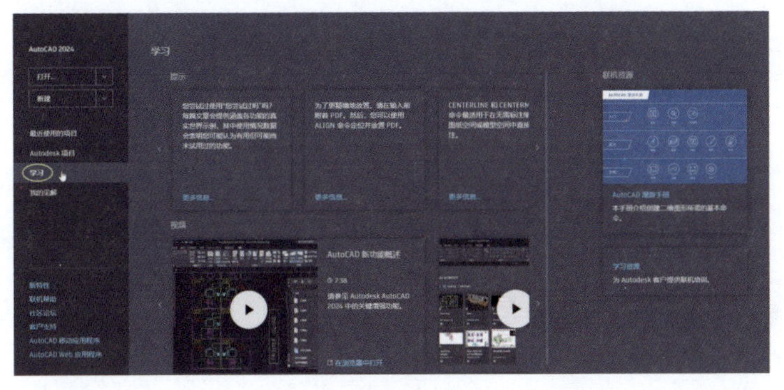

图 1-3

7. 当用户需要了解 AutoCAD 2024 的新增功能和各项命令时，可在主页界面左侧下方选择【新特性】选项，或者选择【联机帮助】选项，打开帮助文档（以网页形式显示），以此学习和了解 AutoCAD 2024 的新增功能和功能指令，如图 1-4 所示。

图 1-4

1.1.2 AutoCAD 2024 工作空间

AutoCAD 2024 提供了草图与注释、三维建模和三维基础 3 种工作空间，用户在工作状态下可随时切换工作空间。

1. 在 AutoCAD 主页界面新建图纸文件后，在程序默认状态下，打开的窗口是草图与注释工作空间。

2. 草图与注释工作空间的工作界面主要由菜单浏览器、快速访问工具栏、信息搜索中心、菜单栏、功能区、文件选项卡、绘图区、命令行、状态栏等元素组成，如图 1-5 所示。

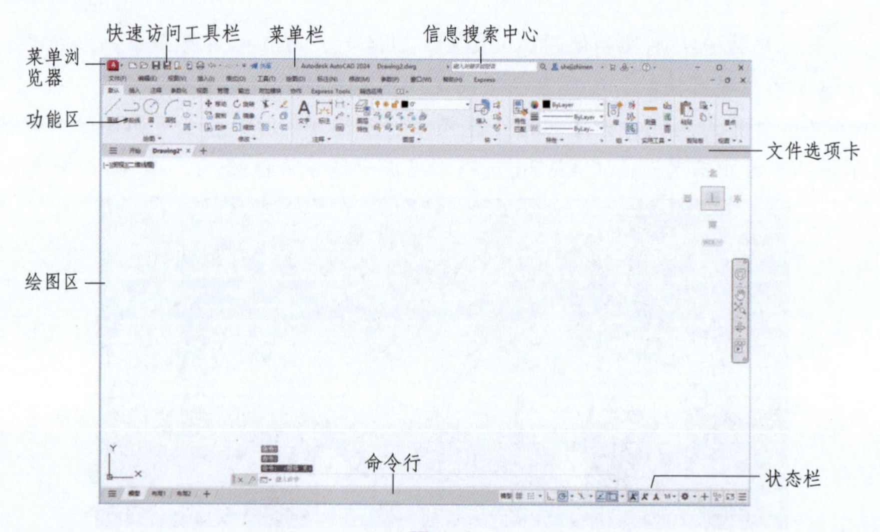

图 1-5

3. 初始打开 AutoCAD 2024 时，其窗口的颜色主题是黑色，跟绘图区的背景颜色一致。如果用户觉得黑色界面会影响视觉效果，可以通过在菜单栏中选择【工具】/【选项】命令，打开【选项】对话框，在【显示】选项卡中设置窗口元素的颜色主题为【明】，再单击【颜色】按钮，可设置绘图区的背景颜色，如图 1-6 所示。

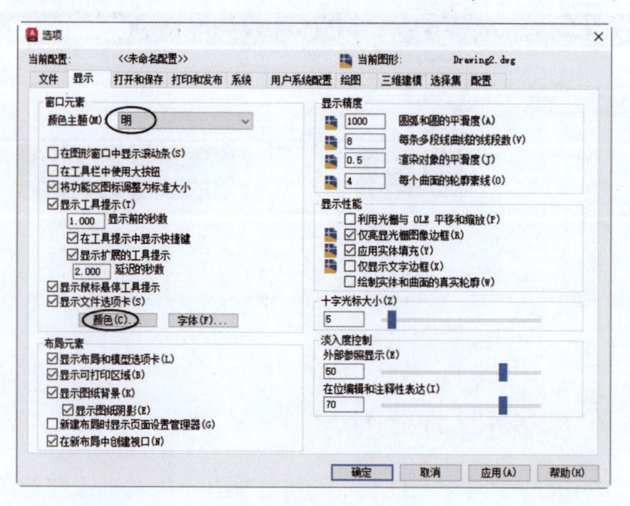

图 1-6

1.2 AI 辅助绘图概述

AI已成为一个热门话题，它影响了我们生活和工作的方方面面。从基本的机器学习概念到复杂的神经网络和深度学习，AI技术的发展正改变着众多行业的运作方式。

如今，AI辅助计算机图形设计逐渐成为现实。许多AI工具被集成到AutoCAD软件中，可以完成自动化常规任务、优化设计流程、增强决策制定等操作。

1.2.1 AI 辅助 AutoCAD 绘图

利用AI工具可以帮助设计师提高设计效率，起到辅助、协同设计的作用，但不能完全替代设计师完成设计工作。学好AI工具，还应具备以下条件。

- 掌握基础知识。熟悉AI和机器学习的基本概念，包括数据处理、模型训练和算法选择等。这部分知识可以通过在线课程、书籍或教学视频来学习。
- 学习AI在设计中的应用知识。了解AI在设计领域的应用方式和具体案例，尤其是在建筑设计、工程设计或产品设计方面的应用知识。这部分知识可以通过阅读行业报告、参与在线讨论或参加相关工作坊来获得。
- 熟悉设计软件。熟练掌握设计软件的操作知识，比如AutoCAD、Revit等。对这些软件的熟练使用可以帮助用户更好地理解AI是如何整合到设计流程中的。
- 学习AI集成的软件和平台。这些软件和平台通常提供教程、文档和实践案例，帮助用户更好地理解如何使用AI进行设计。
- 实践和练习。参与实际项目或者进行练习来应用所学的AI技能，比如个人项目、实习或者志愿参与某个设计团队的工作等。
- 持续学习和跟进发展。AI技术在不断发展，学习和跟进最新的技术和发展趋势非常重要，比如参与行业论坛、学习更新课程或了解最新的研究成果等，有助于保持竞争力。

学习AI辅助设计需要耐心和坚持。结合理论知识和实践经验，可以逐步提升自己在设计领域的技能水平。

1.2.2 AI 在 AutoCAD 中的具体应用

目前，AI在AutoCAD中的具体应用体现在以下几个方面。

一、智能设计和自动化

- 生成初步设计：AI可以根据用户提供的参数或需求生成初始设计，包括建筑的草图、基本布局或者产品结构的初步设计等。

- 布局和规划：AI 可以优化空间布局和规划，通过综合考虑各种因素，提出最佳设计方案。

二、智能识别和标记

- 对象识别：AI 可以识别并分类不同类型的对象，如墙壁、窗户、门等，并自动标记它们。
- 标注尺寸：AI 可以识别需要标注尺寸的区域，并自动标注尺寸。

三、优化和改进

- 设计优化：AI 可以分析已有设计并提出改进建议，包括设计效率、使用材料和设计成本等方面。
- 性能优化：在工程设计中，AI 可以优化设计结构，提高设计性能，并确保设计内容符合规范。

四、自动化绘图和编辑

- 图纸生成：AI 可以自动生成图纸，包括平面图、立面图和剖面图等。
- 自动修复和编辑：AI 可以识别并修复设计中的错误，还可以自动化编辑图纸，从而提高设计准确性。

五、智能建议和分析

- 设计建议：基于分析和数据模式，AI 可以提供智能化的建议，改善设计方案。
- 数据分析：AI 能够分析大量数据，并帮助做出更全面的数据驱动决策。

这些应用使 AutoCAD 中的设计更加智能化和高效化。通过结合 AI 技术，设计人员可以更快地生成设计方案、有效地减少错误、提高设计质量。

1.2.3 常见的 AI 大语言模型

AI 大语言模型是 AI 应用领域的一种工具，它主要用于生成智能的交互式文本、图像及（在某些情况下）3D 模型。这种模型能够理解输入的文本，并据此生成相应的、具有连贯性的文本输出。这些模型的核心技术是深度学习，特别是变换器（Transformer）架构，该架构在处理和生成文本方面表现出色。

一、ChatGPT

ChatGPT 是由美国 OpenAI 公司开发的 AI 大语言模型，它基于 GPT-3.5 和 GPT-4 架构，被训练用于生成自然语言文本，可以用于多种对话和文本生成任务。ChatGPT 可以理解输入的文本并生成连贯的、有意义的回复文本，在对话系统、客服聊天、写作辅助等方面具有广泛的应用。

图 1-7 所示为 ChatGPT 的官方平台界面。

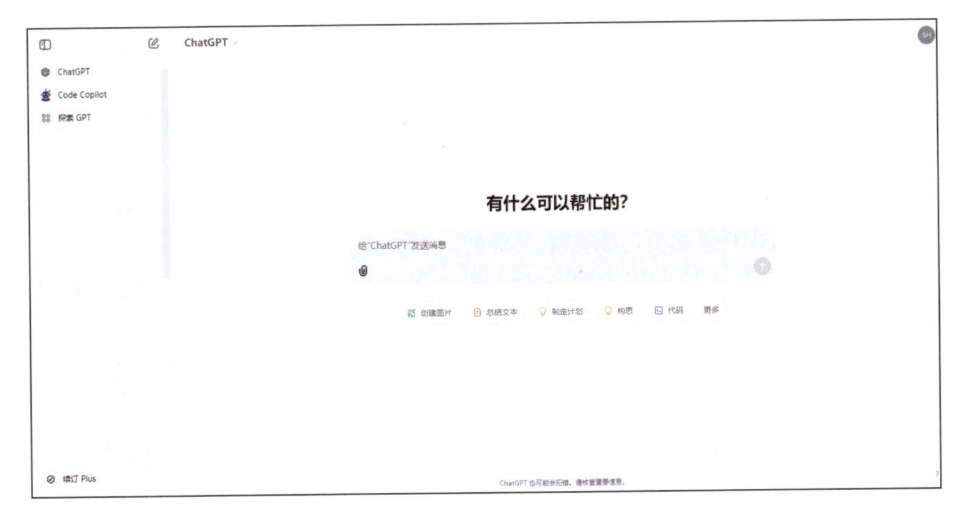

图 1-7

用户若要在国内使用 GPT-3.5，可以下载 GPT Chrome 浏览器，该浏览器将 GPT-3.5 作为扩展程序自动嵌入，并在浏览器的右上角显示 G 图标，单击此图标，即可免费使用 GPT-3.5 聊天机器人，如图 1-8 所示。

图 1-8

使用 ChatGPT 辅助工作时，需遵守以下几点指导原则。遵守这些指导原则将帮助用户与 ChatGPT 进行更有效的交互，并获得更有意义和准确的回答。

- 提出清晰的问题和指令：尽量提出清晰的问题和指令，以便 ChatGPT 理解需求。避免模糊的描述或含糊不清的问题，这有助于 ChatGPT 更准确地回答。

- 提供必要的上下文信息：如果问题涉及特定情境或背景，应尽量提供上下文信息，这有助于 ChatGPT 更好地理解问题并提供更准确的回答。
- 详细的问题描述：尽量提供详细的问题描述，避免过于模糊或简略的问题描述，这有助于 ChatGPT 提供更有深度的答案。
- 提出具体的问题：尽量提出具体的问题，而不是泛泛地提问。针对具体的问题，ChatGPT 通常更容易产生准确的回答。
- 使用关键词：在问题中使用关键词有助于 ChatGPT 更好地理解问题并提供相关的答案。
- 适度限制回答范围：如果希望 ChatGPT 给出特定类型或领域的回答，可以通过明确指定限制条件来帮助它更好地理解问题。
- 利用多轮对话：如果问题复杂或需要进一步追问或澄清，可以尝试进行多轮对话，逐步提供更多信息或进一步提出问题。
- 提供反馈和修正：如果 ChatGPT 的回答与期望不符，可以提供明确的反馈来纠正它的回答，并尝试以不同的方式重新表达问题。
- 检查合格验证：ChatGPT 提供的信息不一定总是正确的。在决策或重要问题上，最好自行核实信息，并谨慎考虑 ChatGPT 的建议。
- 确保合理的期望：ChatGPT 是一种强大的语言模型，但仍有一定的限制。因此应确保期望是合理的，并意识到它可能无法提供完全准确或完美的答案。
- 文明交流：确保交互是文明和尊重的。ChatGPT 被设计成遵守社会准则和法律法规，并不应该用于恶意或不当用途。在使用 ChatGPT 时，应确保交互遵守社区准则和法律法规。
- 探索功能：ChatGPT 不仅可以回答问题，还可以进行创造性的文本生成、编程辅助、写作建议等。可以尝试不同的用途，发掘其多功能性。

二、文心一言

文心一言是百度发布的知识增强型大语言模型，它能够与人对话互动，如回答问题、协助创作等，帮助人们高效、便捷地获取信息、知识和灵感。文心一言基于飞桨深度学习平台和文心大模型，可以持续从海量数据和大规模知识中融合学习，具备知识增强、检索增强和对话增强的技术特色。

下面介绍使用文心一言时的几个重要提示。

- 用户需要进入文心一言官方网站使用文心一言大语言模型。
- 图 1-9 所示为文心一言大语言模型（简称“文心大模型”）的网页端用户界面。

图 1-9

- 在使用文心一言的过程中，如果用户发现问题，可单击左侧面板中的按钮及时反馈给平台，以便在正式版本中修改和升级。
- 如果新用户不清楚在文心一言中如何与文心大模型 3.5 进行对话，可以在首页左侧面板中单击【百宝箱】按钮，进入【一言百宝箱】页面，查看并使用符合用户使用场景的指令，如图 1-10 所示。

图 1-10

- 假如用户想写作一个科幻小故事，可在【场景】选项卡【创意写作】选项类别中选择【短篇故事创作】指令。文心大模型 3.5 会自动填写关键词并进行创意写作，如图 1-11 所示。

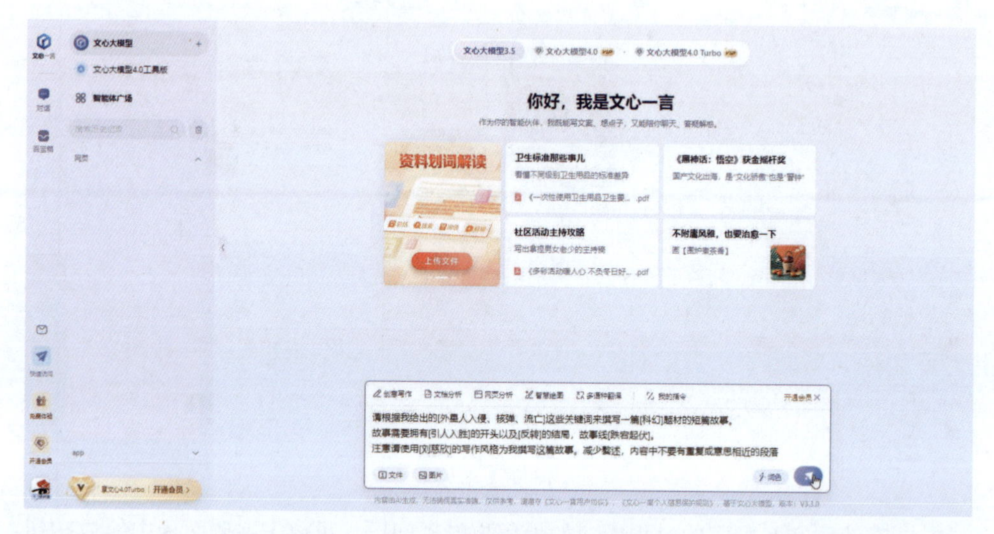

图 1-11

- 在与文心大模型 3.5 进行对话时，用户可使用聊天文本框上方的辅助工具来完成创意写作、文档分析、网页分析、智慧绘图、多语种翻译等工作。还可以选择【我的指令】命令，一键调取自定义的指令（提示词），如图 1-12 所示。

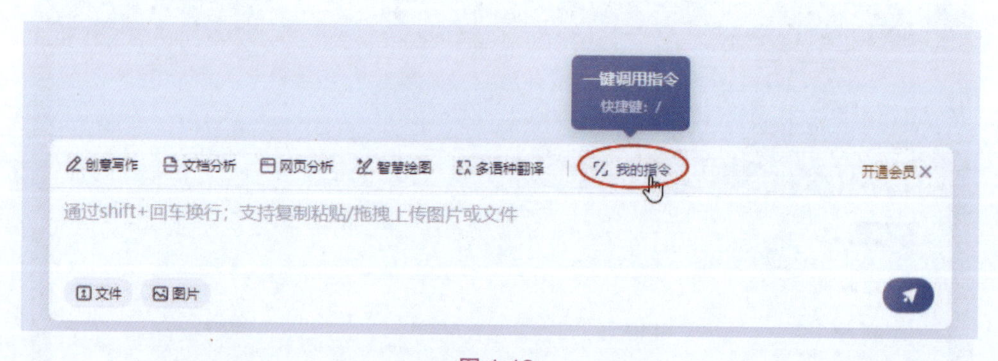

图 1-12

- 如果用户事先没有创建任何指令，选择【我的指令】命令后，在弹出的【我创建的】面板中选择【创建指令】命令，会弹出【创建指令】对话框。输入指令标题和指令内容后，单击【保存】按钮即可完成指令的创建，如图 1-13 所示。

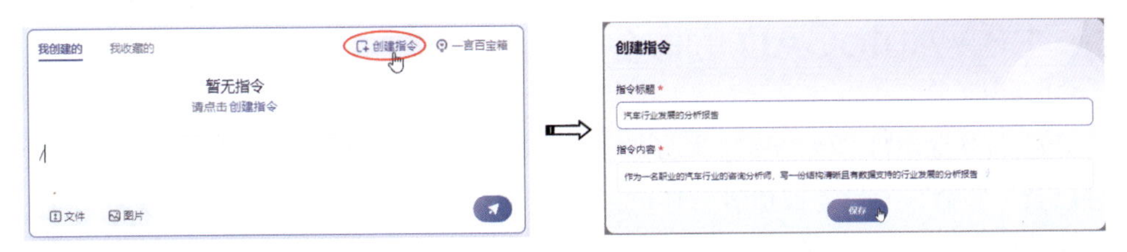

图 1-13

三、国内其他 AI 大语言模型

除前面介绍的两款 AI 大语言模型，国内还有很多互联网企业推出的商业 AI 大语言模型，例如华为的盘古、阿里云的通义千问、科大讯飞的讯飞星火、360 的 360 智脑、腾讯的腾讯混元、复旦大学的 MOSS 及百川智能的 Baichun 等。

在上述大语言模型中，尤其值得推荐的是华为的盘古大语言模型，其应用场景十分强大，主要致力于打造金融、政务、制造、矿山、气象、铁路等行业的大语言模型和能力集合，将行业 Know-how 与大语言模型能力相结合，重塑千行百业，成为组织、企业、个人的专家级助手。华为盘古大语言模型目前仅邀请企业客户测试，个人客户无法公测，所以本章无法对其详细介绍。

其他厂商的大语言模型与前面介绍的文心一言类似，不赘述。阿里云的通义千问大语言模型的交互界面如图 1-14 所示。

图 1-14

1.3　AutoCAD 的命令与执行方式

AutoCAD 提供了多种系统变量，这些变量主要用于存储操作环境设置、图形信息以及一些命令的设置或值等，还可以显示当前状态、控制 AutoCAD 的某些功能、设计环境以及命令的工作方式等。

1.3.1　掌握 AutoCAD 的特殊命令——系统变量

系统变量主要用于 AutoCAD 中的系统环境配置和选项设定。系统变量的功能包括控制模式的开启或关闭，如捕捉模式、栅格显示或正交限制鼠标指针模式；设置填充图案的默认比例；存储有关当前图形和程序配置的信息；用来更改一些设置。在其他情况下，系统变量可以显示当前状态，例如使用 GRIDMODE 系统变量来控制点栅格的显示。

系统变量通常有 6 ～ 10 个字符的缩写名称，许多系统变量有简单的开关设置。系统变量类型主要有整数、实数、点、开 / 关 4 种，如表 1-1 所示。

表 1-1

类型	定义	相关变量
整数	用不同的整数值来确定相应的状态（用于选择）	如 SNAPMODE、OSMODE
	用不同的整数值来进行设置（用于数值）	如 GRIPSIZE、ZOOMFACTOR
实数	用于保存实数值	如 AREA、TEXTSIZE
点	用于保存坐标点（用于坐标）	如 LIMMAX、SNAPBASE
	用于保存 *X*、*Y* 方向的距离值（用于距离）	如 GRIDUNIT、SCREENSIZE
开 / 关	有 ON（开）/OFF（关）两种状态，用于设置状态的开关	如 HIDETEXT、LWDISPLAY

通常情况下，系统变量的值可以通过相关的命令来查询和改变。在 AutoCAD 中，某些系统变量具有只读属性，这意味着用户只能查看这些变量的值，无法修改它们。当使用 DIST 命令查询距离时，只读系统变量 DISTANCE 会自动保存最后一次 DIST 命令的查询结果。而对于没有只读属性的系统变量，用户可以通过以下两种方式直接查询和设置系统变量的值。

- 在命令行中直接输入变量名。
- 使用 SETVAR 命令来改变系统变量。

一、在命令行中直接输入变量名

对于只读变量，系统将显示其变量值。而对于非只读变量，系统在显示其变量值的同时，还允许用户输入一个新值来设置该变量。

二、使用 SETVAR 命令来指定系统变量

SETVAR 命令不仅可以对指定的系统变量进行查询和设置，还可以使用【?】选项来查询全部的系统变量。对于一些与系统命令相同的变量，如 AREA 等，只能用 SETVAR 命令来查询。

SETVAR 命令可通过以下两种方式执行。

- 菜单栏：执行【工具】/【查询】/【设置变量】命令。
- 命令行：输入 SETVAR。

命令行操作提示如下。

```
命令：
SETVAR 输入变量名或 [?]：          //输入变量以查看或设置
```

> **提示：** 命令行操作提示中，每一行操作的右侧会有“//”符号和文字内容，表示该行命令操作的文字介绍。

1.3.2 常见的命令执行方式

AutoCAD 的“命令”是指通过执行某种工具指令来完成一项设计工作。严格地讲，系统变量也是一种命令。只不过系统变量主要用于系统环境的配置与定义，而命令主要用于绘制图形。AutoCAD 的命令集中在功能区选项卡及菜单栏中。

AutoCAD 2024 是人机交互式软件，当用该软件绘图或进行其他操作时，首先要向 AutoCAD 发出命令。AutoCAD 2024 给用户提供了多种执行命令的方式。用户可以根据自己的习惯和熟练程度选择更顺手的方式来执行软件中丰富的命令。下面讲解 6 种常见的命令执行方式。

一、通过菜单栏执行

通过菜单栏执行命令是简单、直观的命令执行方式之一。初学者很容易掌握这种方式，只需用鼠标单击菜单栏上的命令，即可执行对应的 AutoCAD 命令。但使用这种方式的操作速度往往较慢，需要用户手动在菜单栏中寻找命令，要求用户对软件的结构有一定的认识。

二、在命令行中输入命令并执行

通过在命令行输入对应的命令后按 Enter 键或空格键，即可运行对应的命令，并且 AutoCAD 会给出命令行操作提示，提示用户应执行的后续操作。这种命令执行方式比较方便、快捷。能够熟练操作软件的用户会采用这种方式，但这需要用户记忆 AutoCAD 中大量的英文命令。最好的方法就是使用系统提供的命令别名或者用户自定义的命令别名来替代英文命名。例如，在命令行中可以用输入 C 代替 CIRCLE 来启动【圆】命令，并以此来绘制一个圆。命令行操作提示如下。

```
命令：C                                               //输入命令别名
CIRCLE 指定圆的圆心或 [三点(3P)/两点(2P)/切点、切点、半径(T)]：
                                                      //在绘图区中指定圆心
指定圆的半径或 [直径(D)]：500 ↙                        //输入圆半径并按Enter键
```

提示： 命令行中的斜箭头"↙"，表示按Enter键或空格键执行命令。

通过输入命令别名绘制的圆如图1-15所示。

提示： 命令的别名不同于键盘的快捷键，如U（放弃）的键盘快捷键是Ctrl+Z。

三、启用指针输入

如果用户不是激活命令行而是直接输入命令，那么实际上启用了指针输入模式。在执行某个命令之前，如果不在命令行中单击以激活命令行，而是在键盘上按下字母键C（【圆】命令的别名），此时会在指针右下角显示该命令，如图1-16所示。

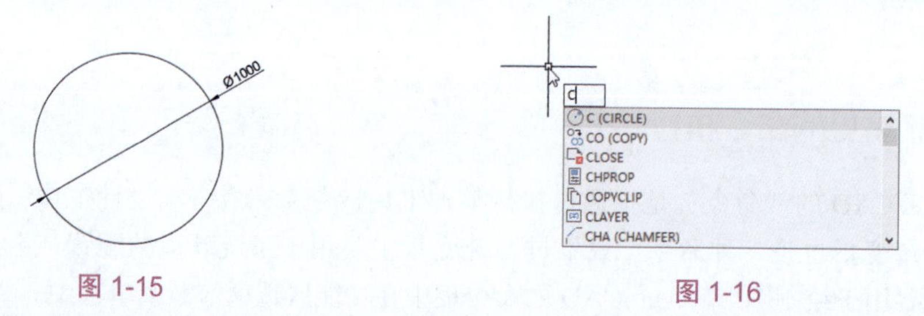

图1-15　　　　图1-16

提示： 启用指针输入执行命令的方法与在命令行中执行命令的方法是相同的。

四、在功能区单击命令按钮

对于软件新手来说，最简单的命令执行方式就是在功能区的某个选项卡中单击命令按钮。功能区中包含了AutoCAD绝大部分的绘图命令，可以满足基本的制图要求。

五、鼠标按键在绘图中的作用

在绘图区口，鼠标指针通常显示为十字线形式。当鼠标指针移至菜单命令、功能区或对话框中时，它会变成一个箭头。无论鼠标指针是十字线形式还是箭头形式，当单击或者按住鼠标按键拖动时，都会执行相应的命令或动作。在AutoCAD中，鼠标按键是按照下述规则定义的。

- 左键：即拾取键，用于指定屏幕上的点，也可以用来选择Windows对象、AutoCAD对象、工具栏按钮和菜单命令等。
- 右键：功能相当于Enter键，用于结束当前使用的命令，此时程序将根据当前绘图状态弹出不同的右键快捷菜单。

- 中键：按住中键，相当于 AutoCAD 中的 PAN 命令（实时平移）。滚动中键，相当于 AutoCAD 中的【ZOOM】命令（实时缩放）。
- Shift+ 右键：弹出【对象捕捉】右键快捷菜单，如图 1-17 所示。
- Shift+ 中键：三维动态旋转视图，如图 1-18 所示。
- Ctrl+ 中键：上、下、左、右旋转视图，如图 1-19 所示。
- Ctrl+ 右键：弹出【对象捕捉】右键快捷菜单。

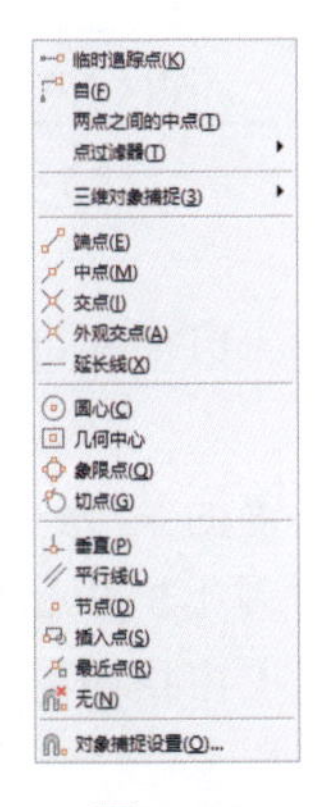

图 1-17

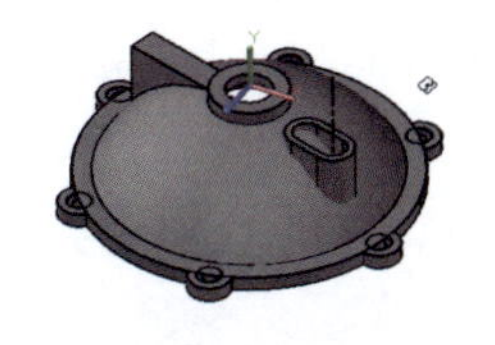

图 1-18

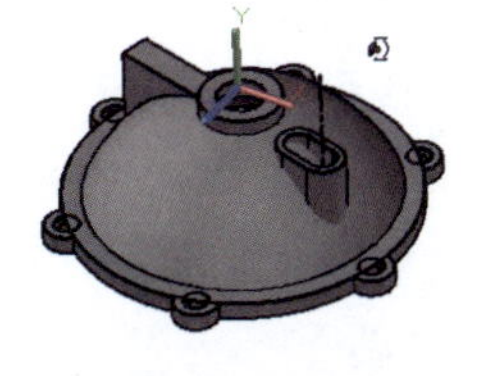

图 1-19

六、键盘快捷键

快捷键（也称为加速键）是指用于启动命令的按键组合。例如，可以按 Ctrl+O 快捷键打开文件，按 Ctrl+S 快捷键保存文件，结果分别与从【文件】菜单中选择【打开】和【保存】命令相同。表 1-2 显示了【保存】快捷键的特性，其显示方式与在【特性】窗格中的显示方式相同。

表 1-2

【特性】窗格中的项目	说明	样例
名称	该字符串仅在 CUI 编辑器中使用，并且不会显示在用户界面中	保存
说明	文字用于说明元素，不显示在用户界面中	保存当前图形
扩展型帮助文件	当鼠标指针悬停在工具栏或面板按钮上时，将显示已显示的扩展型工具提示的文件名和 ID	
命令显示名称	包含命令名称的字符串，与命令有关	QSAVE
宏	命令宏。遵循标准的宏语法	^C^C_qsave

续表

【特性】窗格中的项目	说明	样例
键	指定用于执行宏的按键组合。单击【…】按钮以打开【快捷键】对话框	Ctrl+S
选项卡	与命令相关联的关键字。选项卡可提供其他字段用于在菜单栏中进行搜索	
元素 ID	用于识别命令的唯一标记	ID_Save

提示：快捷键从用于创建它的命令中继承了自己的特性。

用户可以为常用命令指定快捷键，还可以指定临时替代键，以便通过按键来执行命令或更改设置。

临时替代键可临时打开或关闭在【草图设置】对话框中设置的某个绘图辅助工具（如正交限制鼠标指针模式、对象捕捉或极轴追踪模式）。表 1-3 显示了【对象捕捉替代：端点】临时替代键的特性，其显示方式与在【特性】窗格中的显示方式相同。

表 1-3

【特性】窗格中的项目	说明	样例
名称	该字符串仅在 CUI 编辑器中使用，并且不会显示在用户界面中	对象捕捉替代：端点
说明	文字用于说明元素，不显示在用户界面中	对象捕捉替代：端点
键	指定用于执行临时替代的按键组合。单击【…】按钮以打开【快捷键】对话框	Shift+E
宏 1（按下键时执行）	用于指定应在用户按下按键组合时执行宏	^P'_.osmode 1 $(if,$(eq,$(getvar, osnapoverride),'_.osnapoverride 1)
宏 2（松开键时执行）	用于指定应在用户松开按键组合时执行宏。如果保留为空，那么 AutoCAD 会将所有变量恢复至以前的状态	

提示：用户可以将快捷键与命令列表中的任一命令相关联，还可以创建新快捷键或者修改现有的快捷键。

1.4 常见的坐标输入方式

用户在绘制精度要求较高的图形时，常使用用户坐标系（User Coordinate System，UCS）的二维坐标系、三维坐标系来输入坐标值，以满足设计需要。

1.4.1 笛卡儿坐标输入方式

笛卡儿坐标系有 3 个轴，即 *X*、*Y* 和 *Z* 轴。输入坐标值时，需要指示沿 *X*、*Y* 和 *Z* 轴相对于坐标系原点（0,0,0）的距离（以单位表示）及其方向（正或负）。在二维视图中，在 *XY* 平面（也称为工作平面）上指定点。工作平面类似于平铺的网格纸。笛卡儿坐标的 *x* 值指定水平距离，*y* 值指定垂直距离，原点（0,0）表示两轴相交的位置。

在二维视图中输入笛卡儿坐标，只需在命令行输入以逗号分隔的 *x* 值和 *y* 值即可。笛卡儿坐标输入分为绝对坐标输入和相对坐标输入。

一、绝对坐标输入

1. 已知要输入点的精确坐标的 *x* 值和 *y* 值时，最好采用绝对坐标输入方式。若在动态输入框中输入坐标，坐标前面须添加“#”号，如图 1-20 所示。

2. 若在命令行中输入坐标，则无须添加“#”号。命令行操作提示如下。

```
命令：line
指定第一点：30,60↙                              // 输入线段第一点坐标
指定下一点或 [放弃(U)]：150,300↙                 // 输入线段第二点坐标
指定下一点或 [放弃(U)]：*取消*                   // 输入 U 或按 Esc 键取消绘制
```

绘制的线段如图 1-21 所示。

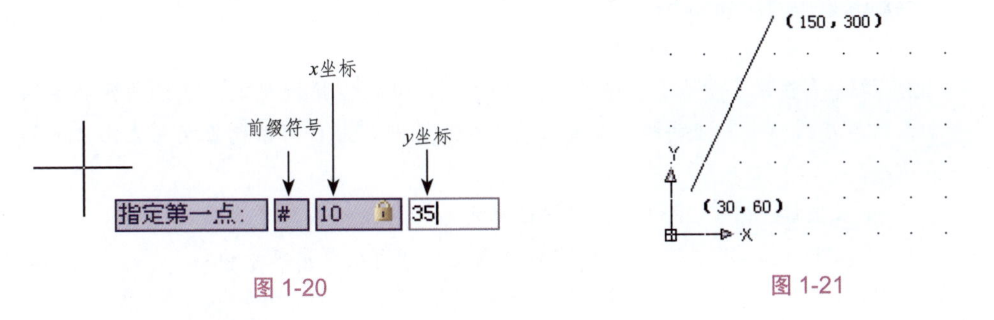

图 1-20　　图 1-21

二、相对坐标输入

相对坐标是基于上一输入点的。如果知道某点与前一点的位置关系，就可以使用相对坐标。要指定相对坐标，须在坐标前面输入 @ 符号。

> **提示：**若在动态输入框中输入坐标，则无须在坐标前面输入 @ 符号，直接输入坐标即表示相对输入。

例如，在命令行输入“@3,4”，表示基于坐标系原点沿 *X* 轴方向 3 个单位，沿 *Y* 轴方向 4 个单位以确定一个点。

要在绘图区中绘制一个三角形，可在命令行中进行如下操作。

```
命令：line
指定第一点：-2,1↙                                          // 第一点绝对坐标
指定下一点或 [放弃(U)]：@5,0↙                               // 第二点相对坐标
指定下一点或 [放弃(U)]：@0,3↙                               // 第三点相对坐标
指定下一点或 [闭合(C)/放弃(U)]：@-5,-3↙                      // 第四点相对坐标
指定下一点或 [闭合(C)/放弃(U)]：c ↙                         // 闭合线框
```

上机实践——利用笛卡儿坐标绘制五角星和多边形

用户可利用笛卡儿坐标并使用相对坐标输入方式来绘制五角星和正五边形，如图 1-22 所示。

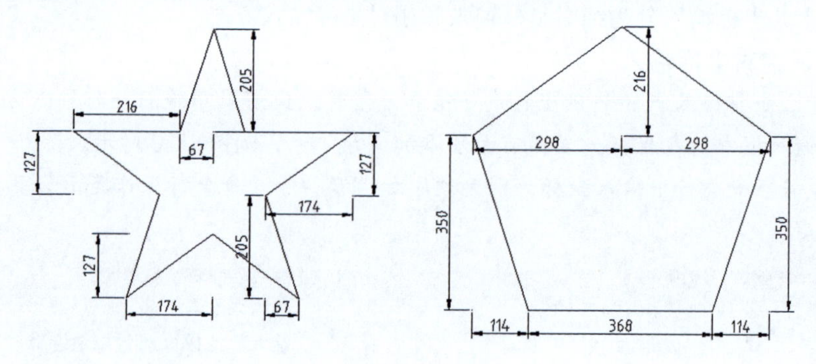

图 1-22

绘制五角星的步骤如下。

1. 新建文件，进入 AutoCAD 绘图环境。

2. 执行【直线】命令，先在命令行输入 L，并按空格键确定，在绘图区指定第一点；然后在提示下一点时输入坐标（@216,0），确定后即可绘制五角星左上边的第一条边线。

3. 输入坐标（@67,205），按空格键确定后即可绘制第二条边线。

4. 输入坐标（@67,-205），按空格键确定后即可绘制第三条边线。

5. 输入坐标（@216,0），按空格键确定后即可绘制第四条边线。

6. 输入坐标（@-174,-127），按空格键确定后即可绘制第五条边线。

7. 输入坐标（@67,-205），按空格键确定后即可绘制第六条边线。

8. 输入坐标（@-174,127），按空格键确定后即可绘制第七条边线。

9. 输入坐标（@-174,-127），按空格键确定后即可绘制第八条边线。

10. 输入坐标（@67,205），按空格键确定后即可绘制第九条边线。

11. 输入坐标（@-174,127），按空格键确定后即可绘制第十条边线。

绘制正五边形的步骤如下。

1. 执行【直线】命令，先在命令行输入 L，并按空格键确定，在绘图区指定第一点；然后在提示下一点时输入坐标（@298,216），确定后即可绘制正五边形左上边的第一条边线。

2. 坐标（@298,-216），按空格键确定后即可绘制第二条边线。

3. 坐标（@-114,-350），按空格键确定后即可绘制第三条边线。

4. 坐标（@-368,0），按空格键确定后即可绘制第四条边线。

5. 坐标（@-114,350），按空格键确定后即可绘制第五条边线。

1.4.2 极坐标输入方式

在平面内由极点、极轴和极径组成的坐标系称为极坐标系。

1. 在平面上取一点 O，称为极点。先从 O 出发引一条射线 OX，称为极轴。

2. 再确定一个长度单位，通常规定角度取逆时针方向为正。这样，平面上任一点 P 的位置就可以用线段 OP 的长度 ρ 及从 OX 到 OP 的角度 θ 来确定，有序数对 (ρ,θ) 就称为 P 点的极坐标，记为 $P(\rho,\theta)$；ρ 称为 P 点的极径，θ 称为 P 点的极角，如图 1-23 所示。

3. 在 AutoCAD 中采用极坐标输入时，需在命令行中输入尖括号（<）。

4. 默认情况下，角度按逆时针方向增大，按顺时针方向减小。要指定顺时针方向，输入负角度值即可。例如，输入 1<315 和 1<-45 都代表相同的点。极坐标的输入包括绝对极坐标输入和相对极坐标输入。

一、绝对极坐标输入

当知道点的准确距离和角度坐标时，一般情况下使用绝对极坐标。绝对极坐标从用户坐标系原点（0,0）开始测量，此原点是 X 轴和 Y 轴的交点。

在动态输入框中输入时，可以使用“#”前缀指定绝对坐标。如果在命令行中输入坐标，那么无须使用“#”前缀。例如，输入 #3<45 指定一点，此点距离原点有 3 个单位，并且与 X 轴成 45° 角。命令行操作提示如下。

```
命令：line
指定第一点：0,0                                   //指定线段起点
指定下一点或 [放弃(U)]：4<120                     //指定第二点
指定下一点或 [放弃(U)]：5<30                      //指定第三点
指定下一点或 [闭合(C)/放弃(U)]：*取消*            //按 Esc 键或 Enter 键结束命令
```

以绝对极坐标方式绘制的线段如图 1-24 所示。

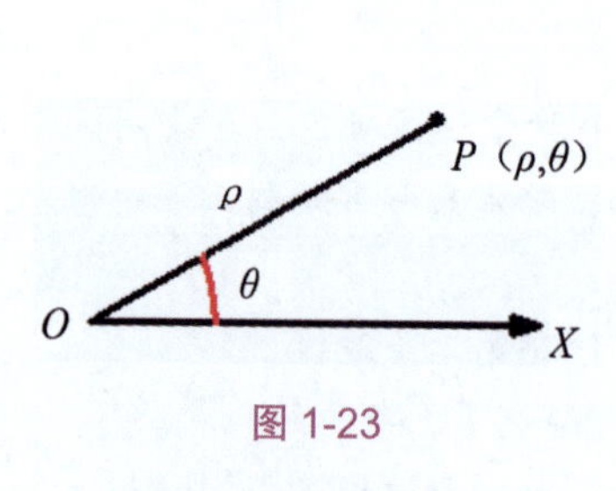

图 1-23

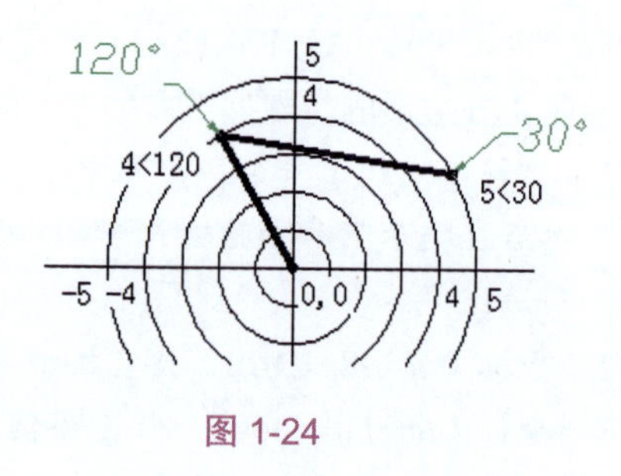

图 1-24

二、相对极坐标输入

相对极坐标是基于上一输入点而确定的。如果知道某点与上一点的位置关系，那么可使用相对极坐标来输入。

要输入相对极坐标，需要在坐标前面添加一个“@”符号。例如，输入 @1<45 来指定一点，此点距离上一指定点有 1 个单位，并且与 X 轴成 45° 角。

例如，使用相对极坐标来绘制两条线段，线段都是从标有上一点的位置开始。命令行操作提示如下。

```
命令：line
指定第一点：-2, 3                               //指定线段起点
指定下一点或 [放弃(U)]：2, 4                     //指定第二点
指定下一点或 [放弃(U)]：@3<45                    //指定第三点
指定下一点或 [放弃(U)]：@5<285                   //指定第四点
指定下一点或 [闭合(C)/放弃(U)]：*取消*           //按 Esc 键或 Enter 键结束命令
```

以相对极坐标方式绘制的两条线段如图 1-25 所示。

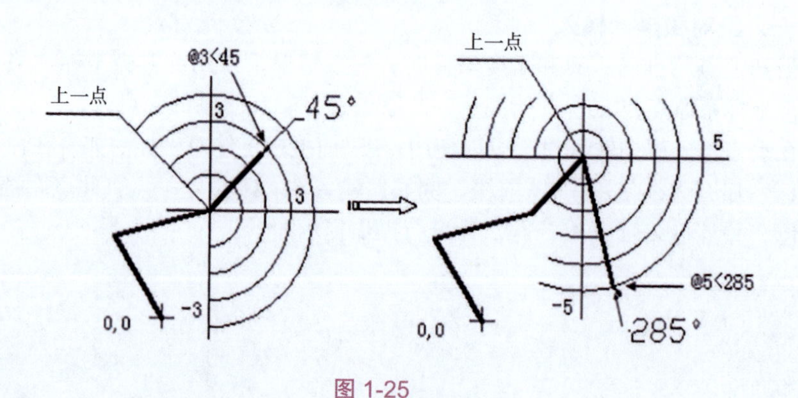

图 1-25

上机实践——使用极坐标绘制五角星和多边形

使用相对极坐标输入法绘制五角星和正五边形，如图 1-26 所示。

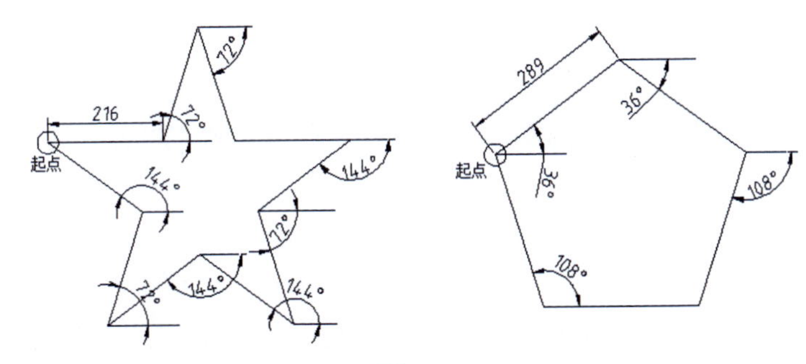

图 1-26

绘制五角星的步骤如下。

1. 新建文件进入 AutoCAD 绘图环境。

2. 使用【直线】命令，在命令行输入 L，然后按空格键确定，在绘图区指定第一点，在提示下一点时输入坐标（@216<0），按空格键确定后即可绘制五角星的左上边的第一条边线。

3. 输入坐标（@216<72），按空格键确定后即可绘制第二条边线。

4. 输入坐标（@216<-72），按空格键确定后即可绘制第三条边线。

5. 输入坐标（@216<0），按空格键确定后即可绘制第四条边线。

6. 输入坐标（@216<-144），按空格键确定后即可绘制第五条边线。

7. 输入坐标（@216<-72），按空格键确定后即可绘制第六条边线。

8. 输入坐标（@216<144），按空格键确定后即可绘制第七条边线。

9. 输入坐标（@216<-144），按空格键确定后即可绘制第八条边线。

10. 输入（@216<72），按空格键确定后即可绘制第九条边线。

11. 输入坐标（@216<144），按空格键确定后即可绘制第十条边线。

绘制正五边形的步骤如下。

1. 使用【直线】命令，在命令行输入 L，并按空格键确定，在绘图区指定第一点，在提示下一点时输入坐标（@289<36），按空格键确定后即可绘制正五边形左上边的第一条边线。

2. 输入坐标（@289<-36），按空格键确定后即可绘制第二条边线。

3. 输入坐标（@289<-108），按空格键确定后即可绘制第三条边线。

4. 输入坐标（@289<180），按空格键确定后即可绘制第四条边线。

5. 输入坐标（@289<108），按空格键确定后即可绘制第五条边线。

提示：在输入笛卡儿坐标时，绘制线段可启用正交模式，如五角星上边两条线段，在打开正交的状态下，用鼠标指针指引向右的方向，直接输入 216 代替（@216,0）更加方便、快捷。

第 2 章 AutoCAD 基本作图

本章详细介绍如何使用 AutoCAD 2024 的常用图形绘制命令和编辑命令绘制二维平面图形。

2.1 基本作图方法

本节我们使用 AutoCAD 2024 的常用绘图命令来绘制二维平面图形。

2.1.1 绘制直线

直线是各种绘图中最常用、最简单的一类图形对象，只要指定了两点即可绘制一条直线。

上机实践——使用【直线】命令绘制图形

单击【绘图】面板中的【直线】按钮，然后按命令行提示进行操作。

```
命令：LINE
指定第一点：100,0 ↙                                    // 确定 A 点
指定下一点或［放弃（U）］：@0,-40 ↙                     // 确定 B 点
指定下一点或［放弃（U）］：@-90,0 ↙                     // 确定 C 点
指定下一点或［闭合（C）/ 放弃（U）］：@0,20 ↙           // 确定 D 点
指定下一点或［闭合（C）/ 放弃（U）］：@50,0 ↙           // 确定 E 点
指定下一点或［闭合（C）/ 放弃（U）］：@0,40 ↙           // 确定 F 点
指定下一点或［闭合（C）/ 放弃（U）］：C ↙               // 自动闭合并结束命令
```

绘制结果如图 2-1 所示。

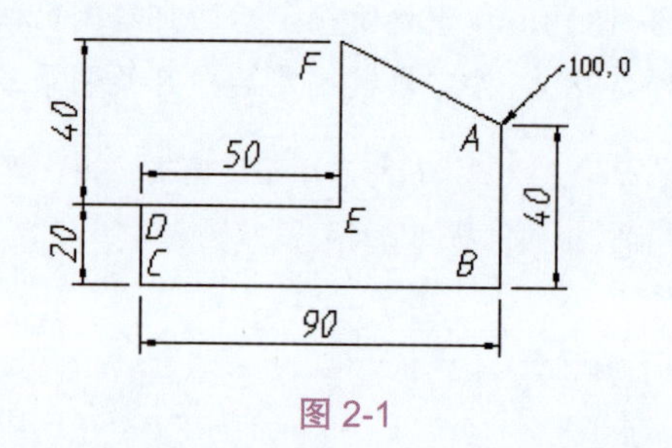

图 2-1

2.1.2 绘制射线

【射线】命令可以创建开始于一点且另一端无限延伸的线。

上机实践——绘制射线

1. 单击【绘图】面板中的【射线】按钮。
2. 命令行提示及操作如下。

```
命令：RAY
指定起点：0,0                          // 输入射线起点
指定通过点：@30,0                      // 输入相对坐标值确定射线的通过点
```

绘制结果如图 2-2 所示。

图 2-2

2.1.3 绘制构造线

【构造线】命令可以创建两端无限延伸的直线，没有起点和终点，可以放置在三维空间的任何地方，主要用于绘制辅助线。

1. 单击【绘图】面板中的【构造线】按钮。
2. 指定构造线的 1 个放置点和 1 个通过点，即可确定构造线，如图 2-3 所示。

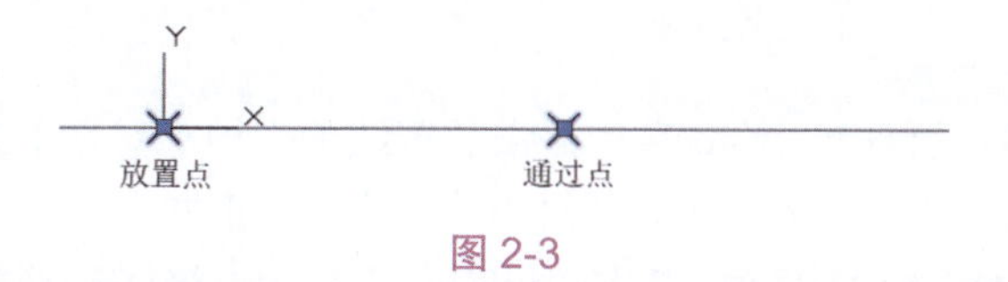

图 2-3

2.1.4 绘制多段线

多段线是作为单个对象创建的相互连接的线段序列。它是由线段、弧线或两者共同组合而成的对象，既可以一起编辑，也可以分别编辑，还可以具有不同的宽度。

1. 在【默认】选项卡的【绘图】面板中单击【多段线】按钮。

2. 在视图中随意指定一个点作为起点后，再按照命令行中的提示来绘制线段或者圆弧，完成一个图形的绘制。

图 2-4 所示的剪刀图形就是使用【多段线】命令绘制的。

PLINE 指定下一点或 [圆弧(A) 闭合(C) 半宽(H) 长度(L) 放弃(U) 宽度(W)]:

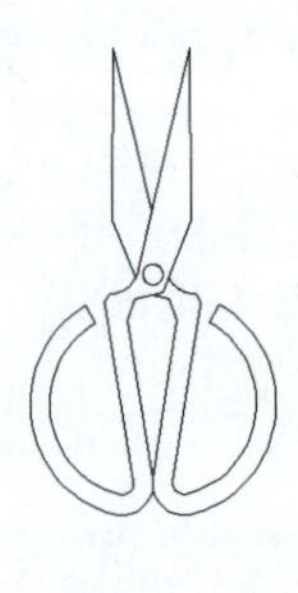

图 2-4

2.1.5　绘制多线

多线是由两条或两条以上的平行线构成的复合线对象，并且每条平行线的线型、颜色以及间距都是可以设置的。

图 2-5 所示为使用【多线】命令绘制的建筑平面墙体图形。

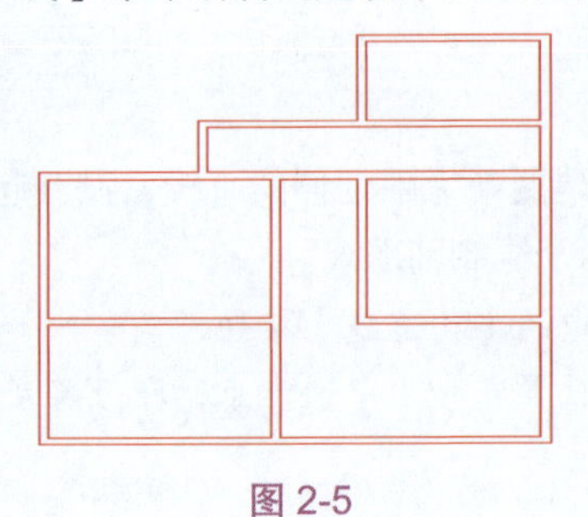

图 2-5

在绘制多线的过程中，AutoCAD 提供了多线的 3 种【对正】方式，即上对正、下对正和中心对正，如图 2-6 所示。如果当前多线的对正方式不符合要求，用户可在命令行中单击【对正（J）】选项，系统会出现如下提示，根据提示选择符合要求的方式即可。

```
指定起点或 [对正 (J) / 比例 (S) / 样式 (ST)]:  J
输入对正类型 [上 (T) / 无 (Z) / 下 (B)] <上>:      // 提示用户输入多线的对正方式
```

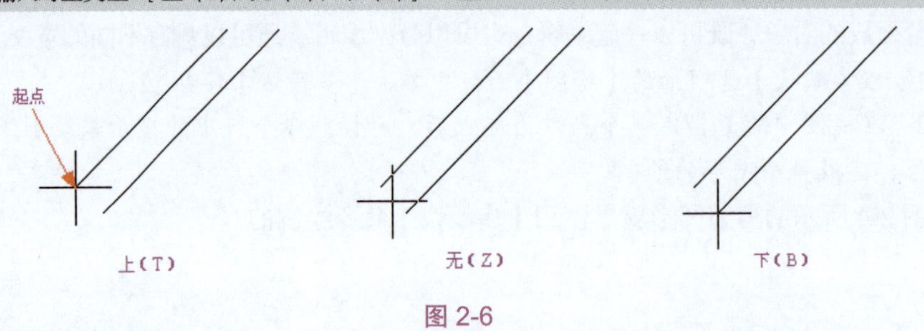

图 2-6

2.1.6 绘制圆

圆是一种闭合的基本图形元素。要绘制圆，可以指定圆心、半径、直径、圆周上的点和其他对象上点的不同组合。

绘制圆主要有两种方式，第一种是通过指定半径和直径画圆，第二种是通过两点或三点精确定位画圆。

上机实践——半径画圆和直径画圆

半径画圆和直径画圆是两种基本的画圆方式，默认方式为半径画圆。当用户定位圆的圆心之后，只需输入圆的半径或直径，即可精确画圆。

1. 单击【绘图】面板上的【圆】/【圆心，半径】按钮或【圆】/【圆心，直径】按钮，激活【圆】命令。

2. 根据 AutoCAD 命令行的提示精确画圆。命令行操作如下。

```
命令：_circle
指定圆的圆心或 [三点(3P)/两点(2P)/切点、切点、半径(T)]:
                                                   //指定圆心位置
指定圆的半径或 [直径(D)] <100.0000>:                 //设置半径值为100
```

结果绘制了一个半径为 100 的圆，如图 2-7 所示。

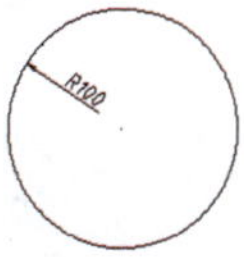

提示：激活【直径】选项，即可进行直径画圆。

图 2-7

上机实践——两点或三点画圆

【两点】画圆或【三点】画圆指的是定位出两点或三点，即可精确画圆。所给定的两点被看作圆直径的两个端点，所给定的三点都位于圆周上。

1. 在【绘图】面板中单击【圆】/【两点】按钮或【圆】/【三点】按钮，或者在菜单栏中执行【绘图】/【圆】/【两点】命令，激活【两点】画圆命令。

2. 根据 AutoCAD 命令行的提示进行两点画圆。命令行操作如下。

```
命令：_circle
指定圆的圆心或 [三点(3P)/两点(2P)/切点、切点、半径(T)]: _2p
                                           //输入或选择2p选项
指定圆直径的第一个端点：                   //确定圆上第一点A
指定圆直径的第二个端点：                   //确定圆上第二点B
```

绘制结果如图 2-8 所示。

提示：另外，用户也可以通过输入两点的坐标值，或使用对象的捕捉追踪功能定位两点，以精确画圆。

3. 按 Enter 键重复执行 CIRCLE 命令，然后根据 AutoCAD 命令行的提示进行 3

点画圆。命令行操作如下。

```
命令：_circle
指定圆的圆心或 [三点 (3P)/ 两点 (2P)/ 切点、切点、半径 (T)]: 3p
                                                      // 输入或选择 3p 选项
指定圆上的第一个点：                                  // 拾取点 1
指定圆上的第二个点：                                  // 拾取点 2
指定圆上的第三个点：                                  // 拾取点 3
```

绘制结果如图 2-9 所示。

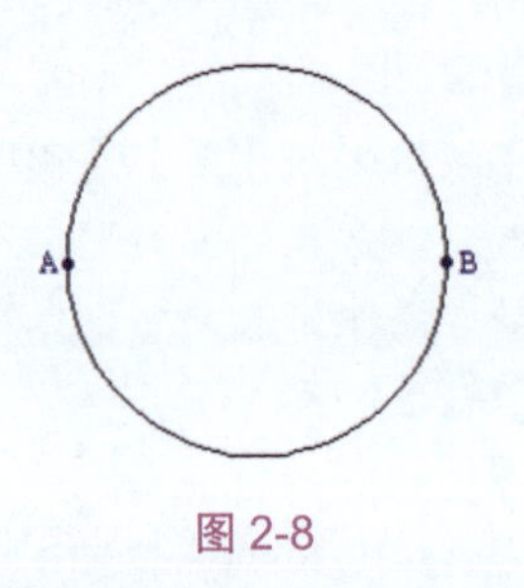

图 2-8

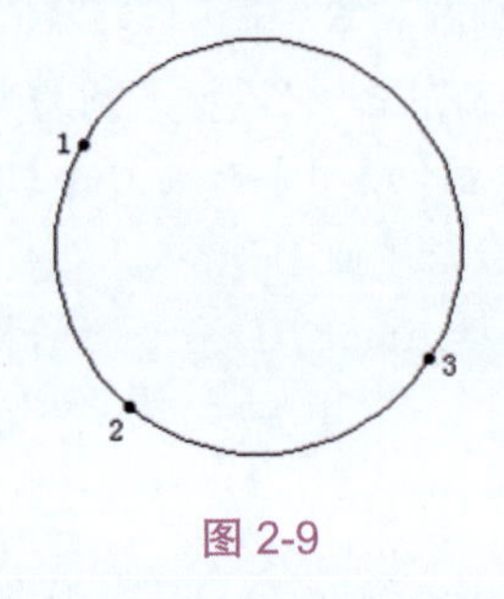

图 2-9

2.1.7　绘制圆弧

在 AutoCAD 2024 中，绘制圆弧的命令有 11 个，如图 2-10 所示。除第一个圆弧命令是顺时针绘制圆弧外，其他圆弧命令都是从起点到端点逆时针绘制圆弧。下面仅介绍第一个常用的绘制圆弧命令。

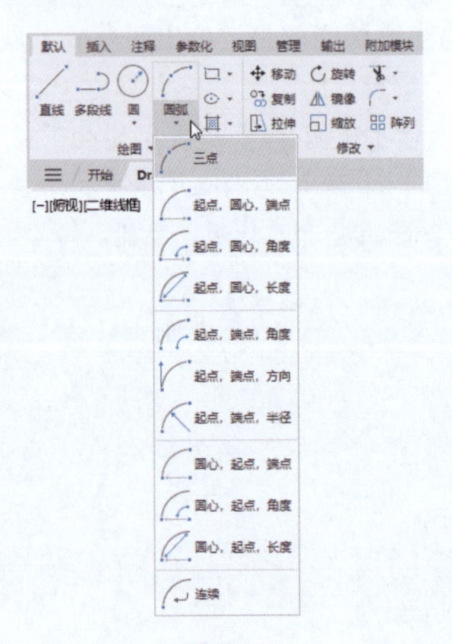

图 2-10

【三点】命令通过指定圆弧的起点、第二点和端点来绘制圆弧。例如通过捕捉点的方式来确定圆弧的 3 点进而绘制圆弧，如图 2-11 所示。

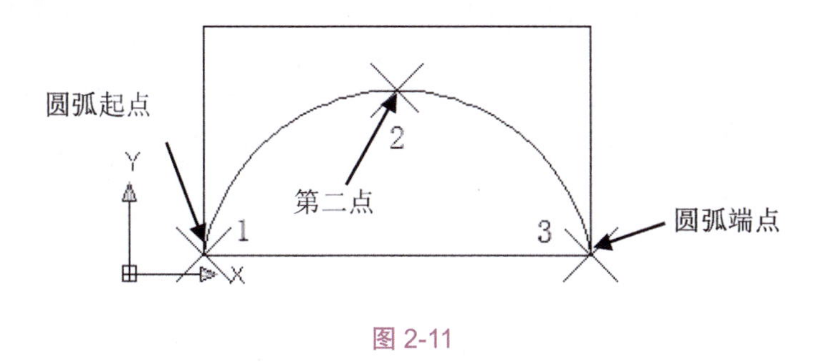

图 2-11

2.1.8 绘制矩形

矩形是由 4 条线段组合而成的闭合对象，也是一条闭合的多段线。

1. 在 AutoCAD 的命令行中输入 REC 以执行【矩形】命令，或者在【默认】选项卡的【绘图】面板中单击【矩形】按钮。

2. 通过在命令行中选择不同的选项 [倒角(C) 标高(E) 圆角(F) 厚度(T) 宽度(W)] 或者指定角点，可绘制出标准矩形、倒角矩形、圆角矩形、有厚度矩形和有宽度矩形等，如图 2-12 所示。

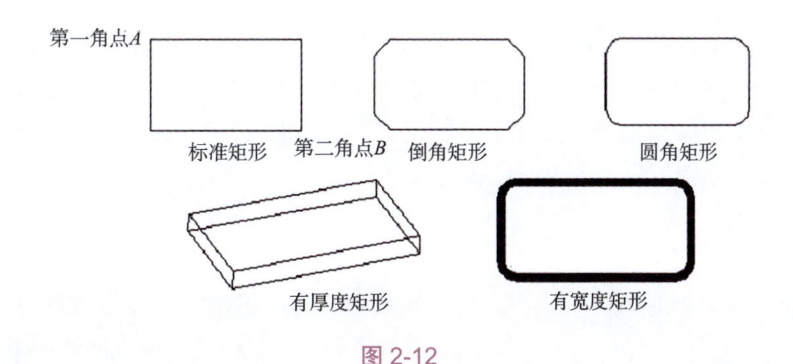

图 2-12

3. 比如选择指定角点选项，先在绘图区中任意位置单击以确定矩形的第一角点，在命令行中输入第二角点的相对坐标，可绘制标准矩形。

2.1.9 绘制正多边形

绘制正多边形的方式有两种：根据边长绘制和根据半径绘制。

1. 在 AutoCAD 中执行【多边形】命令。

2. 首先在命令行中输入多边形的边数（即侧面数）8，接着在命令行中选择【边(E)】选项。

3. 在绘图区中指定一个点作为定义边的第一点，再确定定义边的第二点，也可在命令行中输入相对坐标（如 @0,100），按 Enter 键后即可完成正多边形的绘制。结果如图 2-13 所示。

4. 如不选择【边（E）】选项，将以内接于圆或外切于圆的绘制方式来指定正多边形的内接于圆半径或者外切于圆半径。图 2-14 所示为指定内接于圆的半径来绘制正多边形的结果。

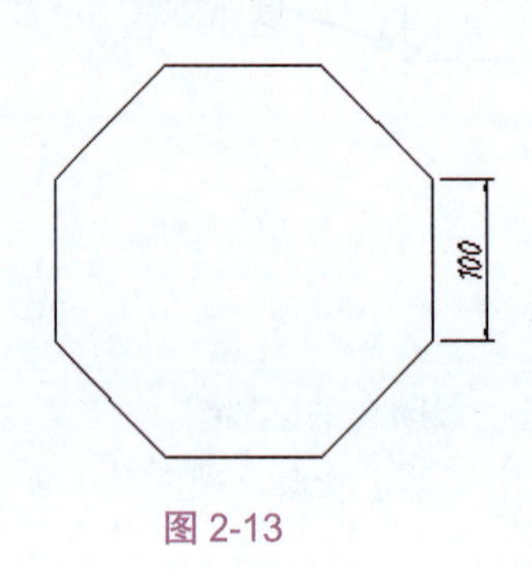

图 2-13

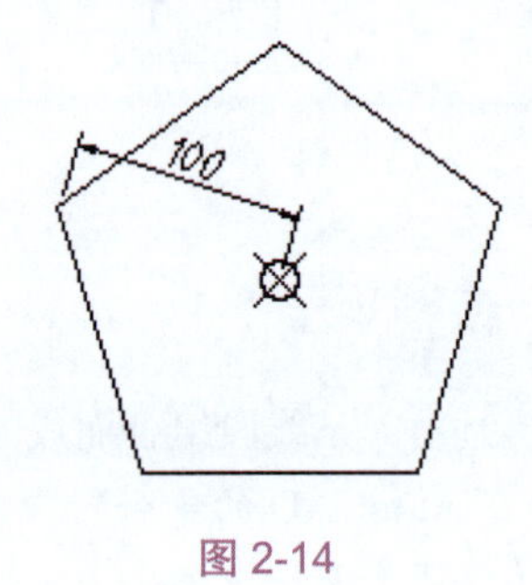

图 2-14

2.2　变换作图方法

在 AutoCAD 中，单纯地使用绘图命令或绘图工具只能绘制一些基本的图形对象。为了绘制复杂图形，很多情况下都必须借助于图形编辑命令。AutoCAD 2024 提供了众多的图形编辑命令，如移动、旋转、复制、镜像、阵列、偏移、修剪、延伸、倒角等。接下来介绍每个命令的使用方法。

2.2.1　创建移动对象

移动对象是指对象的重定位，可以在指定方向上按指定距离移动对象。虽然对象的位置发生了改变，但方向和大小不改变。

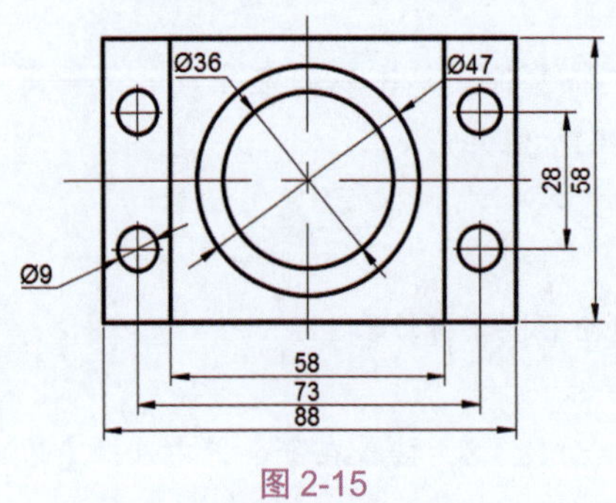

图 2-15

上机实践——执行【移动】命令绘图

下面执行【移动】命令来绘制图 2-15 所示的图形。

1. 在命令行中输入 REC 执行【矩形】命令，绘制长为 88、宽为 58 的矩形，如图 2-16 所示。

2. 在其他位置绘制一个边长为 58 的正方形，如图 2-17 所示。

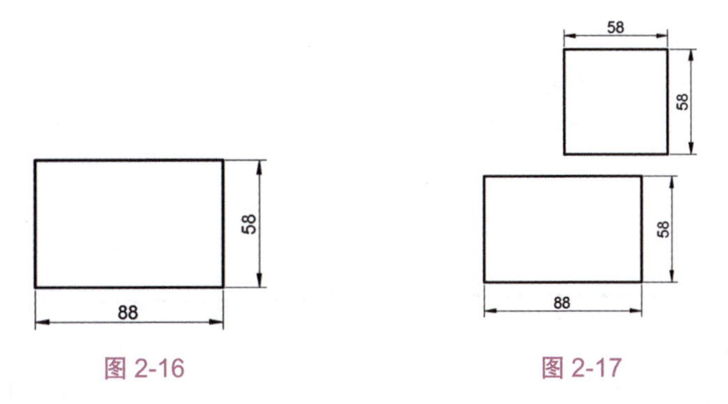

图 2-16　　　　图 2-17

3. 在【默认】选项卡的【修改】面板中单击【移动】按钮✥，选中正方形作为要移动的对象，按 Enter 键后再拾取正方形的几何中心点作为移动的基点，如图 2-18 所示。

4. 拖动正方形到矩形的几何中心点位置，即完成正方形的移动操作，如图 2-19 所示。

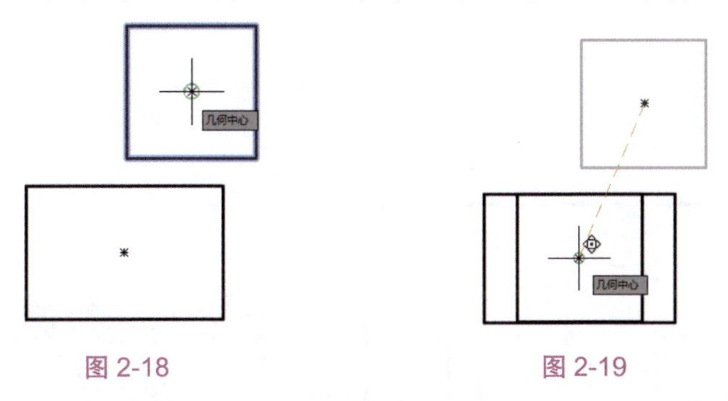

图 2-18　　　　图 2-19

提示：要捕捉到几何中心点，必须执行菜单栏中的【工具】/【绘图设置】命令，打开【草图设置】对话框并勾选【几何中心】选项，如图 2–20 所示。

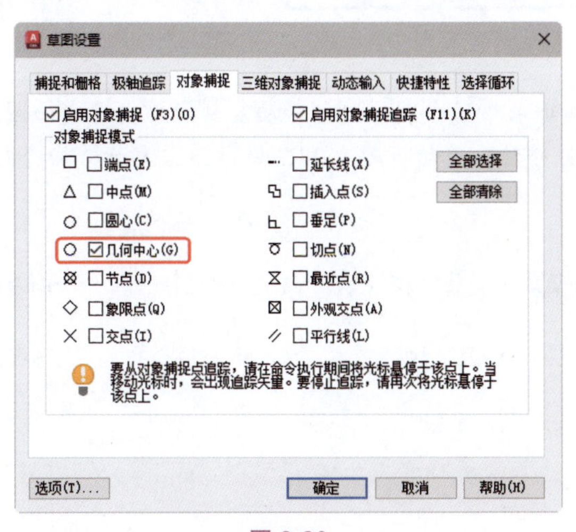

图 2-20

5. 在命令行中输入C执行【圆心，半径】命令，以矩形的几何中心点为圆心，绘制3个同心圆，如图2-21所示。

6. 在命令行中输入M执行【移动】命令，选中直径为9的小圆并拾取其圆心进行移动，如图2-22所示。

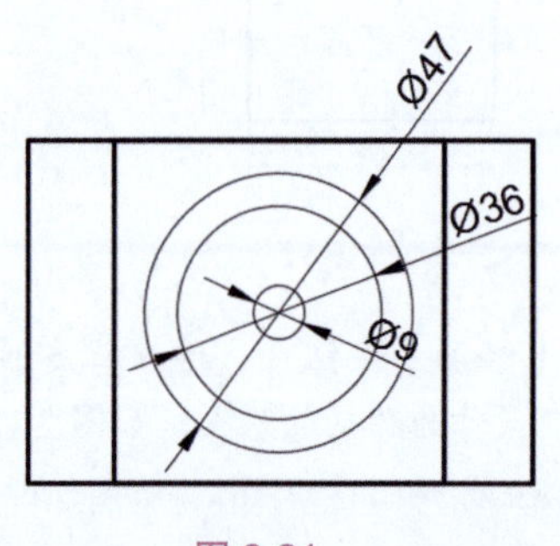

图2-21

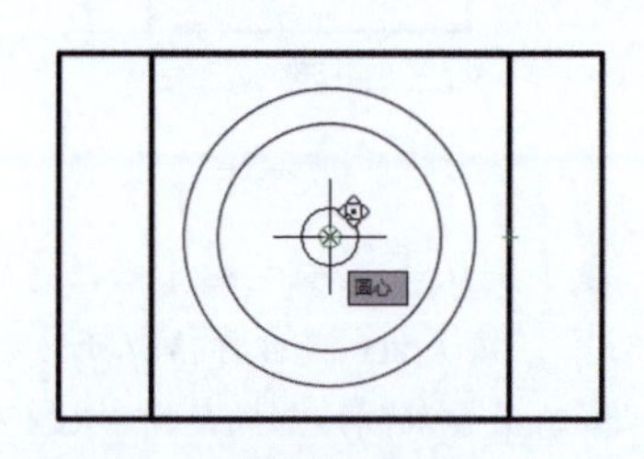

图2-22

7. 输入新位置点的坐标（36.5,14），按Enter键即可完成小圆的移动操作，如图2-23所示。

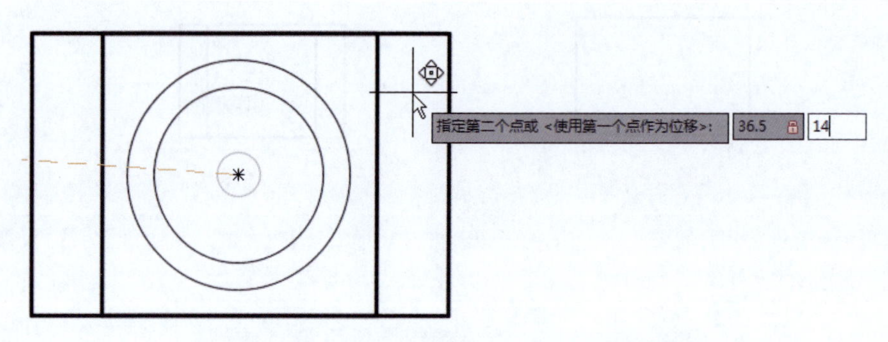

图2-23

8. 使用夹点编辑来移动小圆，进行移动复制操作。选中小圆并拾取圆心，然后竖直向下进行复制并移动，移动距离为28，如图2-24所示。命令行提示如下：

```
命令：
** 拉伸 **
指定拉伸点或 [基点(B)/复制(C)/放弃(U)/退出(X)]: C //选择复制选项
** 拉伸 (多重) **
指定拉伸点或 [基点(B)/复制(C)/放弃(U)/退出(X)]: 28  //输入移动距离
** 拉伸 (多重) **
指定拉伸点或 [基点(B)/复制(C)/放弃(U)/退出(X)]: ↙
                                        //按Enter键，完成移动
```

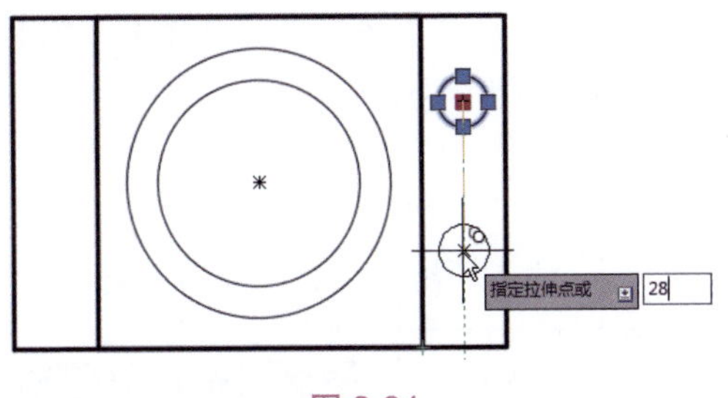

图 2-24

9. 同理，将两个小圆分别向左复制并移动，移动距离为 73，得到最终的图形，如图 2-25 所示。

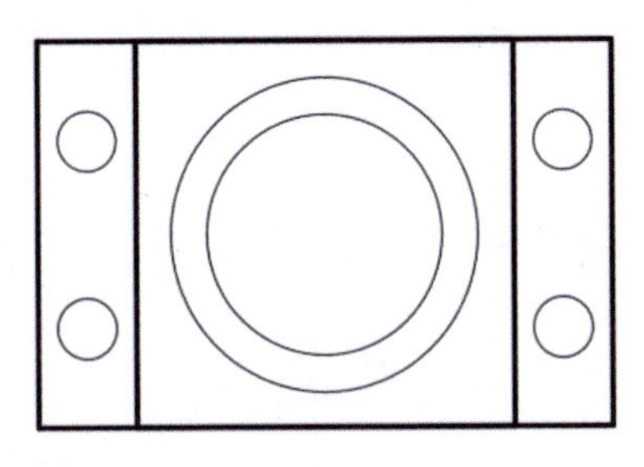

图 2-25

2.2.2　创建旋转对象

【旋转】命令用于将选择的对象围绕指定的基点旋转一定的角度。在旋转对象时，输入的角度为正值，系统将按逆时针方向旋转；输入的角度为负值，系统将按顺时针方向旋转。使用【旋转】命令也可创建对象的副本，下面举例说明。

上机实践——创建旋转对象

1. 打开本例源文件“旋转图形 .dwg”，如图 2-26 所示。
2. 选中图形中需要旋转的部分图线，如图 2-27 所示。

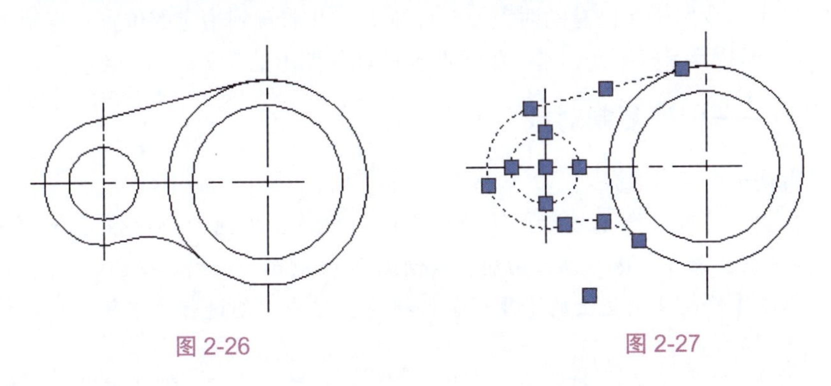

图 2-26　　　　图 2-27

3. 单击【修改】面板上的【旋转】按钮，激活【旋转】命令。然后指定大圆的圆心作为旋转的基点，如图 2-28 所示。

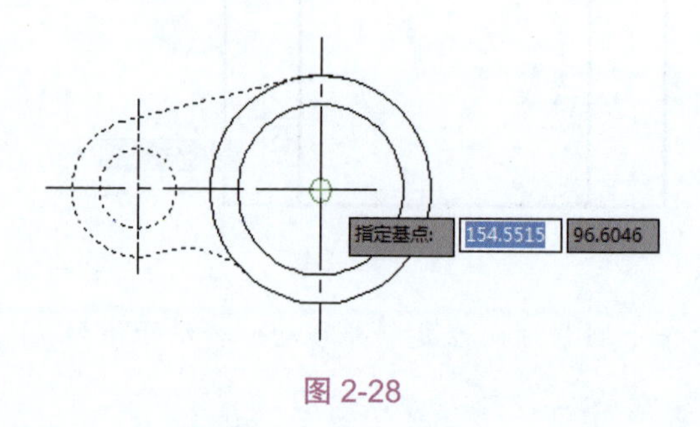

图 2-28

4. 在命令行中输入 C，然后输入旋转角度值 180，按 Enter 键即可创建图 2-29 所示的旋转复制对象。

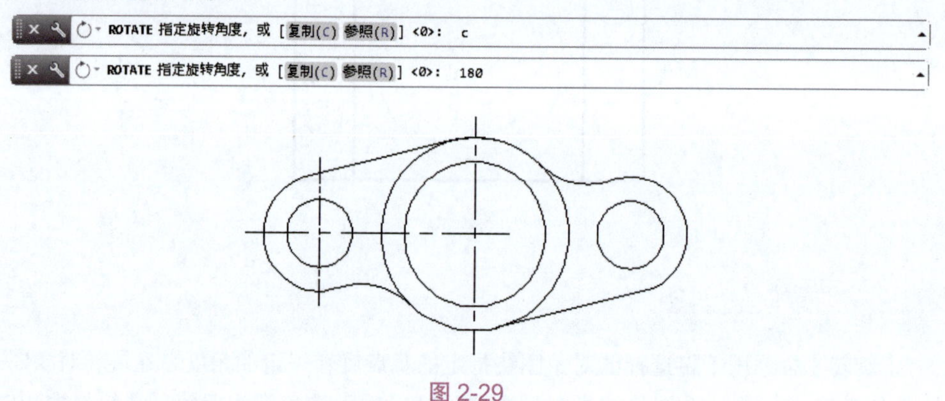

图 2-29

提示：【参照】选项用于将对象进行参照旋转，即指定一个参照角度和新角度，两个角度的差值就是对象的实际旋转角度。

2.2.3 创建复制对象

【复制】命令用于将已有的对象复制出副本，并放置到指定的位置。复制出的图形的尺寸、形状等保持不变，唯一发生改变的就是图形的位置。

上机实践——创建复制对象

1. 新建一个空白文件。

2. 依次在【默认】选项卡的【绘图】面板中单击【圆心】按钮和【圆心，半径】按钮，配合象限点捕捉功能，绘制图 2-30 所示的椭圆和小圆。

3. 单击【修改】面板上的【复制】按钮，选中小圆进行多重复制，如图 2-31 所示。

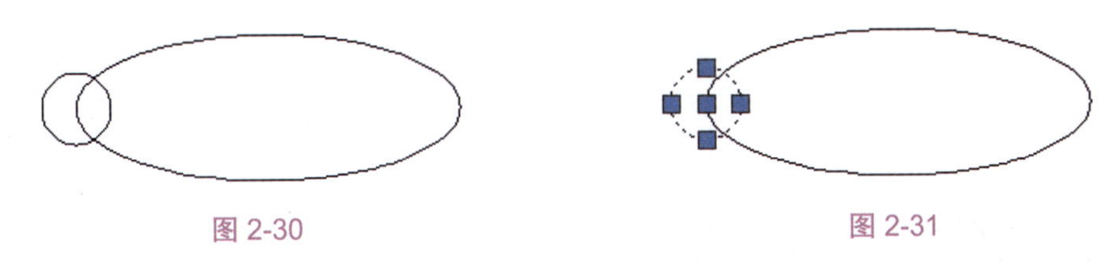

图 2-30　　图 2-31

4. 将小圆的圆心作为基点，然后将椭圆的一个象限点作为指定点复制小圆，如图 2-32 所示。

5. 重复第 4 步操作，在椭圆余下的象限点复制小圆，最后结果如图 2-33 所示。

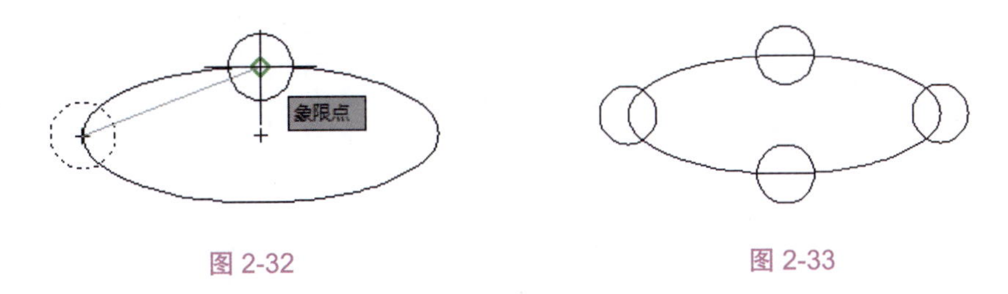

图 2-32　　图 2-33

2.2.4 创建镜像对象

【镜像】命令用于将选择的图形以镜像线对称复制。在镜像过程中，源对象可以被保留，也可以被删除。

上机实践——创建镜像对象

1. 首先执行【直线】命令绘制图 2-34 左图所示中心线以上的部分图形。

2. 然后在【修改】面板中单击【镜像】按钮，选取要镜像的图形。

3. 最后参照中心线来绘制镜像中心线，按 Enter 键后镜像出中心线以下的图形，结果如图 2-34 右图所示。

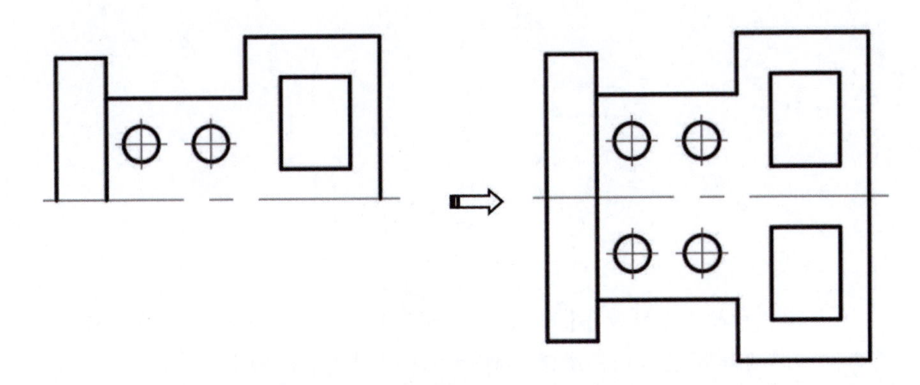

图 2-34

2.2.5 创建阵列对象

【阵列】是一种用于创建规则图形结构的复合命令，使用此命令可以创建均布结构或聚心结构等形态的复制图形。

一、矩形阵列

【矩形阵列】指的是将图形对象按照指定的行数和列数，呈矩形排列方式进行大规模复制，如图 2-35 所示。

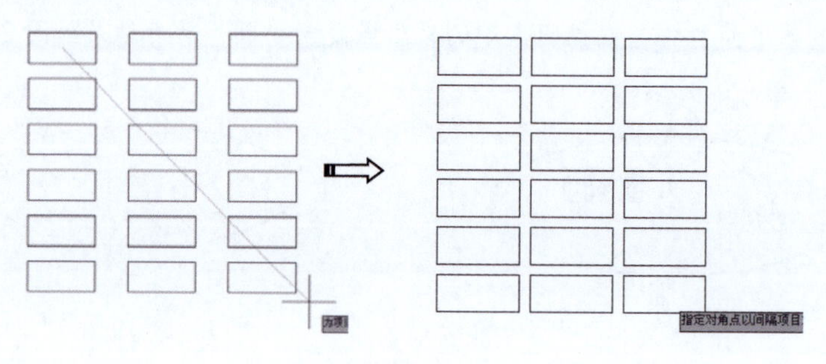

图 2-35

二、环形阵列

【环形阵列】指的是将图形对象按照指定的中心点和阵列数目，呈圆形方式排列。下面通过一个示例来学习【环形阵列】命令的使用方法。

上机实践——创建对象的环形阵列

1. 新建空白文件。

2. 依次执行【圆心，半径】和【矩形】命令，配合象限点捕捉，绘制图 2-36 所示的图形。

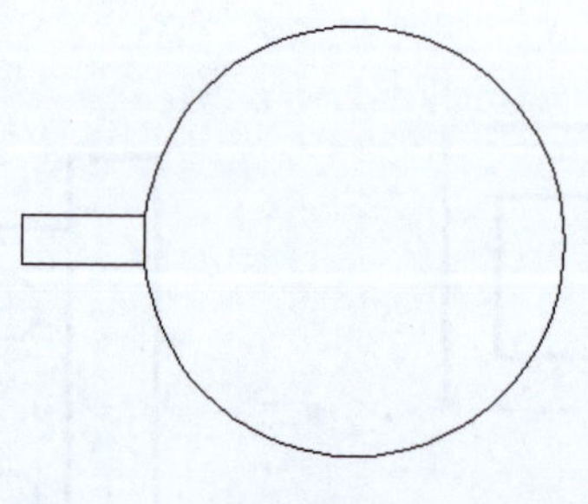

图 2-36

3. 在菜单栏中执行【修改】/【阵列】/【环形阵列】命令，选择矩形作为阵列对象，然后选择圆心作为阵列中心点，激活并打开【阵列创建】选项卡。

4. 设置阵列参数如图 2-37 所示。

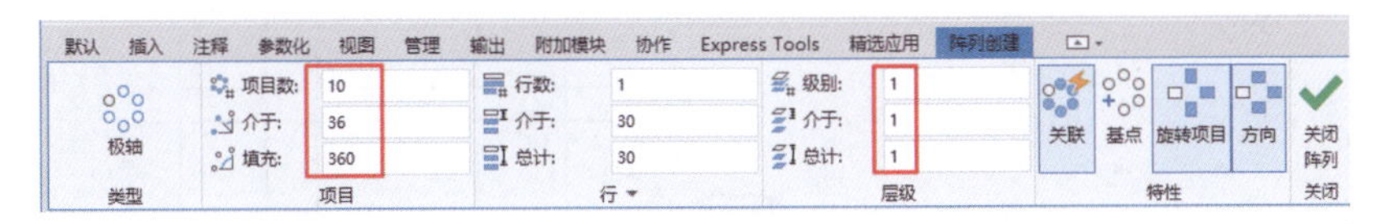

图 2-37

5. 单击【关闭阵列】按钮✔，完成阵列。操作结果如图 2-38 所示。

> **提示：**【阵列创建】选项卡中的【旋转项目】命令用于在设置环形阵列对象时，设置对象本身是否绕其基点旋转。如果设置不旋转，那么阵列后的对象将水平放置，如图 2–39 所示。

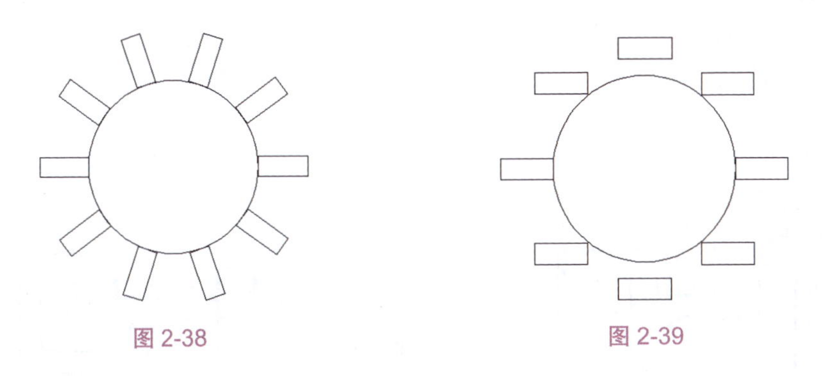

图 2-38　　图 2-39

三、路径阵列

路径阵列是将对象沿着一条路径进行排列，排列形态由路径形态决定，如图 2-40 所示。

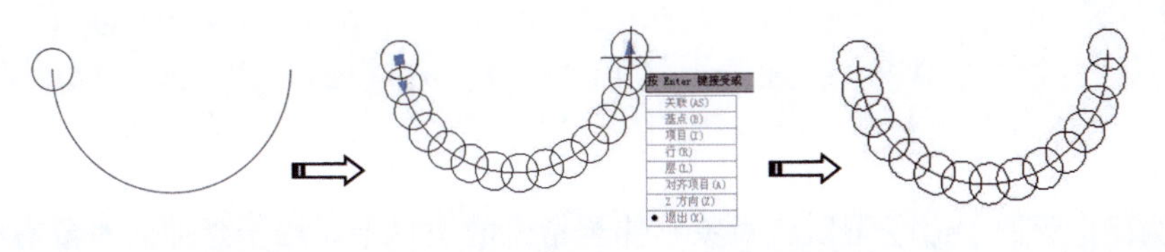

图 2-40

2.2.6　创建偏移对象

【偏移】命令用于将图线或图形按照指定的距离和方向进行偏移或偏移复制。

1. 绘制要偏移的图形对象，包括一条竖直线和一条水平线，竖直线的线型为 CENTER（中心线线型）。

2. 在【修改】面板中单击【偏移】按钮，或者在命令行中输入 O 命令并执行。接着输入偏移的距离值，再指定偏移方向即可完成图形对象的偏移操作。选中向右偏移的部分中心线，然后在【特性】面板中选择【Bylayer】线型，将其转为实线线型，如图 2-41 所示。

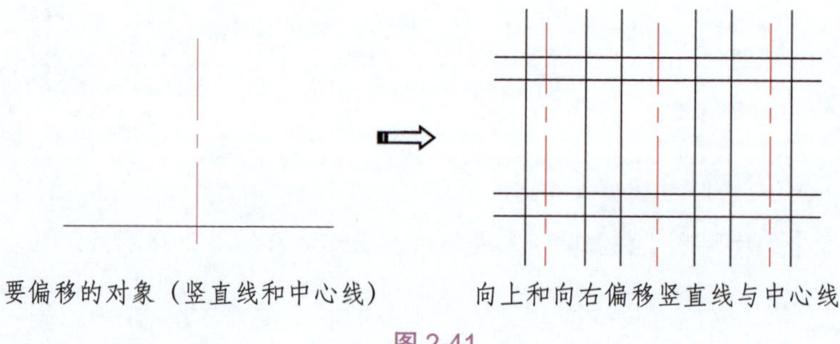

图 2-41

提示：偏移对象时，每次只能选取一个对象进行偏移。

2.2.7　创建修剪对象

执行【修剪】命令可以通过拉出修剪线或绘制修剪线来自由裁剪图形对象，如图 2-42 所示。

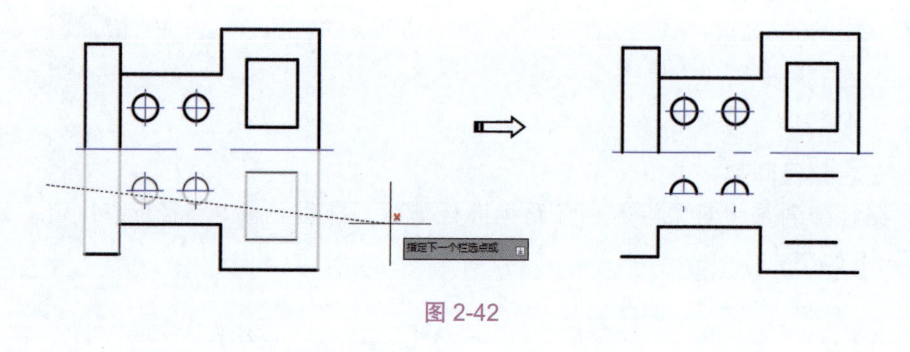

图 2-42

2.2.8　创建延伸对象

执行【延伸】命令可以将对象延伸至指定的边界上。用于延伸的对象有线段、圆弧、椭圆弧、非闭合的二维多段线和三维多段线以及射线等。图 2-43 所示为延伸线段。

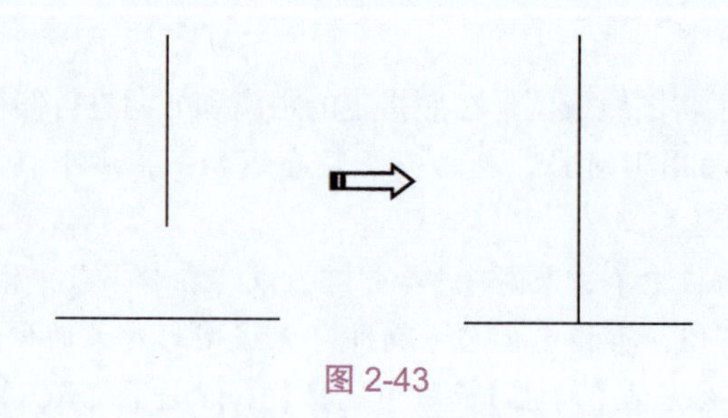

图 2-43

提示： 在选择延伸对象时，要在靠近延伸边界的一端选择需要延伸的对象，否则对象将不被延伸。

2.2.9 创建倒角对象

一、【倒角】命令

执行【倒角】命令可对两种相交的图形对象进行切角处理。可进行倒角的图形对象包括相交的线段、多段线、矩形、多边形等，不能倒角的图形对象有圆、圆弧、椭圆和椭圆弧等。有 3 种倒角方式，分别介绍如下。

- 距离倒角：距离倒角指的是在两条相交线段的交点位置，以输入倒角距离的方式进行倒角。

提示： 用于倒角的两个倒角距离不能为负值。如果将两个倒角距离设置为 0，那么倒角的结果就是两条图线被修剪或延长，直至相交于一点。

- 角度倒角：角度倒角指的是通过设置一条图线的倒角长度和倒角角度，进行图线倒角，如图 2-44 所示。

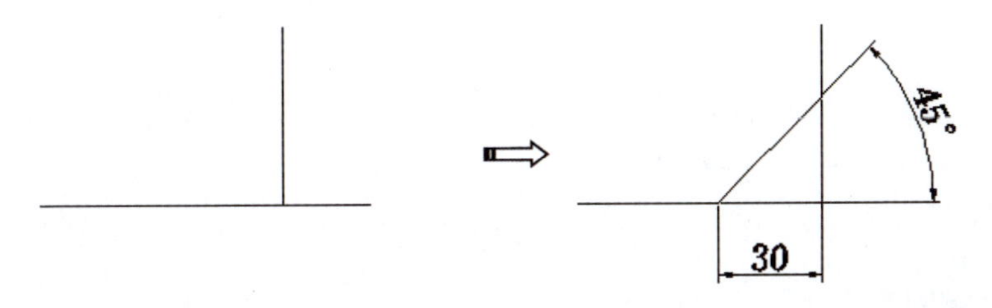

图 2-44

- 多段线倒角：多段线倒角是用于对整条多段线的所有相邻元素边进行同时倒角的操作。在为多段线进行倒角操作时，可以使用相同的倒角距离，也可以使用不同的倒角距离，如图 2-45 所示。

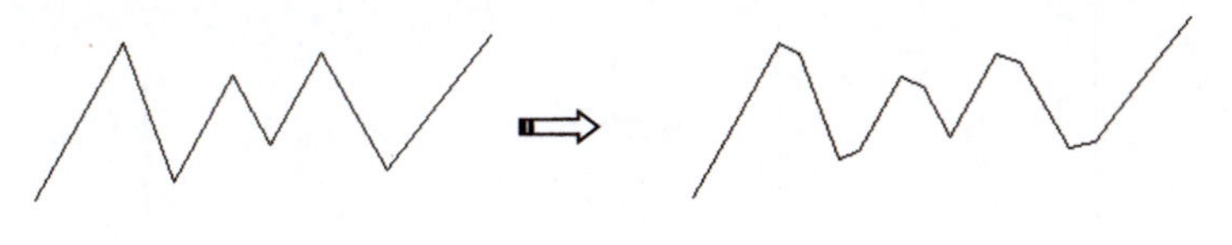

图 2-45

上机实践——创建距离倒角

1. 新建空白文件。
2. 绘制图 2-46 左图所示的两条图线。

3. 单击【修改】面板中的【倒角】按钮，激活【倒角】命令，对两条图线进行距离倒角。命令行操作如下。

```
命令： _chamfer
(【修剪】模式) 当前倒角距离 1 = 0.0000，距离 2 = 0.0000
选择第一条直线或 [放弃(U)/多段线(P)/距离(D)/角度(A)/修剪(T)/方式(E)/多个(M)]:d↙          //激活【距离】选项
指定第一个倒角距离 <0.0000>:40↙          //设置第一倒角长度
指定第二个倒角距离 <25.0000>:50↙          //设置第二倒角长度
选择第一条直线或 [放弃(U)/多段线(P)/距离(D)/角度(A)/修剪(T)/方式(E)/多个(M)]:          //选择水平线段
选择第二条直线，或按住 Shift 键选择要应用角点的直线：          //选择倾斜线段
```

提示: 在此操作提示中，【放弃】选项用于在不中止命令的前提下，撤销上一步操作;【多个】选项用于在执行一次命令时，对多个图线进行倒角操作。

距离倒角的结果如图 2-46 右图所示。

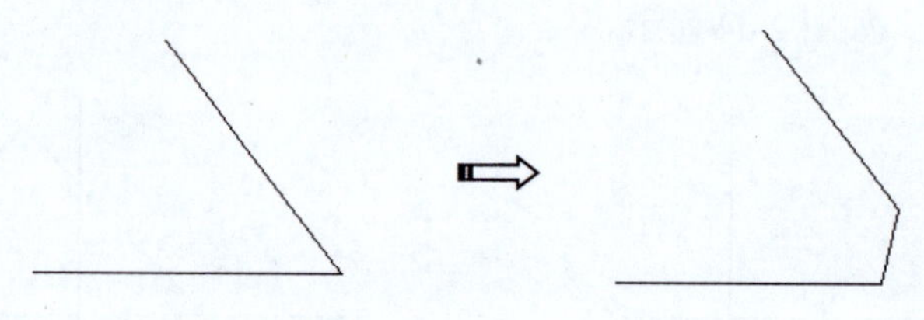

图 2-46

二、倒圆角

执行【圆角】命令，可用一段给定半径的圆弧光滑地连接两条图线，如图 2-47 所示。一般情况下，可用于倒圆角的图线有线段、多段线、样条曲线、构造线、射线、圆弧和椭圆弧等。

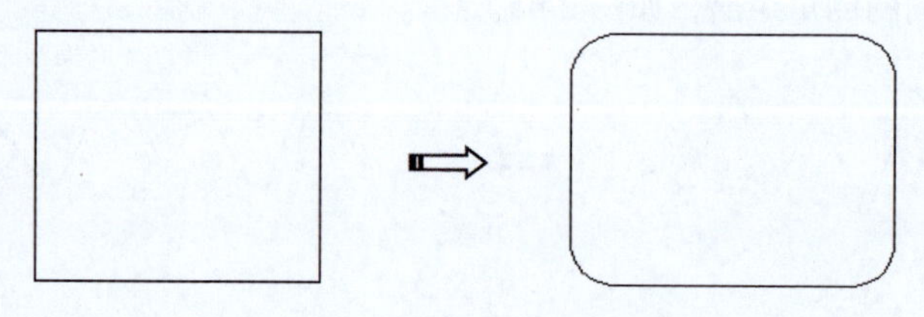

图 2-47

与【倒角】命令一样，【圆角】命令也存在两种倒圆角模式，即【修剪】和【不修剪】。以上示例都是在【修剪】模式下进行倒圆角的，而【不修剪】模式下的倒圆角效果如图 2-48 所示。

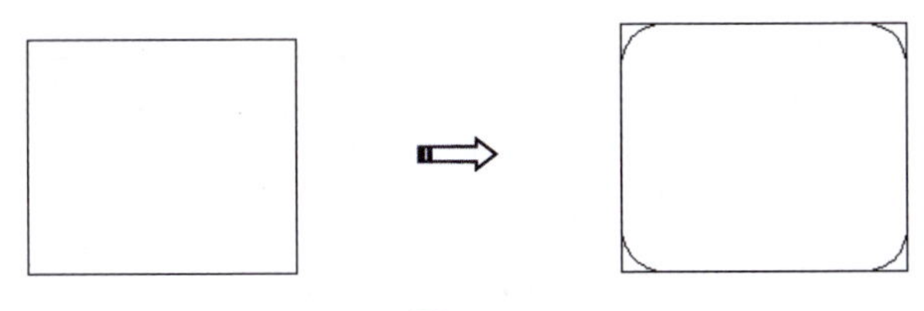

图 2-48

2.3 基本作图方法实践

前面学习了 AutoCAD 2024 的绘图命令，下面讲解关于二维绘图命令的常用实践案例。

2.3.1 实践一：绘制减速器透视孔盖

减速器透视孔盖虽然有多种类型，但一般都以螺纹结构固定。图 2-49 所示为减速器上的油孔顶盖。

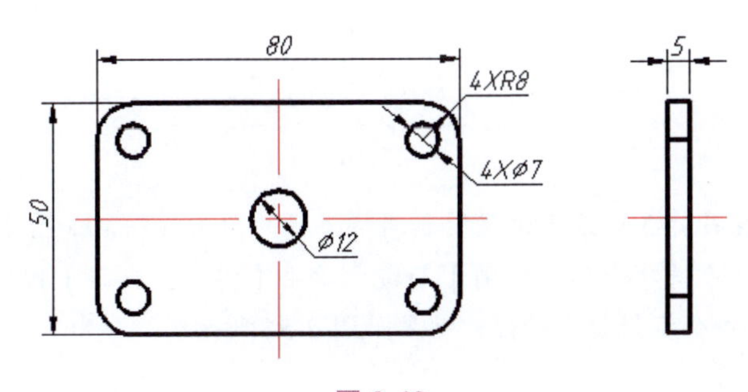

图 2-49

此图形的绘制方法：首先绘制定位基准线（即中心线），然后绘制主视图矩形，最后绘制侧视图。图形绘制完成后，标注图形。

我们在绘制机械类的图形时，一定要先创建符合强制性国家标准（GB）的图纸样板，以便于在后期的一系列机械设计图纸中能快速调用。

1. 从本例源文件夹中打开“自定义图纸样板. dwt”文件，即调用用户自定义的图纸样板文件。

2. 在【默认】选项卡的【绘图】面板中单击【矩形】按钮，绘制图 2-50 所示的矩形。

3. 在【默认】选项卡的【绘图】面板中单击【直线】按钮，在矩形的中心位置绘制图 2-51 所示的中心线。

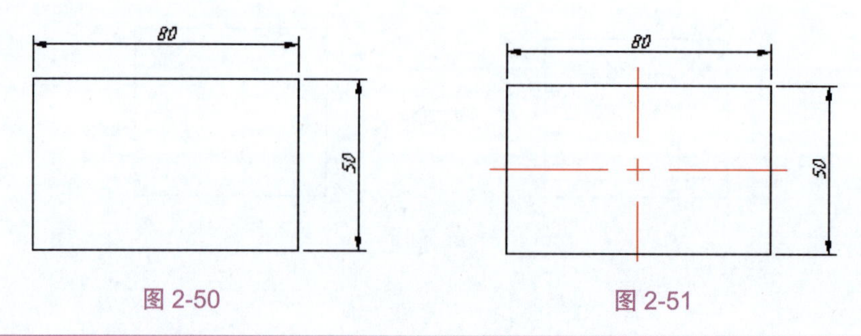

图 2-50　　图 2-51

提示：在绘制所需的图线或图形时，可以先指定预设置的图层，也可以随意绘制，最后再指定图层。但先指定图层可以在一定程度上提高绘图效率。

4. 在命令行输入 fillet 命令（圆角），或者在【默认】选项卡的【修改】面板中单击【圆角】按钮，绘制的圆角如图 2-52 所示。

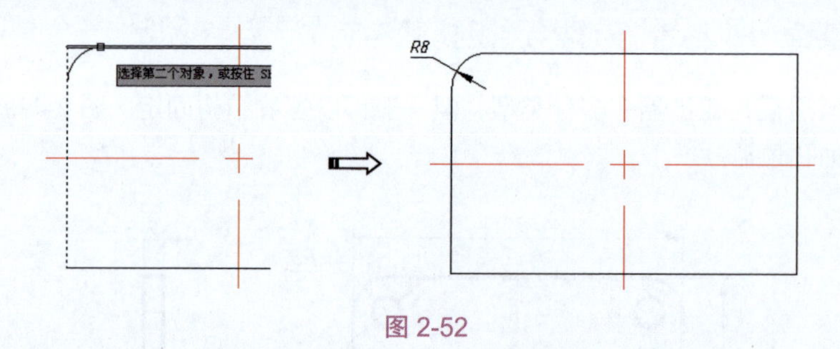

图 2-52

5. 同理，在另外 3 个角点位置绘制同样半径的圆角，结果如图 2-53 所示。

6. 在【默认】选项卡的【绘图】面板中单击【圆心，半径】按钮，在圆角的中心点位置绘制 4 个直径为 7 的圆，结果如图 2-54 所示。

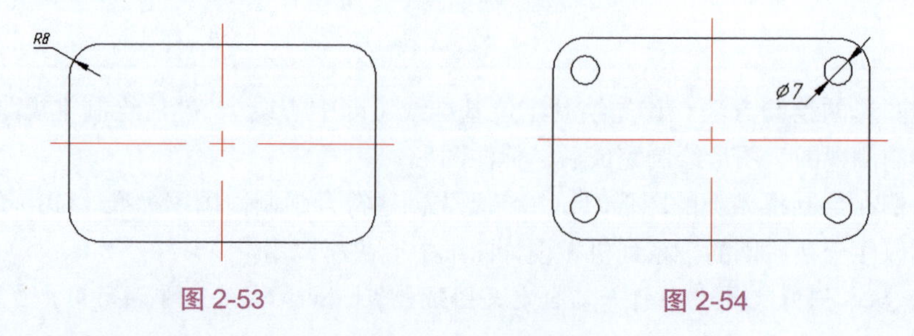

图 2-53　　图 2-54

7. 在圆角矩形的中心位置绘制图 2-55 所示的圆。

8. 再次执行【矩形】命令，绘制图 2-56 所示的矩形。

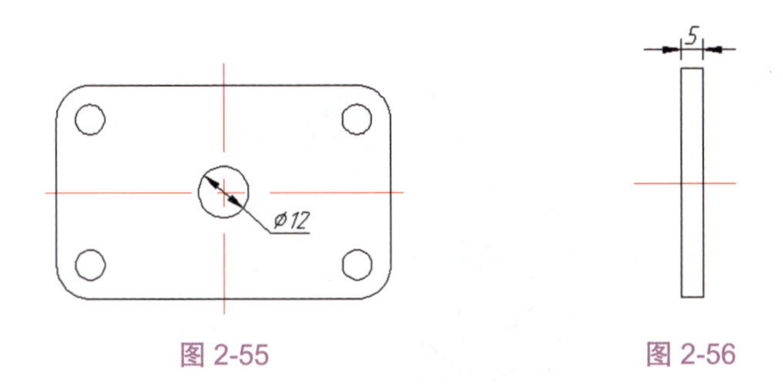

图 2-55　　图 2-56

提示： 要想精确绘制矩形，最好采用相对坐标输入方法，即（@x,y）形式。

9. 再次执行【直线】命令，在圆角矩形的圆角位置绘制两条水平线段，并穿过小矩形，如图 2-57 所示。

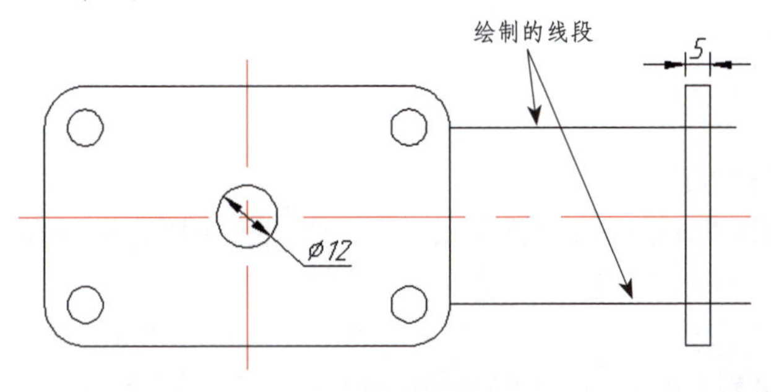

图 2-57

10. 在命令行中输入 TR 命令，按 Enter 键后将图形中多余的图线修剪掉。然后对主要的图线应用【粗实线】图层。对图形进行尺寸标注，结果如图 2-58 所示。

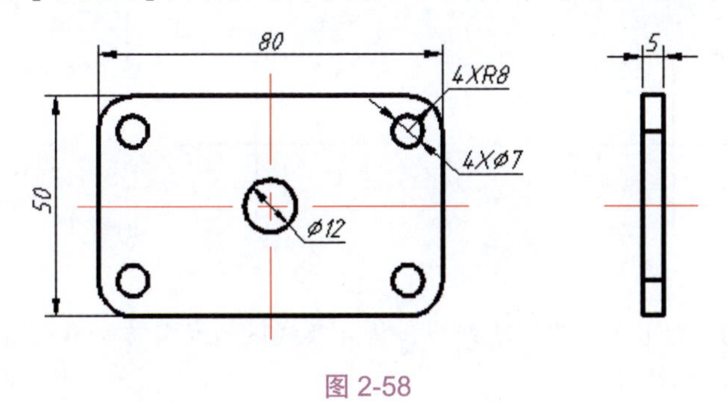

图 2-58

11. 最后将结果保存。

2.3.2 实践二：绘制曲柄

本小节将以曲柄平面图的绘制过程来巩固前面所学的基础内容。曲柄平面图如图 2-59 所示。

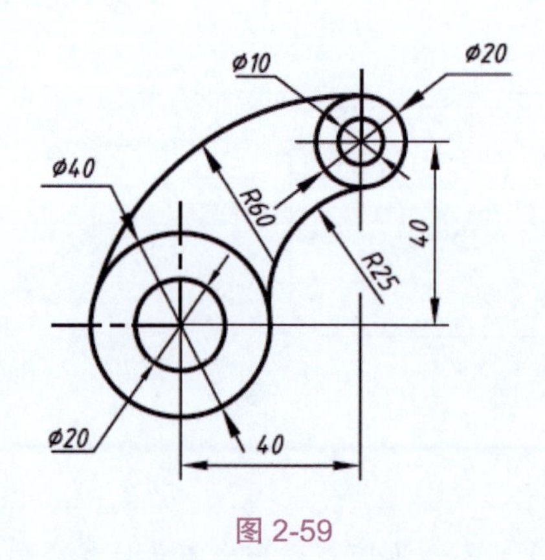

图 2-59

从曲柄平面图分析得知，平面图的绘制将分成以下几个步骤来进行。

（1）绘制基准线。

（2）绘制已知线段。

（3）绘制连接线段。

一、绘制基准线

本例图形的主基准线就是大圆的中心线，另外两个同心小圆的中心线为辅助基准线。基准线的绘制可执行【直线】命令来完成。

1. 从本例源文件夹中打开“自定义图纸样板 . dwt”文件。使用【直线】命令，首先绘制两条相互垂直且长度为 50 的中心线，如图 2-60 所示。

2. 再绘制两条小圆的中心线，长度为 30，如图 2-61 所示。

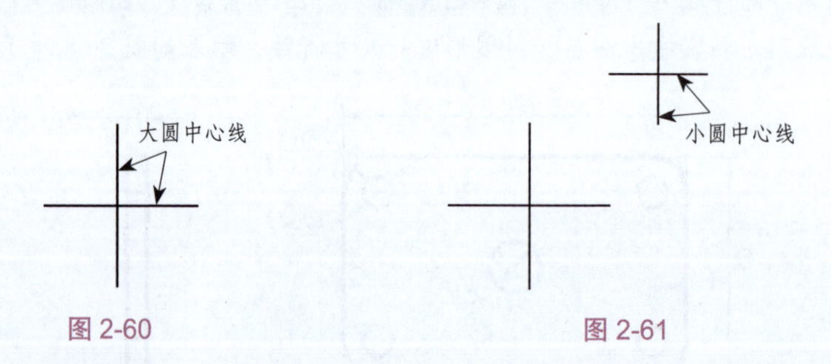

图 2-60　　　　图 2-61

3. 加载 CENTER（点划线）线型，将 4 条线段的线型转换为点划线。

二、绘制已知线段

曲柄平面图的已知线段就是 4 个圆，可执行【圆心，直径】命令来绘制。

1. 执行【圆心，直径】命令，在主要基准线上绘制两个较大的同心圆。其中一个圆的直径为 40，另一个圆的直径为 20，如图 2-62 所示。

2. 在辅助基准线上绘制两个较小的同心圆，其中一个圆的直径为 20，另一个圆的直径为 10，如图 2-63 所示。

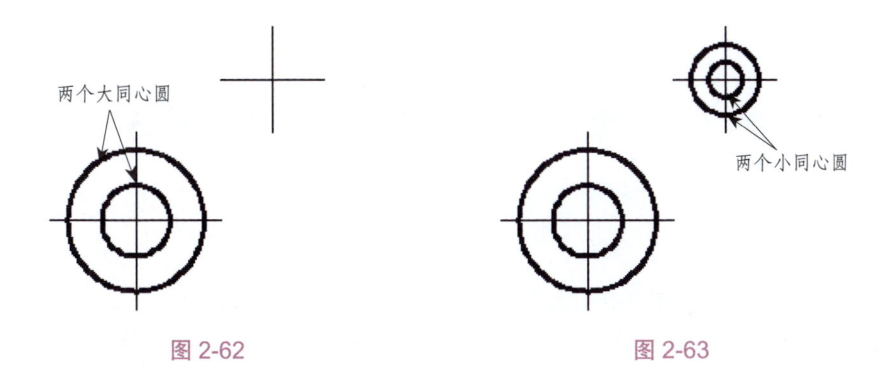

图 2-62　　图 2-63

三、绘制连接线段

曲柄平面图的连接线段就是两段连接弧。从平面图形中得知，连接弧与两相邻同心圆是相切的，因此可通过【圆】命令的【切点、切点、半径】方式来绘制。

1. 执行【圆】命令，绘制半径为 60 的大相切圆，如图 2-64 所示。

2. 绘制半径为 25 的小相切圆，如图 2-65 所示。

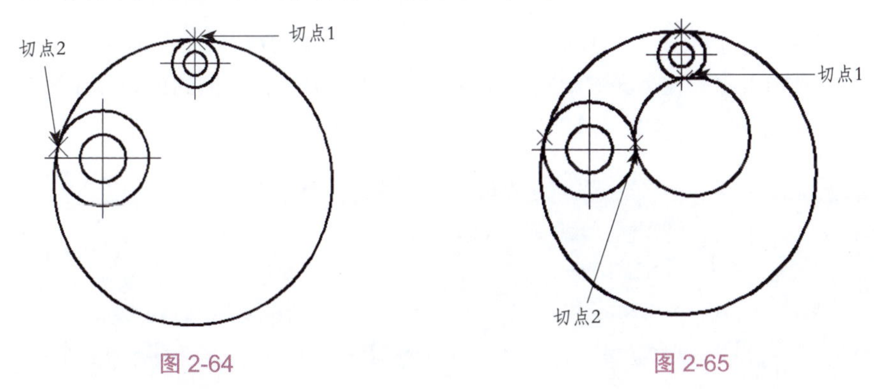

图 2-64　　图 2-65

3. 在【默认】选项卡的【修改】面板中单击【修剪】按钮，将多余线段修剪掉，结果如图 2-66 所示。

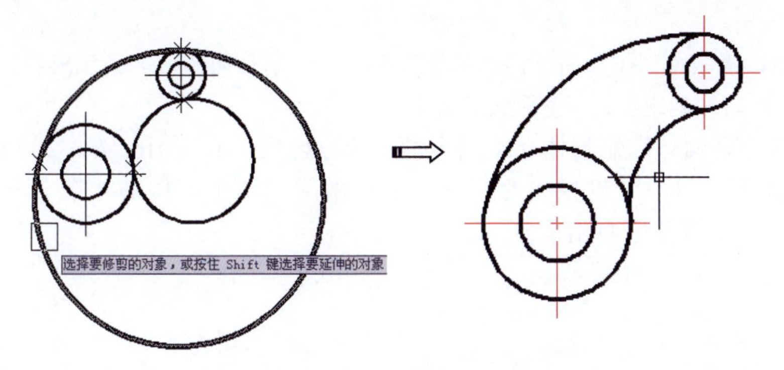

图 2-66

第 3 章 AutoCAD 参数化作图技巧

在 AutoCAD 中，参数化设计是一项极为强大的功能。借助该功能，用户能够通过精准定义参数与添加各类约束，对图形的尺寸大小、具体形状以及各元素间的相互位置关系等进行全面且精细的控制。本章我们学习 AutoCAD 的参数化设计功能，利用该功能我们可以很轻松地绘制复杂图形。

3.1 图形参数化功能

图形参数化是一项用于具有约束的设计的技术。参数化约束是应用于二维几何图形的关联和限制。在 AutoCAD 2024 中，参数化约束包括几何约束和标注约束。图 3-1 所示为功能区中【参数化】选项卡下的约束命令。

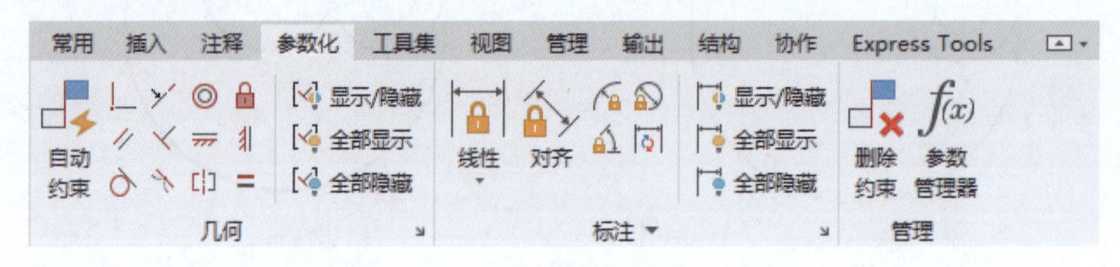

图 3-1

3.1.1 几何约束

在用户绘图过程中，为了提高工作效率，先绘制几何图形的大致形状，再通过几何约束进行精确定位，以达到设计要求。

几何约束就是控制物体在空间中的 6 个自由度。在 AutoCAD 2024 的【草图与注释】空间中可以控制对象的 2 个自由度，即平面内的 4 个方向。在三维建模空间中有 6 个自由度。

提示：一个自由的物体对于 3 个相互垂直的坐标轴来说，有 6 种活动可能性，其中 3 种是移动，另外 3 种是转动。习惯上把这种活动的可能性称为自由度，因此，空间中任一自由物体共有 6 个自由度，如图 3–2 所示。

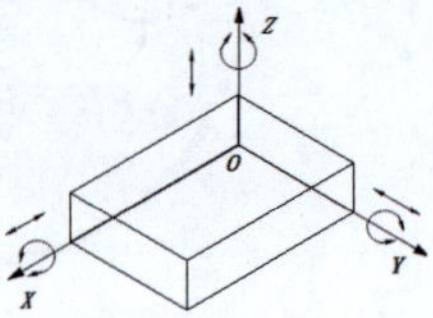

图 3-2

3.1.2 标注约束

【标注约束】功能不同于简单的尺寸标注，它不仅可以标注图形，还能靠尺寸驱动来改变图形，如图 3-3 所示。

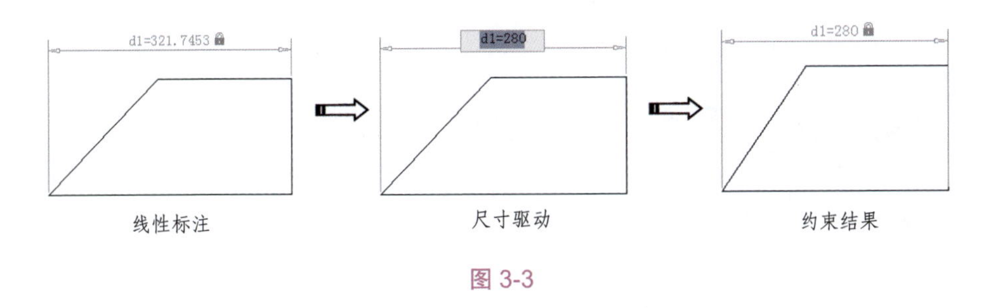

图 3-3

3.2 几何约束操作

【几何约束】功能一般用于定位对象和确定对象间的相互关系。【几何约束】功能一般分为手动约束和自动约束。

在 AutoCAD 2024 中，几何约束的类型有 12 种，如表 3-1 所示。

表 3-1

图标	说明	图标	说明	图标	说明	图标	说明
	重合		共线		同心		固定
	平行		垂直		水平		竖直
	相切		平滑		对称		相等

3.2.1 手动添加几何约束

表 3-1 中列出的几何约束类型为手动约束类型，也就是需要用户手动指定要约束的对象。下面重点介绍约束类型。

一、重合约束

1. 重合约束是约束两个点重合，或者约束一个点，使其在曲线上。执行【重合约束】命令，先选取第 1 点（通常是固定点），再选取第 2 点（可移动点）。

2. 所选对象上的点会根据对象类型有所不同，例如在线段上可以选择中点或端点，如图 3-4 所示。

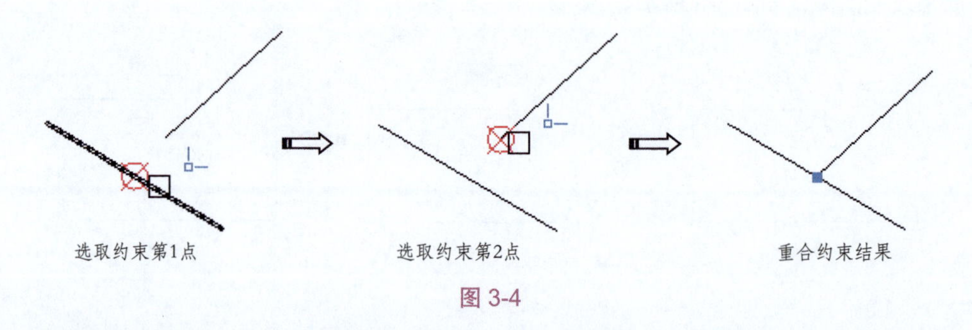

图 3-4

提示：在某些情况下，应用约束时选择两个对象的顺序十分重要。通常情况下，所选的第二个对象会根据第一个对象进行调整。例如，应用【重合约束】时，选择的第二个对象将调整为重合于第一个对象。

二、平行约束

【平行约束】功能是约束两个对象相互平行。

1. 执行【平行约束】命令，先选取第 1 个对象（固定），接着选取第 2 个对象（移动）。

2. 随后第 2 个对象自动与第 1 个对象平行，如图 3-5 所示。

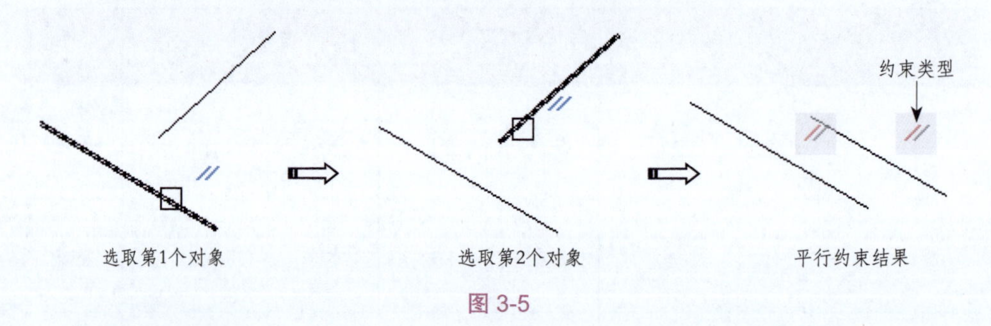

图 3-5

三、相切约束

【相切约束】功能是约束线段和圆、圆弧，或者在圆之间、圆弧之间进行相切。

1. 执行【相切约束】命令，先选取第 1 个对象（固定），再选取第 2 个对象（移动）。

2. 随后第 2 个对象移动，且自动与第 1 个对象相切，如图 3-6 所示。

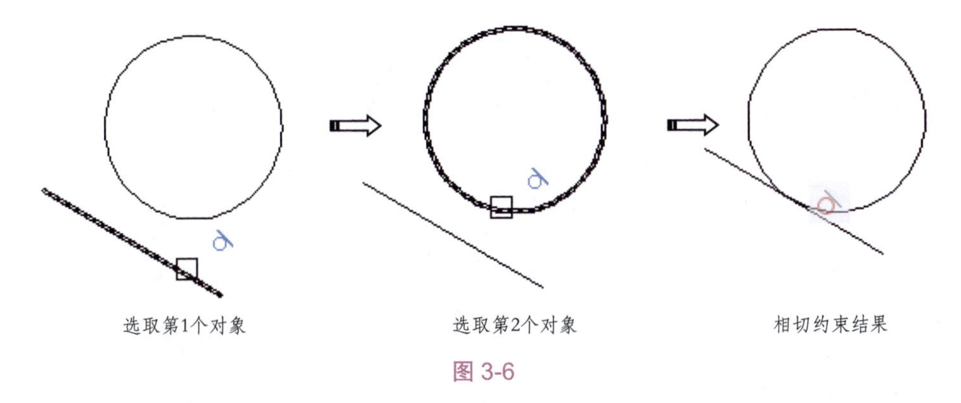

图 3-6

四、共线约束

【共线约束】功能是约束两条或两条以上的线段在同一条线上。

图 3-7 所示为共线约束示例。

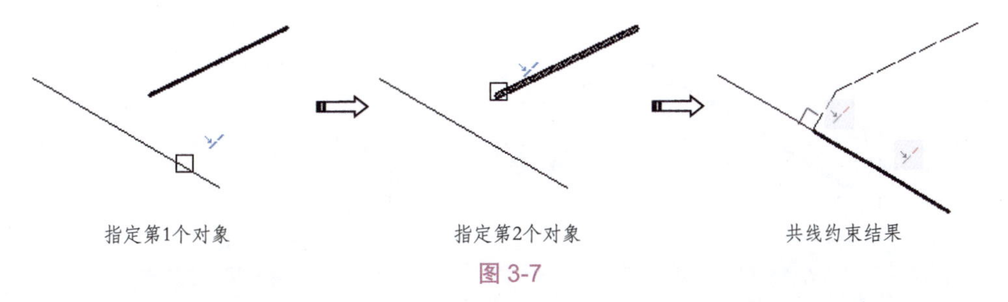

图 3-7

五、平滑约束

【平滑约束】功能是约束一条样条曲线与其他对象（如线段、样条曲线或圆弧、多段线等）相切连续，如图 3-8 所示。

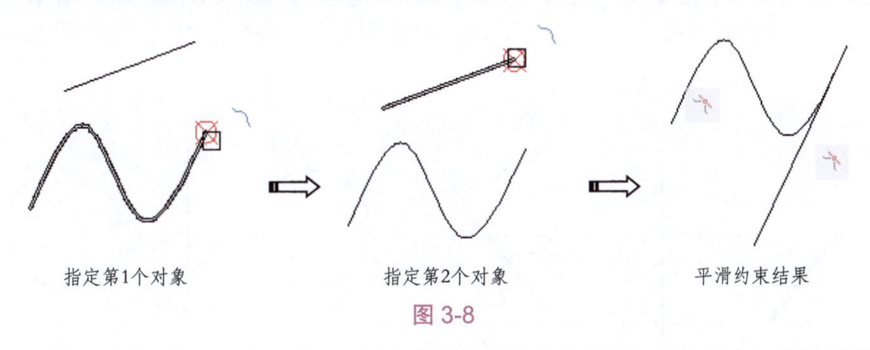

图 3-8

> **提示：**第 1 个对象必须是样条曲线。

六、同心约束

【同心约束】功能是约束圆、圆弧或椭圆，使其圆心（或中心）在同一点上。示例如图 3-9 所示。

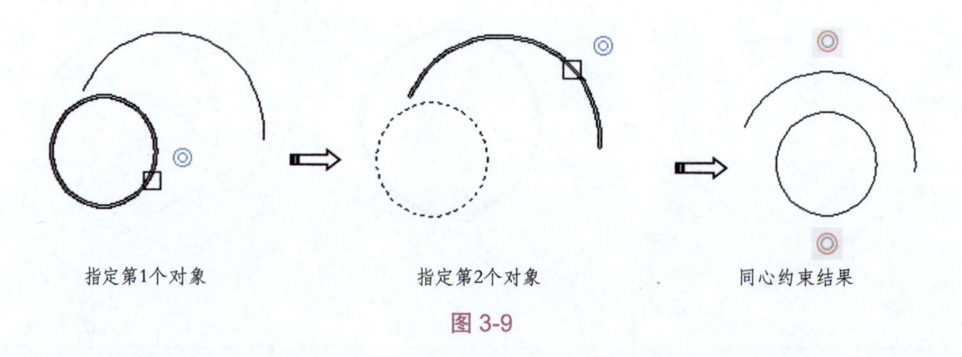

图 3-9

七、水平约束

【水平约束】功能是约束一条线段或两个点，使其与当前 UCS 中的 *X* 轴平行，如图 3-10 所示。

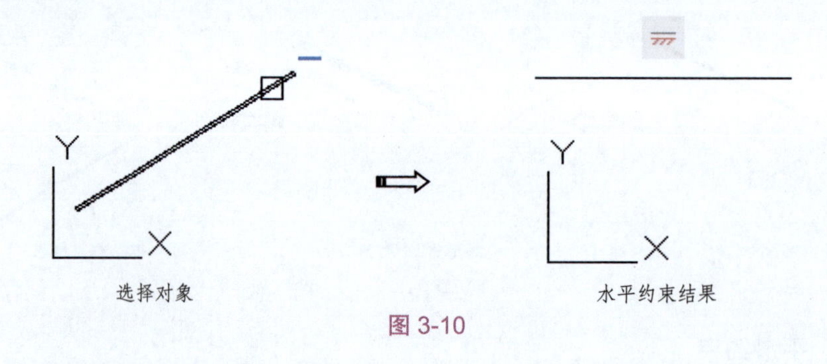

图 3-10

八、对称约束

【对称约束】功能是使选定的对象以直线对称。对于线段，将线段的角度设为对称（而非使其端点对称）。对于圆弧和圆，将其圆心和半径设为对称（而非使圆弧的端点对称），如图 3-11 所示。

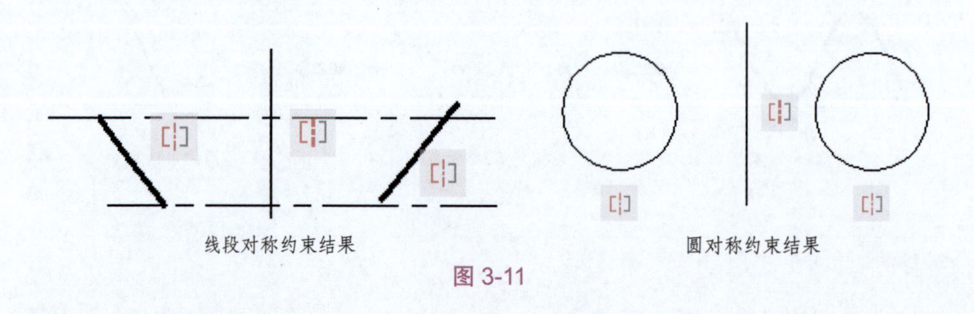

图 3-11

提示: 使用【对称约束】时必须具有一个对称轴，从而将对象或点约束为相对于此轴对称。

九、固定约束

【固定约束】功能是将选定的对象固定在某个位置上，从而使其不被移动。将【固定约束】应用于对象上的点时，会将节点锁定，如图 3-12 所示。

图 3-12

> **提示：**在对某图形中的元素进行约束的情况下，需要对无须改变形状或尺寸的对象执行【固定约束】。

十、竖直约束

【竖直约束】功能是将选定对象（线段或一对点）与当前 UCS 中的 *Y* 轴平行，如图 3-13 所示。

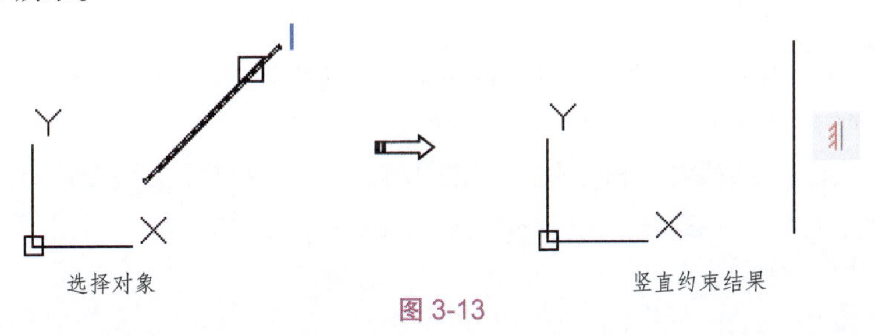

图 3-13

> **提示：**要为某线段执行【竖直约束】功能，注意鼠标指针在线段上选取的位置。鼠标指针选取端将是固定端，线段另一端则绕其旋转。

十一、垂直约束

【垂直约束】功能是使两条线段或多段线的线段相互垂直（始终保持 90°），如图 3-14 所示。

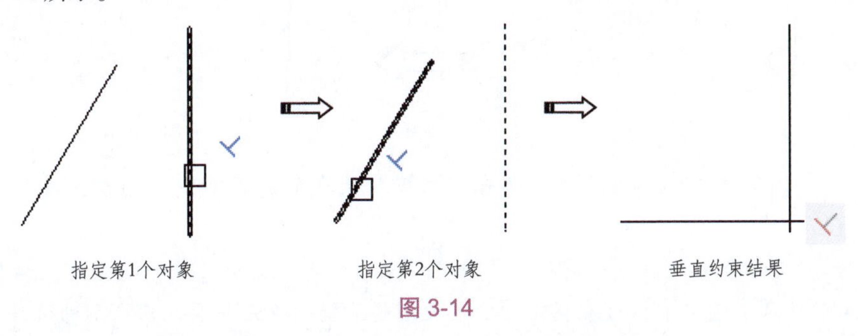

图 3-14

十二、相等约束

【相等约束】功能是约束两条线段或多段线的线段等长，约束圆、圆弧的半径相等。示例如图3-15所示。

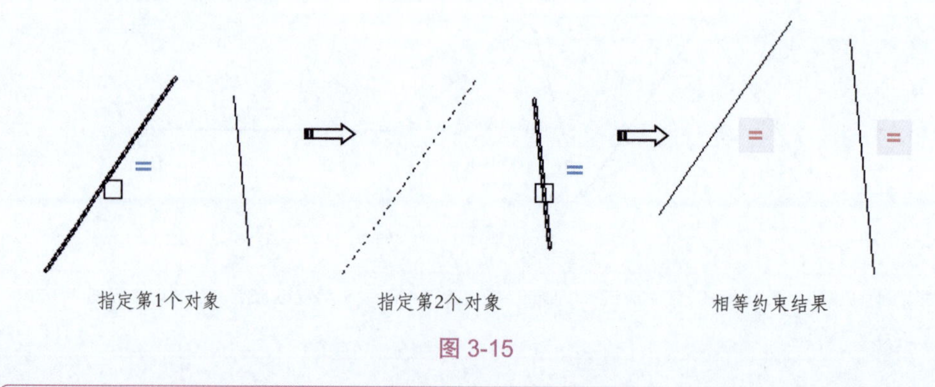

图3-15

> ↘ **提示：** 可以连续拾取多个对象以使其与第1个对象相等。

3.2.2 自动几何约束

自动几何约束用来对选取的对象自动添加几何约束集合。此工具有助于查看图形中各元素的约束情况，并以此做出约束修改。

例如，有两条线段看似相互垂直，但需要验证，可以执行以下操作。

1. 在【几何】面板中单击【自动约束】按钮，然后选取两条线段，程序就会自动约束对象，如图3-16所示。

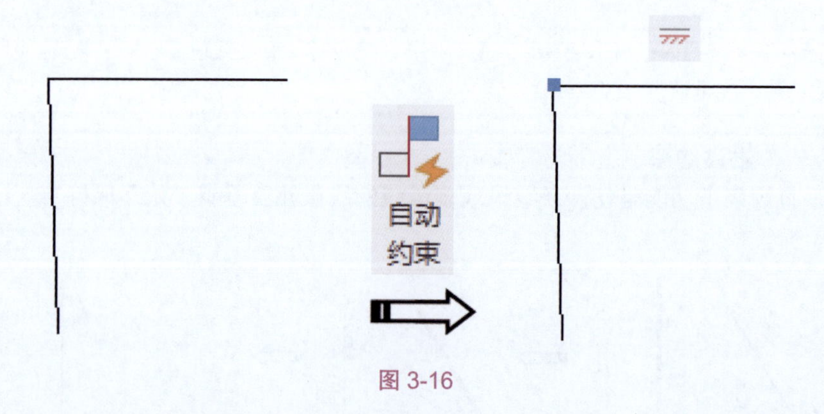

图3-16

2. 可以看出，绘图区中没有显示【垂直约束】的符号，表明两条线段并非相互垂直。

3. 要使两条线段垂直，需执行【垂直约束】命令。打开【约束设置】对话框中的【自动约束】选项卡，可在指定的公差集内将几何约束应用至几何图形的选择集。

3.2.3 约束设置

【约束设置】对话框为用户提供了设置【几何】、【标注】和【自动约束】的功能。

1. 在【参数化】选项卡的【几何】面板右下角单击【约束设置，几何】按钮，会弹出【约束设置】对话框，如图 3-17 所示。

2. 对话框中包含3个选项卡。【几何】选项卡用来控制约束栏上约束类型的显示。【标注】选项卡用来控制标注约束的格式与显示设置，如图 3-18 所示。

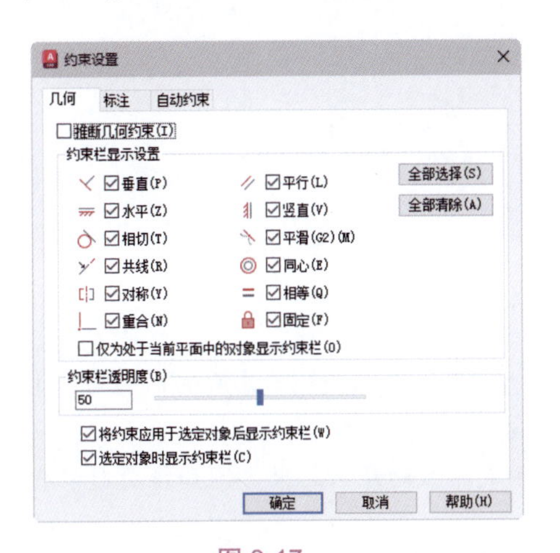

图 3-17

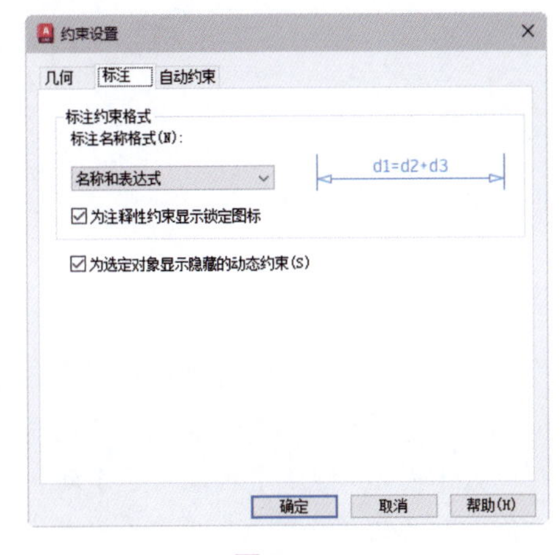

图 3-18

3. 在【标注】选项卡中，【标注名称格式】下拉列表中有 3 种格式类型：【名称】、【值】和【名称和表达式】，其效果如图 3-19 所示。

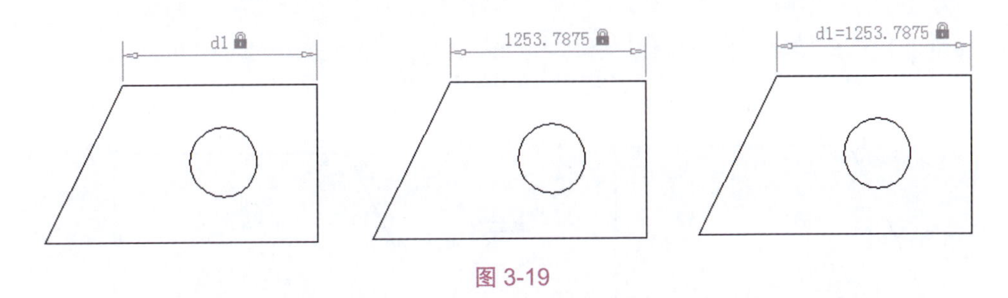

图 3-19

4. 切换到【自动约束】选项卡。此选项卡主要控制应用于选择集的约束，以及使用 AUTOCONSTRAIN 命令时约束的应用优先级，如图 3-20 所示。

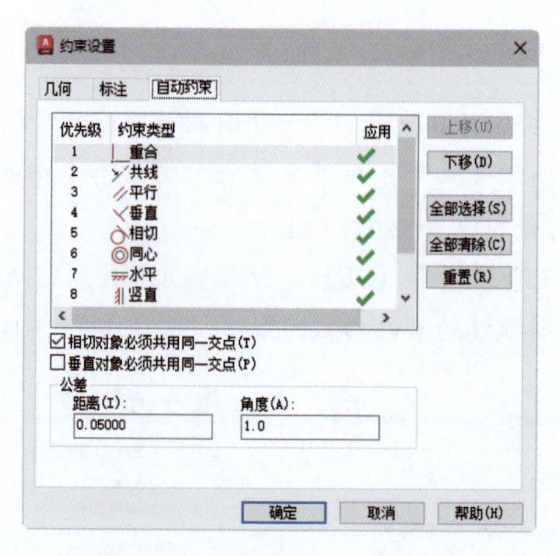

图 3-20

3.2.4　显示与隐藏几何约束

绘制图形后，为了不影响后续的设计工作，用户还可以使用 AutoCAD 2024 的几何约束的显示与隐藏功能，将约束栏显示或隐藏。

1.【显示 / 隐藏】功能用于手动选择可显示或隐藏的几何约束。例如将图形中某一线段的几何约束隐藏，其命令行操作提示如下。

```
命令： _ConstraintBar
选择对象： 找到 1 个
选择对象：↙
输入选项 [ 显示 (S) / 隐藏 (H) / 重置 (R) ]< 显示 >:h
```

2. 隐藏几何约束的过程及结果如图 3-21 所示。

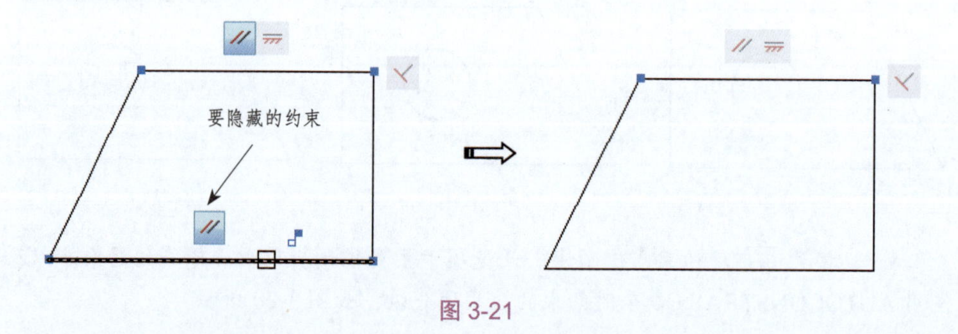

图 3-21

3. 同理，如需要将图形中隐藏的几何约束单独显示，则在命令行中输入 s。

4.【全部显示】功能将使隐藏的所有几何约束同时显示。

5.【全部隐藏】功能将使显示的所有几何约束同时隐藏。

3.3 标注约束操作

【标注约束】功能用来控制图形的大小或角度，也就是驱动尺寸来改变图形。它们可以约束以下内容。

- 对象之间或对象上的点之间的距离。
- 对象之间或对象上的点之间的角度。
- 圆弧和圆的大小。

AutoCAD 2024 的标注约束类型与图形注释功能中的尺寸标注类型类似，但有以下几个不同之处。

- 标注约束用于图形的设计阶段，而尺寸标注通常在文档阶段进行创建。
- 标注约束驱动对象的大小或角度，而尺寸标注由对象驱动。
- 默认情况下，标注约束并不是对象，仅以一种标注样式显示，在缩放操作过程中保持相同大小，且不能输出到设备。尺寸标注会随着图形的变化而变化。

提示：如果需要输出具有标注约束的图形或使用标注样式，可以将标注约束的形式从动态更改为注释性。

3.3.1 标注约束的类型

【标注约束】功能会使几何对象之间或对象上的点之间保持指定的距离和角度。AutoCAD 2024 的标注约束类型共有 8 种，见表 3-2。

表 3-2

图标	说明	图标	说明
线性	根据尺寸界线原点和尺寸线的位置创建两点之间的水平或垂直约束	角度	约束线段的角度或多条线段之间形成的角度、由圆弧或多段线圆弧扫掠得到的角度，或对象上 3 点之间的角度
水平	约束对象上的点或不同对象上两个点之间的 X 距离	半径	约束圆或圆弧的半径
竖直	约束对象上的点或不同对象上两个点之间的 Y 距离	直径	约束圆或圆弧的直径
对齐	约束对象上的点或不同对象上两个点之间的 X 和 Y 距离	转换	将关联标注转换为标注约束

各标注约束的图解如图 3-22 所示。

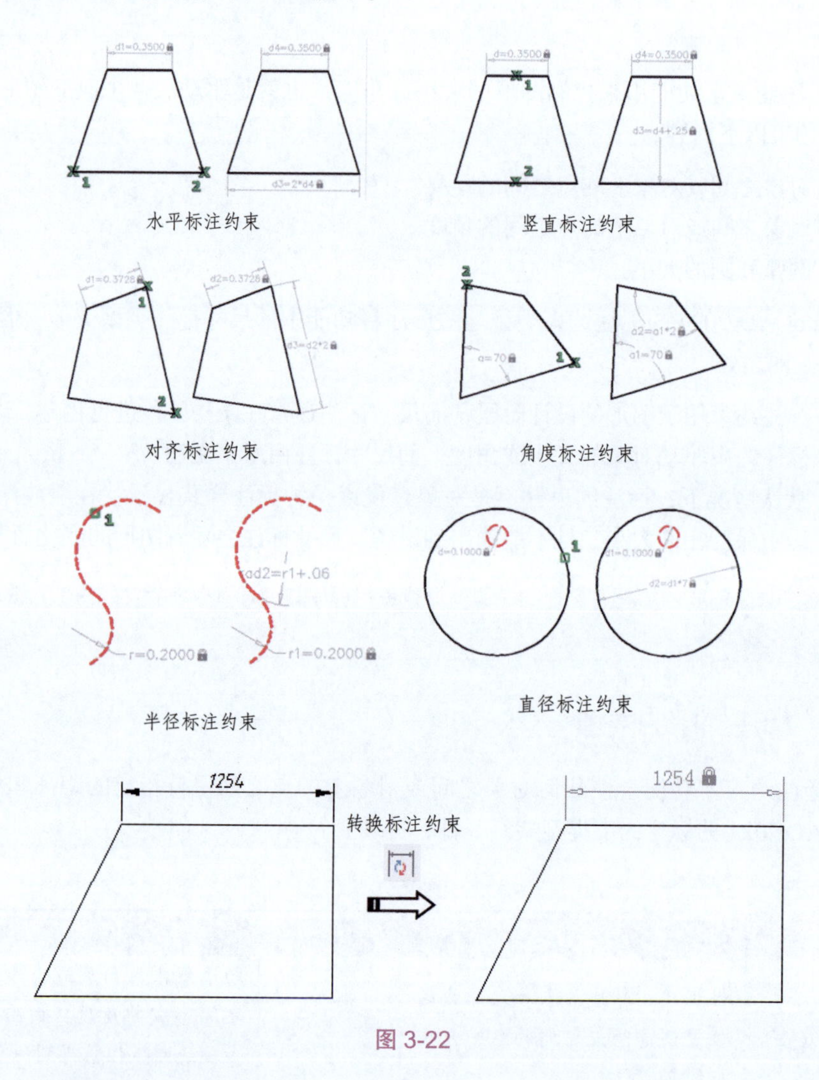

图 3-22

3.3.2　约束模式的作用

【标注约束】功能有两种模式：动态约束模式和注释性约束模式。

一、动态约束模式

动态约束模式允许用户编辑标注约束的尺寸。默认情况下，标注约束是动态的。它们对于常规的参数化图形和设计任务来说非常理想。

动态约束模式具有以下特征。

- 缩小或放大时保持大小相同。

- 可以在图形中轻松进行全局打开或关闭。
- 使用固定的预定义标注样式进行显示。
- 自动放置文字信息，并提供三角形夹点，可以使用这些夹点更改标注约束的值。
- 打印图形时不显示。

二、注释性约束模式

如果希望标注约束具有以下特征，使用注释性约束模式会非常有用。

- 缩小或放大时大小发生变化。
- 随图层单独显示。
- 使用当前标注样式显示。
- 提供与标注上的夹点具有类似功能的夹点功能。
- 打印图形时显示。

3.3.3 显示与隐藏标注约束

【标注约束】功能的显示与隐藏功能，与前面介绍的几何约束的显示与隐藏操作是相同的。这里不再赘述。

3.4 约束管理

AutoCAD 2024 还提供了约束管理功能。这也是【几何约束】和【标注约束】的辅助功能。约束管理包括【删除约束】和【参数管理器】。

3.4.1 删除约束

当用户需要删除参数化约束时，可以使用【删除约束】功能。例如，对已经进行垂直约束的两条线段再作平行约束，这是不允许的，只能先删除垂直约束，再对其进行平行约束。

提示：删除约束跟隐藏约束在本质上是有区别的。

3.4.2 参数管理器

【参数管理器】功能用来控制图形中使用的关联参数。

1. 在【管理】面板中单击【参数管理器】按钮 f_x，弹出【参数管理器】选项板，如图 3-23 所示。

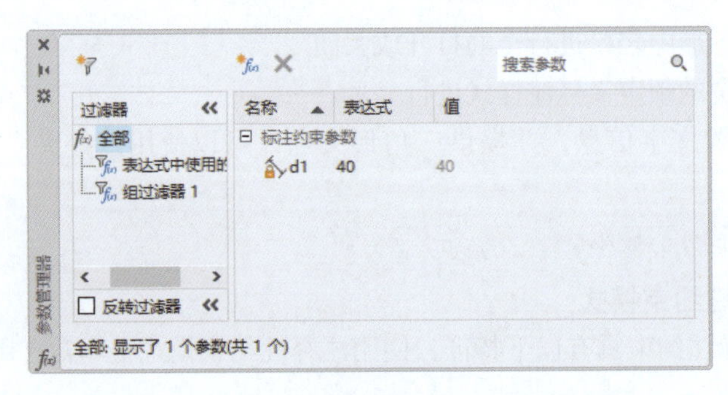

图 3-23

2. 在选项板的【过滤器】选项区域中列出了图形的所有参数组。单击【创建新参数组】按钮，可以添加参数组列。

3. 在选项板右边的用户参数列表中则列出了当前图形中用户创建的标注约束。单击【创建新的用户参数】按钮，可以创建新的用户参数组。

4. 在用户参数列表中可以创建、编辑、重命名、编组和删除关联变量。要编辑某一参数变量，双击此参数变量即可。

5. 选择【参数管理器】选项板中的标注约束时，图形中将亮显关联的对象，如图 3-24 所示。

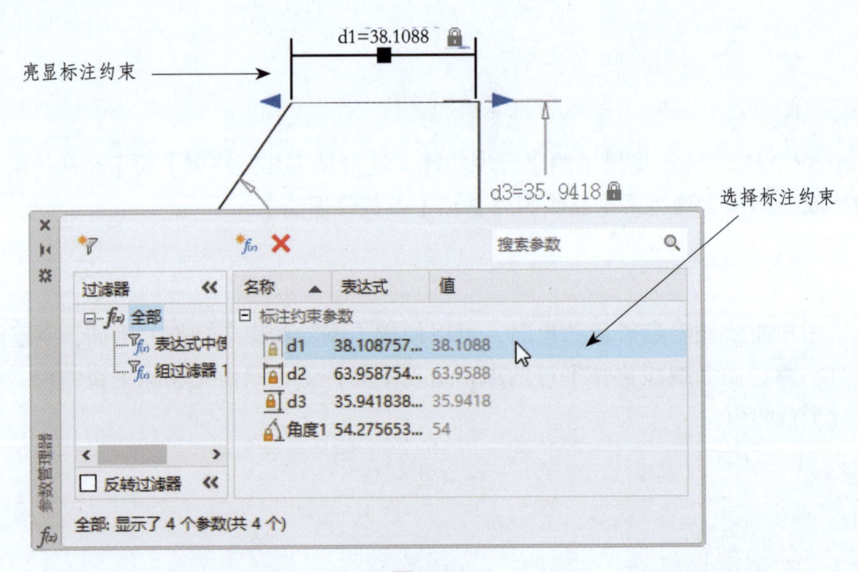

图 3-24

提示：如果参数为处于隐藏状态的动态约束，那么选中约束时将临时显示并亮显动态约束。亮显时并未选中对象，只是直观地标识受标注约束的对象。

3.5 参数化作图综合实践

下面通过 3 个作图实例说明 AutoCAD 的参数化作图的相关功能和绘图技巧。

3.5.1 实践一：绘制减速器透视孔盖

减速器透视孔盖虽然有多种类型，但一般都以螺纹结构固定。图 3-25 所示为减速器上的油孔顶盖。

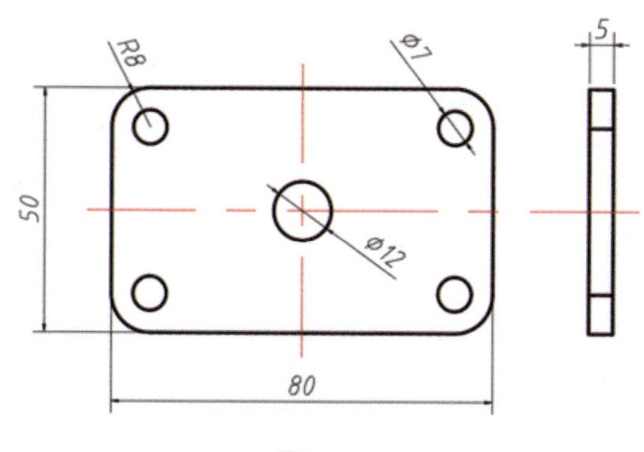

图 3-25

本实例中，我们将完全颠覆以前的图形绘制方法，采取的总体思路是首先任意绘制所有的图形元素（包括中心线、矩形、圆、直线等），然后标注约束各图形元素，最后几何约束各图形元素。

1. 从本例源文件夹中打开“自定义图纸样板. dwt”图纸样板文件。

2. 依次执行【矩形】、【直线】和【圆心，半径】命令，绘制图 3-26 所示的多个图形元素。

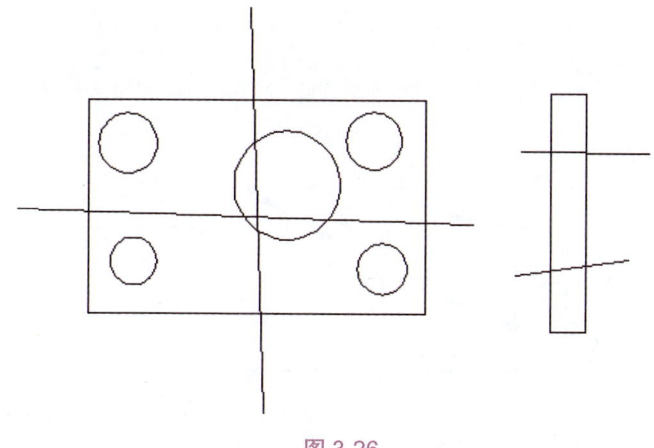

图 3-26

提示：绘制的图形元素，其定位尽量与原图形类似。

3. 在【参数化】选项卡的【标注】面板中单击【注释性约束模式】按钮。

4. 执行【线性】标注约束命令，将两个矩形按图 3-25 所示的尺寸进行约束，标注约束结果如图 3-27 所示。

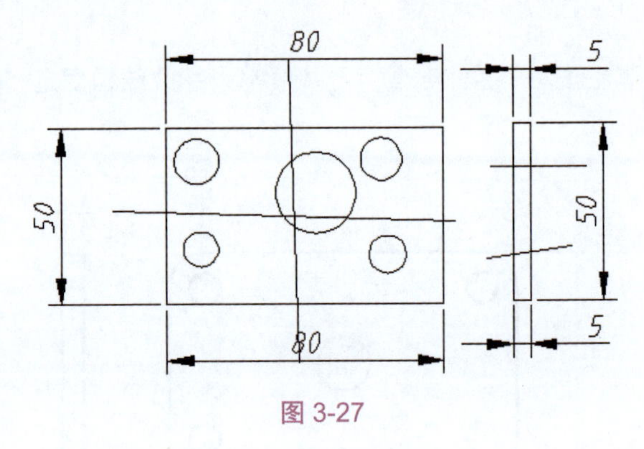

图 3-27

5. 再执行【线性】标注约束命令，将中心线进行约束，标注约束结果如图 3-28 所示。

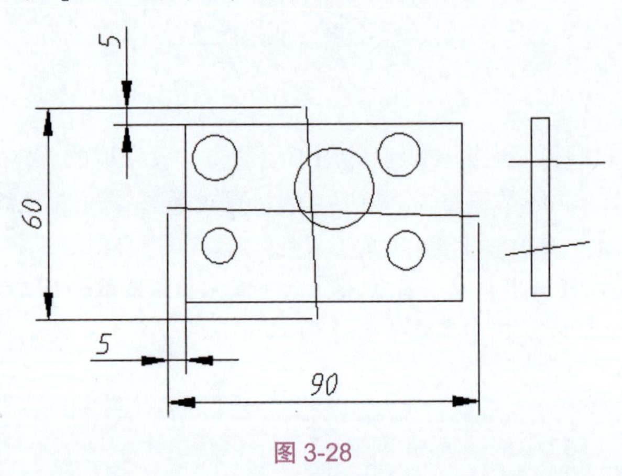

图 3-28

6. 执行【直径】标注约束命令，对 5 个圆进行约束，标注约束结果如图 3-29 所示。

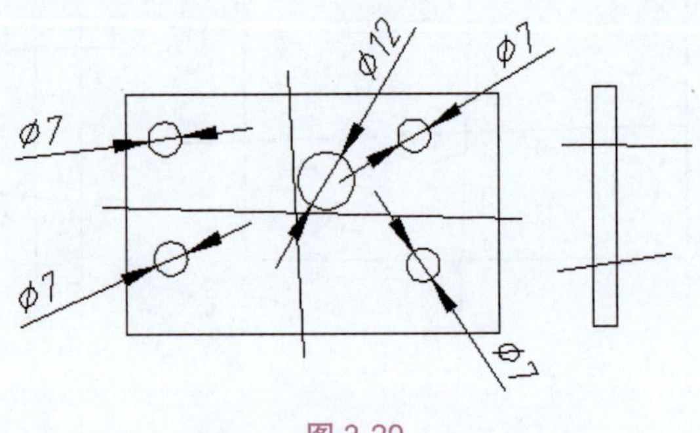

图 3-29

7. 暂不进行标注约束。执行【水平】和【竖直】约束命令，约束矩形、中心线和侧视图中的线段，约束结果如图 3-30 所示。

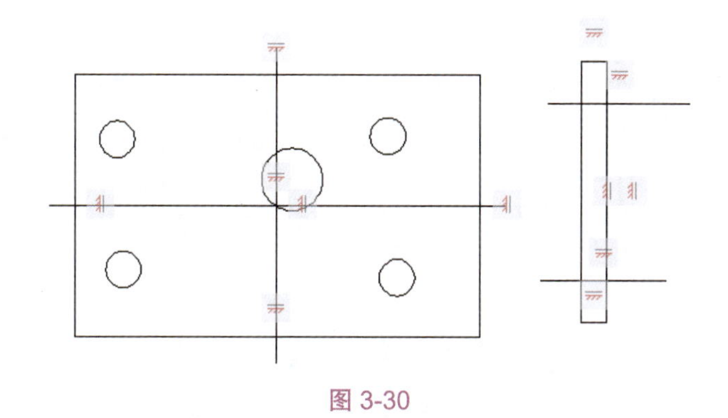

图 3-30

8. 执行【标注】面板中的【线性】命令，标注中心线，标注结果如图 3-31 所示。

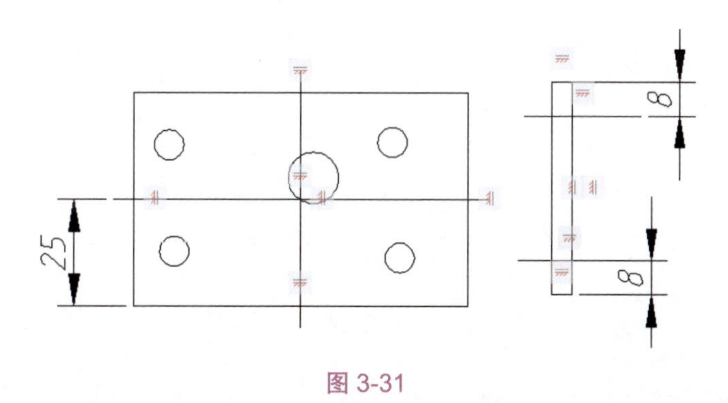

图 3-31

9. 对大矩形和小矩形应用【共线】约束，使其处在同一水平位置上，如图 3-32 所示。

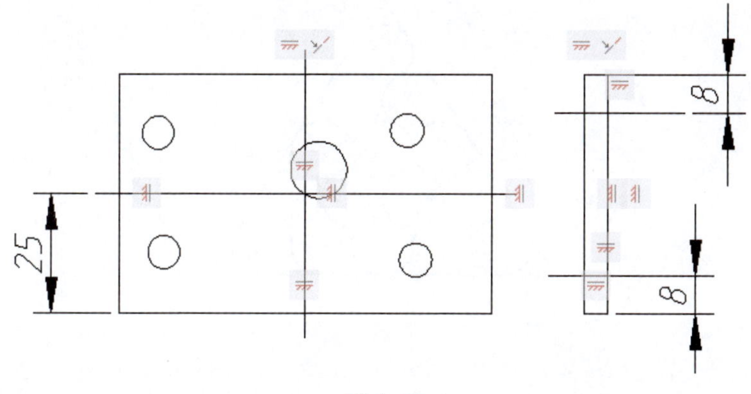

图 3-32

10. 对大圆应用【重合】约束，使其圆心与中心线的中点重合。然后执行【圆角】命令对大矩形倒圆角，如图 3-33 所示。

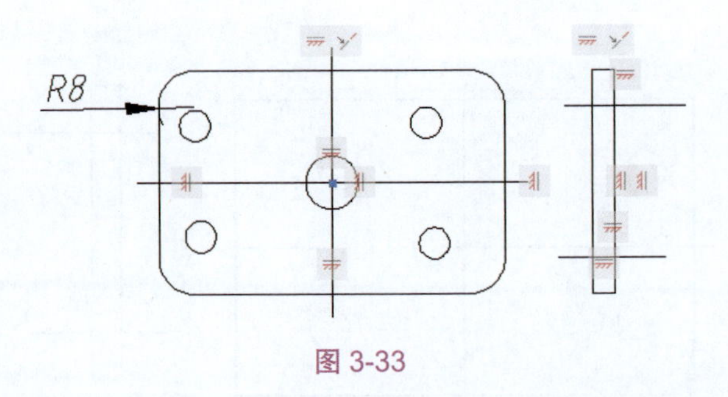

图 3-33

11. 执行【同心】约束命令，将 4 个小圆与 4 个圆角的圆心重合。最后将侧视图中的线段删除，并拉长中心线，修改中心线的线型为 CENTER，结果如图 3-34 所示。

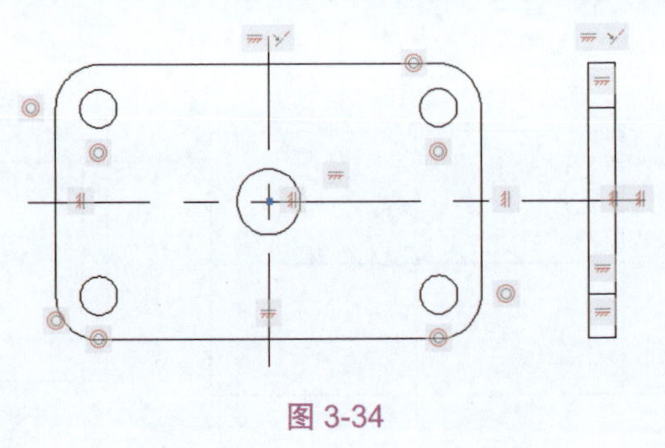

图 3-34

3.5.2 实践二：绘制正三角形内的圆

本实例完全利用参数化的工具（尺寸约束和几何约束）绘制图 3-35 所示的图形。

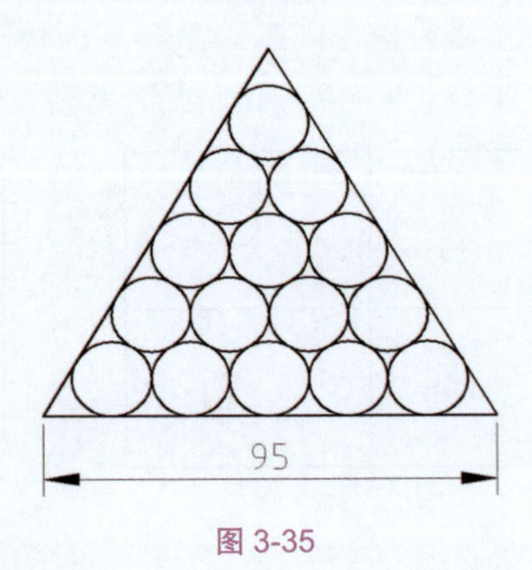

图 3-35

1. 新建一个图形文件。

2. 执行【多边形】命令，绘制边长为 95 的正三角形。命令行操作如下。

```
命令：                                      // 执行【多边形】命令
命令：_polygon 输入侧面数 <4>: 3            // 输入边数
指定正多边形的中心点或 [边 (E)]: E          // 选择 E 选项
指定边的第一个端点：                        // 指定第一个端点，如图 3-36 所示
指定边的第二个端点：95        // 鼠标指针水平移动，并输入值指定第二个端点，如图 3-36 所示。按 Enter 键即可创建正三角形，如图 3-37 所示
```

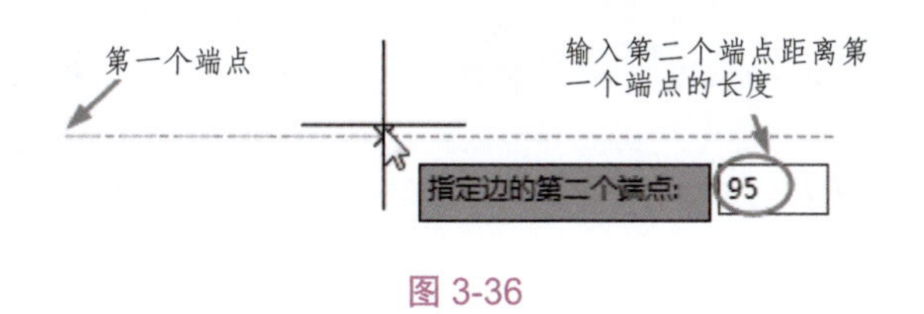

图 3-36

> **提示：**如果用【直线】命令绘制正三角形，那么需要添加尺寸约束和重合约束（线段端点之间）。

3. 对于绘制的三角形，不能让其有任何的自由度，所以首先框选三条边，然后在【参数化】选项卡的【几何】面板中单击【自动约束】按钮，自动添加水平几何约束。最后单击【固定】按钮，把三角形完全固定，如图 3-38 所示。

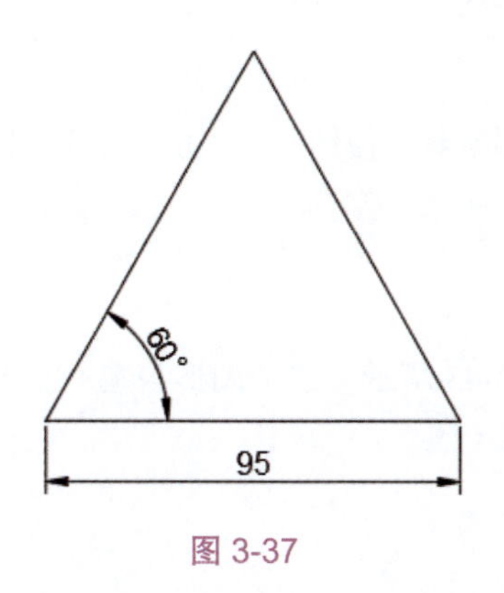

图 3-37

图 3-38

4. 执行【圆心，半径】命令，在正三角形内绘制 15 个小圆，位置和大小随意，尽量不要超出正三角形，避免约束时增加难度，如图 3-39 所示。

5. 单击【相等】约束按钮 〓，将 15 个小圆一一约束为等圆，如图 3-40 所示。

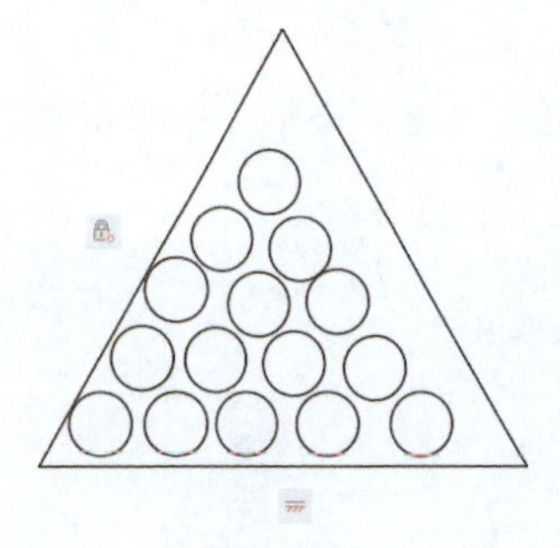

图 3-39

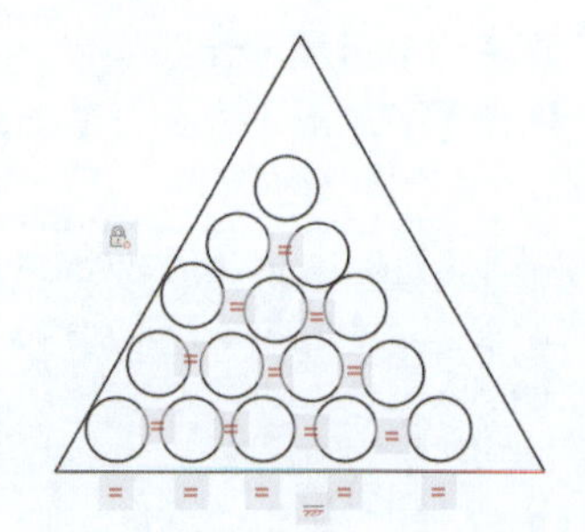

图 3-40

6. 单击【相切】按钮，先将靠近三角形边的小圆进行相切约束，如图 3-41 所示。

7. 在小圆与小圆之间添加相切约束，最终结果如图 3-42 所示。

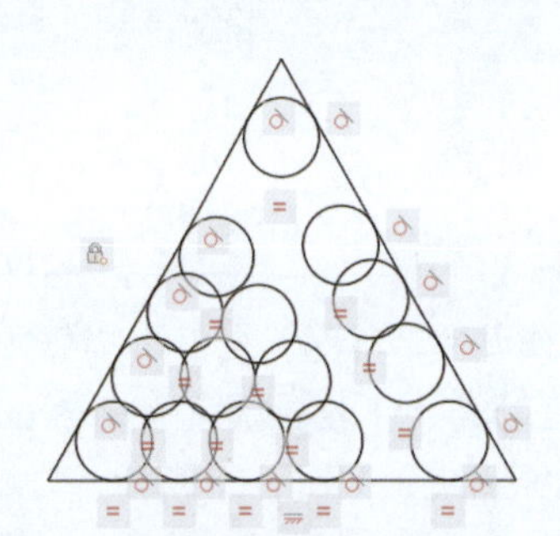

图 3-41

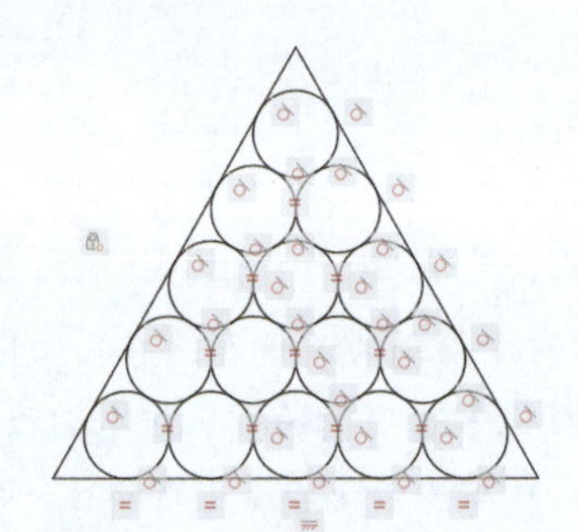

图 3-42

在【几何】面板和【标注】面板中单击【全部隐藏】按钮，可以将约束符号全部隐藏，以免影响后续绘图。

3.5.3　实践三：绘制正多边形内的圆

本实例继续利用参数化的工具来完成，如图 3-43 所示。这个图形与上一小节的图形的绘制方法类似，只是内部的 5 个圆需要进行定位。

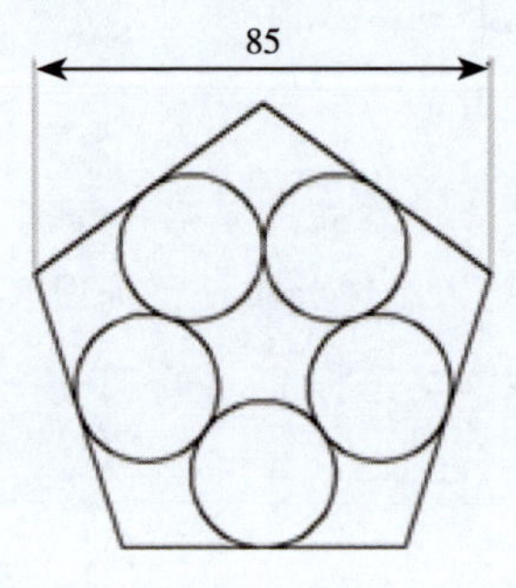

图 3-43

1. 新建一个图形文件。

2. 执行【多段线】命令，绘制图3-44所示的五边形（无尺寸要求）。

3. 在【参数化】选项卡的【几何】面板中，先执行【自动约束】命令添加自动约束，结果如图3-45所示。自动约束后的图形中包括一个水平约束和一个重合约束。

4. 为五边形的边添加【相等】约束 =，结果如图3-46所示。

5. 在【参数化】选项卡的【标注】面板中执行【线性】命令和【角度】命令，为五边形应用尺寸约束，结果如图3-47所示。

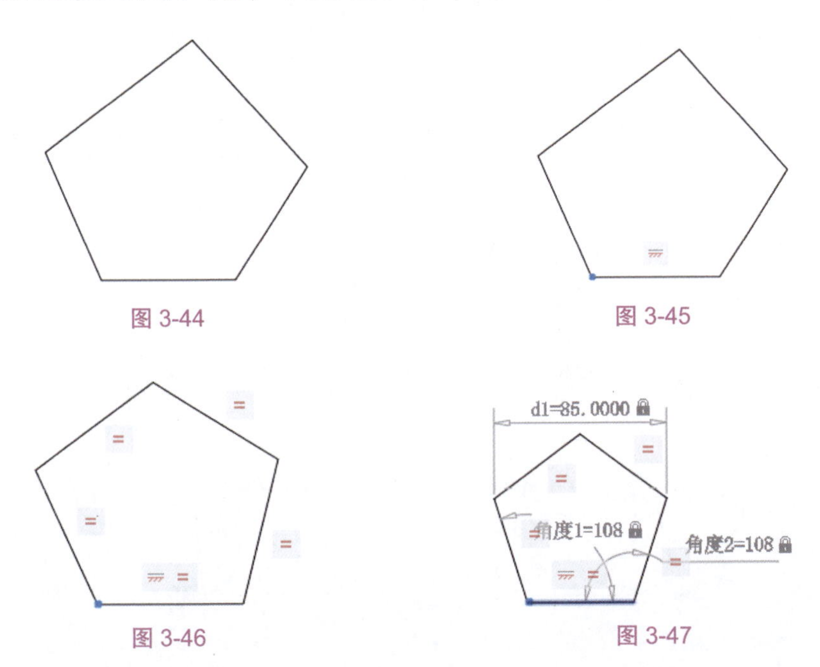

图3-44 图3-45

图3-46 图3-47

6. 执行【圆心，半径】命令，在正五边形内绘制任意尺寸的5个圆，如图3-48所示。

7. 为5个圆添加【相等】约束 =，如图3-49所示。

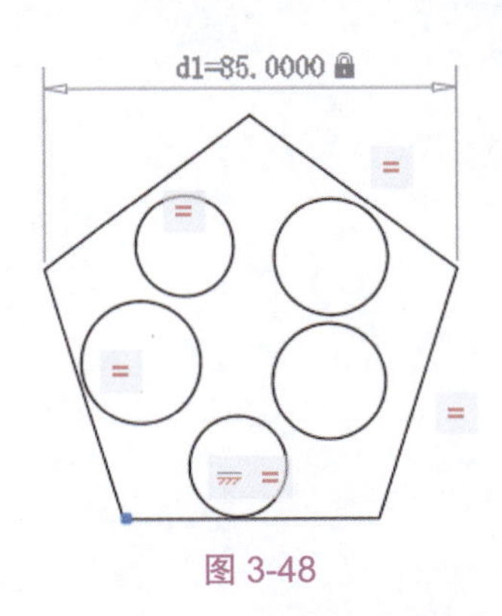

图3-48

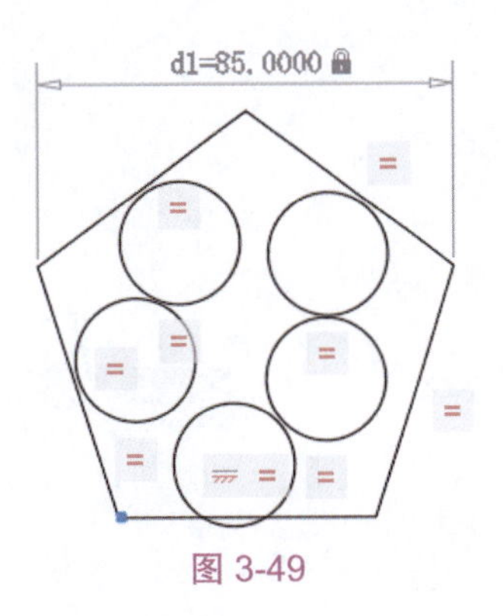

图3-49

8. 分别对 5 个圆和相邻的边添加【相切】约束，如图 3-50 所示。

9. 为相邻圆添加【相切】约束，如图 3-51 所示。

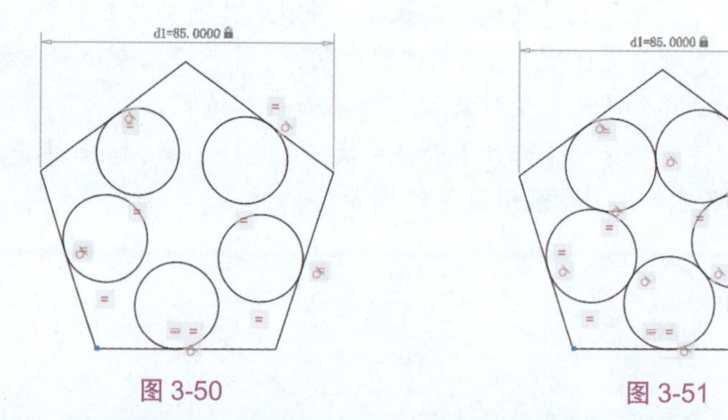

图 3-50　　　　图 3-51

10. 最后要进行定位。先绘制经过正五边形底边的中点垂线，如图 3-52 所示。然后选中圆并显示圆上的节点，如图 3-53 所示。

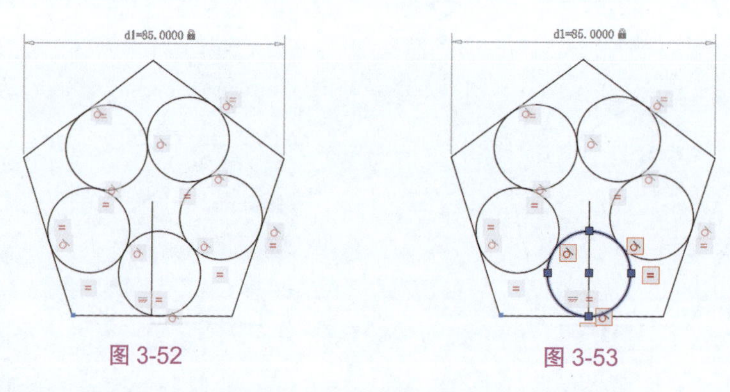

图 3-52　　　　图 3-53

11. 将圆的圆心节点拖动到线段上，最终结果如图 3-54 所示。

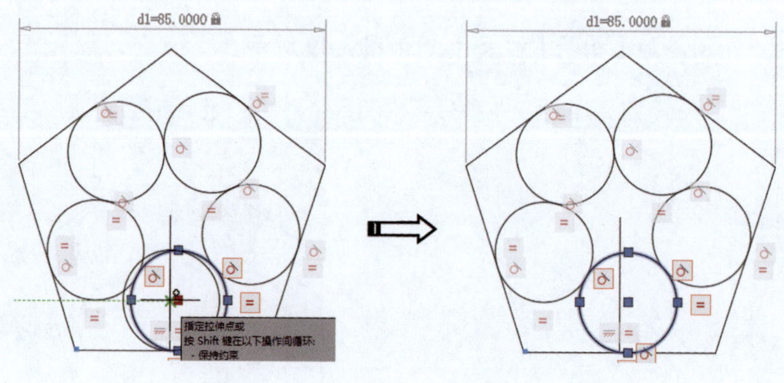

图 3-54

第 4 章 AutoCAD 尺寸标注与注释

图形的尺寸标注是 AutoCAD 绘图设计工作中的一项重要内容，因为标注会显示对象的几何测量值、对象之间的距离或角度、部件的位置。AutoCAD 包含了一套完整的尺寸标注命令和实用程序，可以轻松完成图纸中要求的尺寸标注。本章将详细介绍 AutoCAD 2024 尺寸标注的基本知识、尺寸标注的基本应用和注释功能。

4.1 定制标注样式

多数情况下，用户完成图形的绘制后需要创建新的标注样式来标注图形尺寸，以满足各种各样的设计需要。以下是创建新的标注样式的操作步骤。

1. 在【默认】选项卡的【注释】面板中单击【标注样式】按钮，弹出【标注样式管理器】对话框。

2. 在【标注样式管理器】对话框中单击【新建（N）...】按钮，弹出【创建新标注样式】对话框，如图 4-1 所示。

3. 在【创建新标注样式】对话框中完成各选项的设置后，单击【继续】按钮，会弹出【新建标注样式：副本 ISO-25】对话框，如图 4-2 所示。

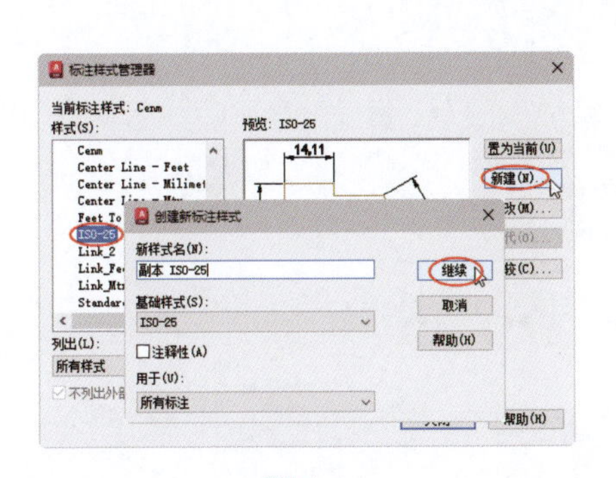

图 4-1

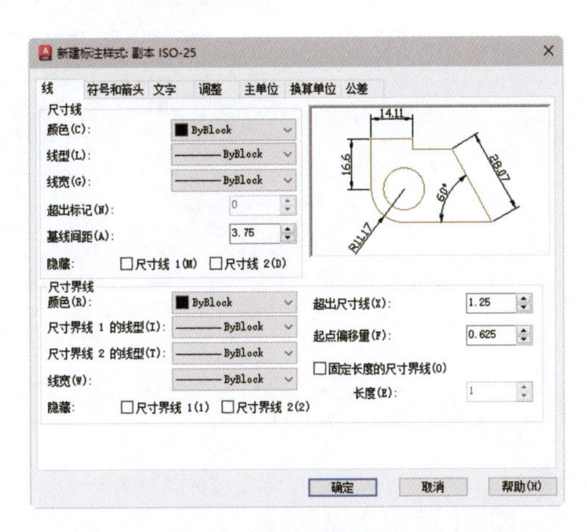

图 4-2

4. 在【新建标注样式：副本 ISO-25】对话框中，用户可以定义新标注样式的特性。最初显示的特性是在【创建新标注样式】对话框中所选择的基础样式的特性。

新建标注样式对话框中包括 7 个功能选项卡：线、符号和箭头、文字、调整、主单位、换算单位和公差。下面对 7 个功能选项卡进行简要介绍。

一、【线】选项卡

【线】选项卡的主要功能是设置尺寸线、尺寸界线的格式和特性。

二、【符号和箭头】选项卡

【符号和箭头】选项卡的主要功能是设置箭头、圆心标记、弧长符号和半径折弯标注的格式和特性，如图 4-3 所示。

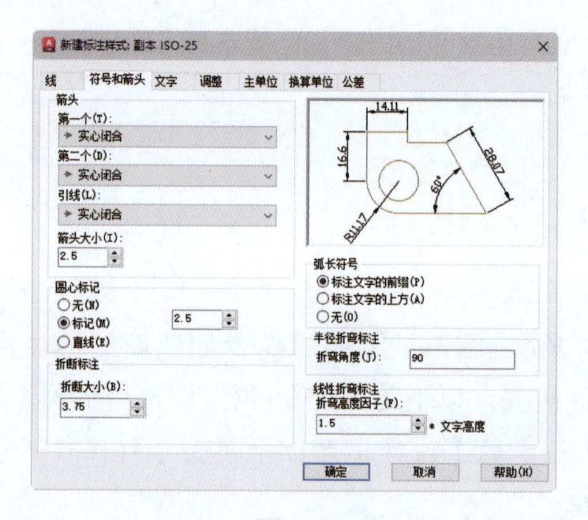

图 4-3

三、【文字】选项卡

【文字】选项卡主要用于设置标注文字外观、文字位置和文字对齐，如图 4-4 所示。

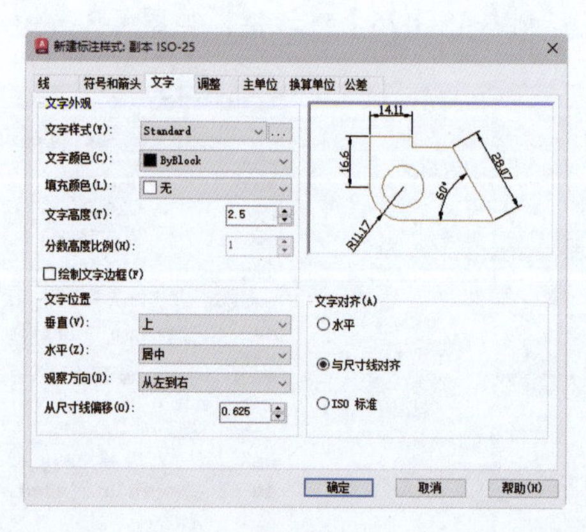

图 4-4

四、【调整】选项卡

【调整】选项卡的主要作用是调整标注文字、箭头、文字位置等，如图 4-5 所示。

五、【主单位】选项卡

【主单位】选项卡的主要功能是设置主标注单位的格式和精度，并设置标注文字的前缀和后缀，如图 4-6 所示。

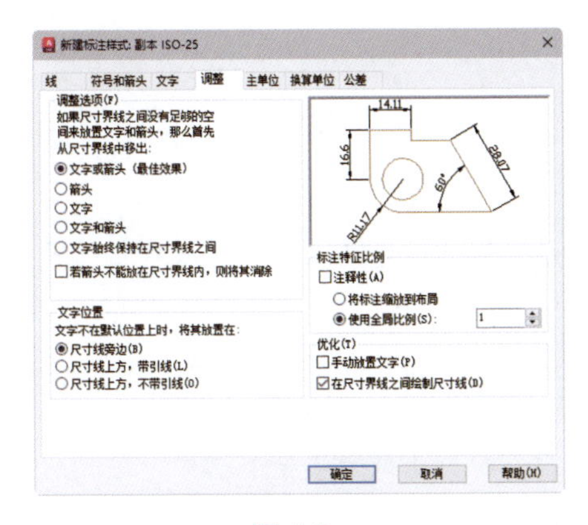

图 4-5

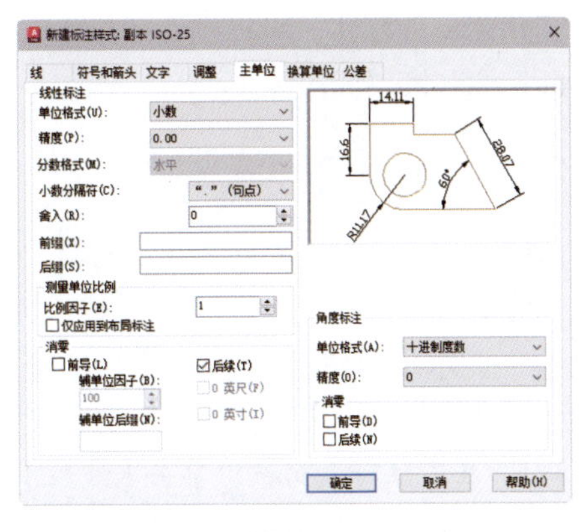

图 4-6

六、【换算单位】选项卡

【换算单位】选项卡的主要功能是设置标注测量值中换算单位的显示、格式和精度等，如图 4-7 所示。

> **提示：**【换算单位】选项组和【消零】选项组中的选项含义与前面介绍的【主单位】选项卡中的【线性标注】选项组中的选项含义相同。

七、【公差】选项卡

【公差】选项卡的主要功能是设置标注文字中的公差格式和换算单位公差，如图 4-8 所示。

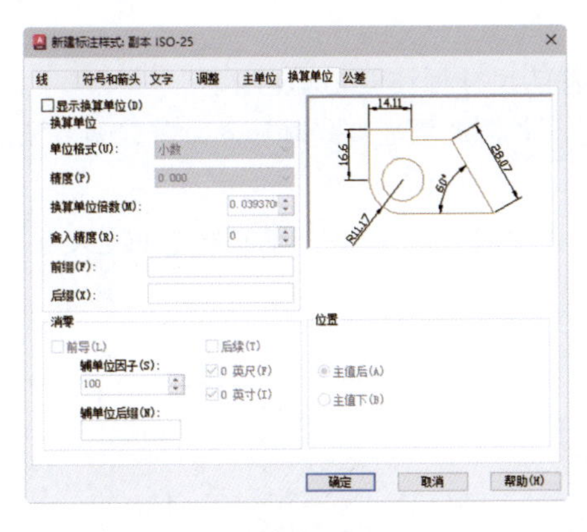

图 4-7

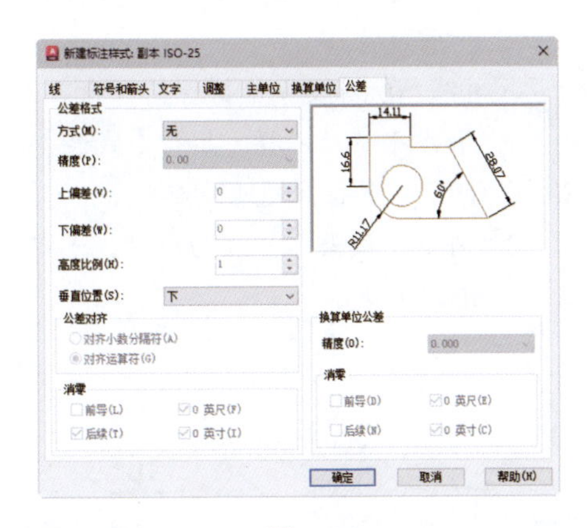

图 4-8

4.2　基本尺寸标注

AutoCAD 2024 向用户提供了非常全面的基本尺寸标注工具，包括线性尺寸标注、角度尺寸标注、半径或直径标注、弧长标注、坐标标注、对齐标注、折弯标注、折断标注和倾斜标注等。

4.2.1　线性尺寸标注

线性尺寸标注工具包含水平标注和垂直标注两种，分别用来水平或垂直放置线性标注。

一、水平标注

尺寸线与标注文字始终保持水平放置的尺寸标注就是水平标注。

1. 在【注释】面板中单击【线性】按钮，执行【线性】命令。

2. 在图形中任选两点作为延伸线的起始点，AutoCAD 自动以水平标注方式作为默认的尺寸标注，如图 4-9 所示。

3. 将延伸线沿竖直方向移动至合适位置，即确定尺寸线的中心点位置，随后即可生成水平尺寸标注，如图 4-10 所示。

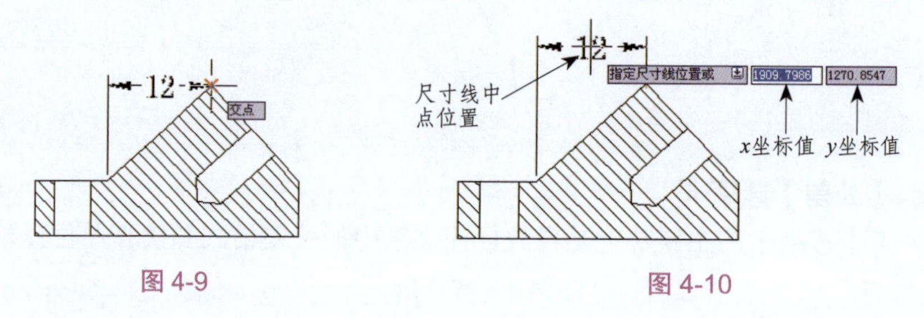

图 4-9　　图 4-10

二、垂直标注

尺寸线与标注文字始终保持竖直方向放置的尺寸标注就是垂直标注。

1. 和水平标注一样，执行【线性】命令，当指定了延伸线起始点或标注对象后，AutoCAD 默认的标注是垂直标注。

2. 将延伸线沿水平方向移动，或在命令行中输入 V 命令，即可创建垂直尺寸标注，如图 4-11 所示。

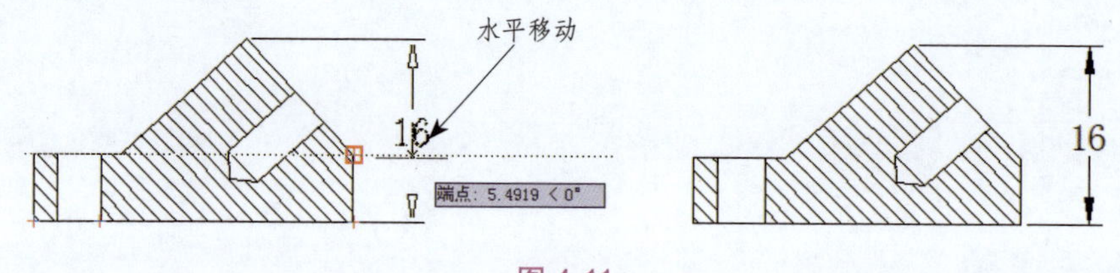

图 4-11

提示：垂直标注的命令行命令提示与水平标注的命令提示是相同的。

4.2.2 角度尺寸标注

角度尺寸标注用来测量选定的对象或 3 个点之间的角度。

1. 在【注释】面板中单击【角度】按钮，执行【角度】命令。

2. 在绘图区中依次选取要测量的两个对象。可测量的对象包括圆弧、圆和线段等，如图 4-12 所示。

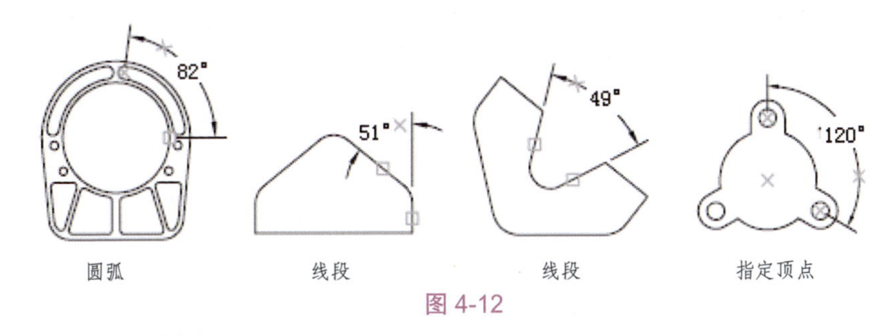

图 4-12

3. 选取测量对象后将创建的角度尺寸放置在合适位置。

提示：可以相对于现有角度标注创建基线和连续角度标注。基线和连续角度标注小于或等于 180°。要获得大于 180° 的基线和连续角度标注，可使用夹点编辑功能拉伸现有基线或连续标注的尺寸延伸线的位置。

4.2.3 半径和直径标注

当标注对象为圆弧或圆时，需创建半径或直径标注。一般情况下，小于或等于半圆的圆弧应标注为半径尺寸，圆或大于半圆的圆弧应标注直径尺寸，如图 4-13 所示。

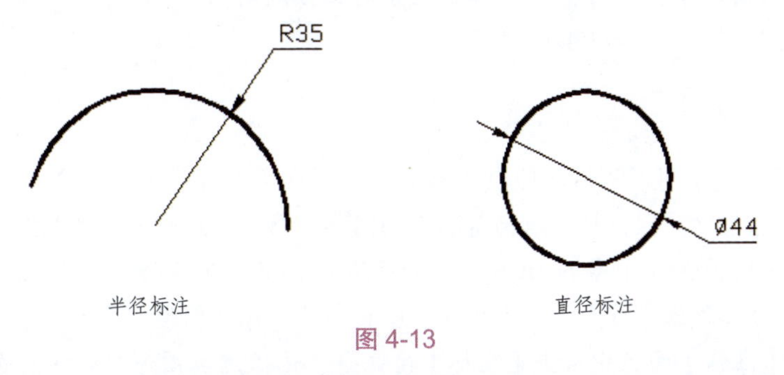

图 4-13

【半径】标注命令用来测量选定圆或圆弧的半径值，并显示前面带有半径符号

“R”的标注文字。

【直径】标注命令用来测量选定圆或圆弧的直径值，并显示前面带有直径符号“⌀”的标注文字。

1. 在【注释】面板中单击【半径】按钮或【直径】按钮，执行【半径】标注或【直径】标注命令。

2. 对圆弧进行标注时，半径或直径标注不需要直接沿圆弧进行放置。

3. 如果标注位于圆弧末尾之后，则将沿进行标注的圆弧的路径绘制延伸线，或者不绘制延伸线。

4. 取消（关闭）延伸线后，半径标注或直径标注的尺寸线将通过圆弧的圆心（不是按照延伸线）进行绘制，如图4-14所示。

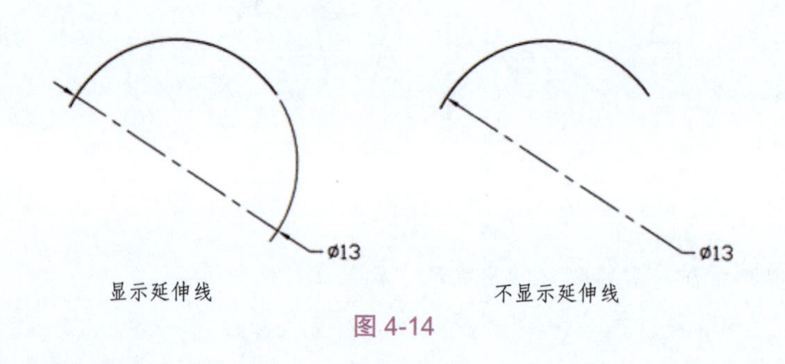

图4-14

4.2.4 弧长标注

弧长标注用于测量圆弧或多段线弧上的长度。

1. 在【注释】面板中单击【弧长】按钮，执行【弧长】标注命令。

2. 在绘图区中选取要标注弧长的圆弧或者多段线形式的圆弧段，随后将弧长尺寸放置在圆弧的上方。

3. 默认情况下，弧长标注在标注文字的上方或前面显示圆弧符号“⌒”，如图4-15所示。

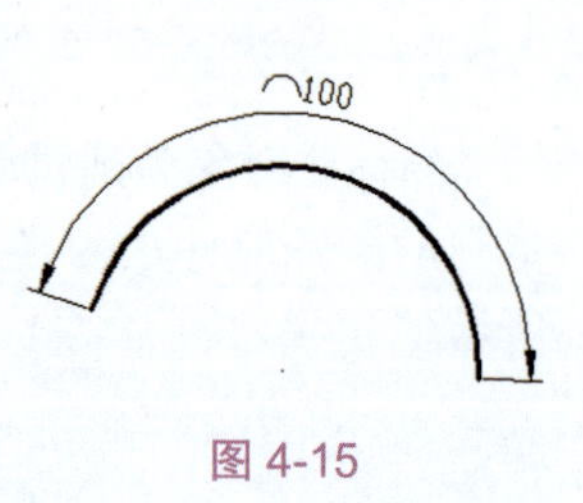

图4-15

4.2.5 坐标标注

坐标标注主要用于测量从原点（基准）到要素（如部件上的一个孔）的水平或垂直距离。这种标注保持特征点与基准点的精确偏移量，从而避免增大误差。

1. 双击绘图区左下角的UCS使其处于激活状态，然后将坐标系原点拖曳到测量图形的基准点位置。这个基准点位置可以自定义，比如图形的角点、中心点。

2. 在【注释】面板中单击【坐标】按钮，依次选取图形中的水平线、竖直线和圆心进行坐标标注，结果如图4-16所示。

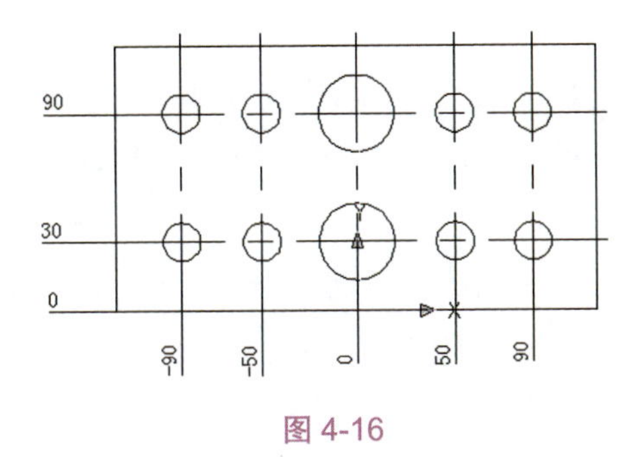

图 4-16

提示：在进行坐标标注之前，需要在基准点或基线上先创建一个 UCS，或者将 UCS 激活再移动到合适位置，如图 4-17 所示。

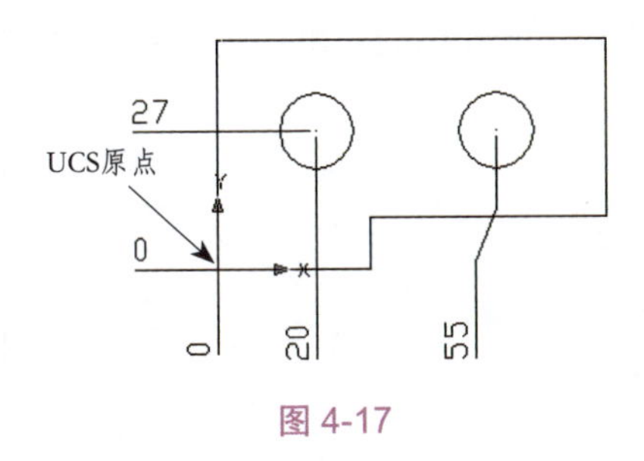

图 4-17

4.2.6 对齐标注

当标注对象为倾斜的直线线形时，可执行【对齐】标注命令。对齐标注可以创建与指定位置或对象平行的标注，如图 4-18 所示。对齐标注的方法与线性标注的方法相同，这里不再赘述。

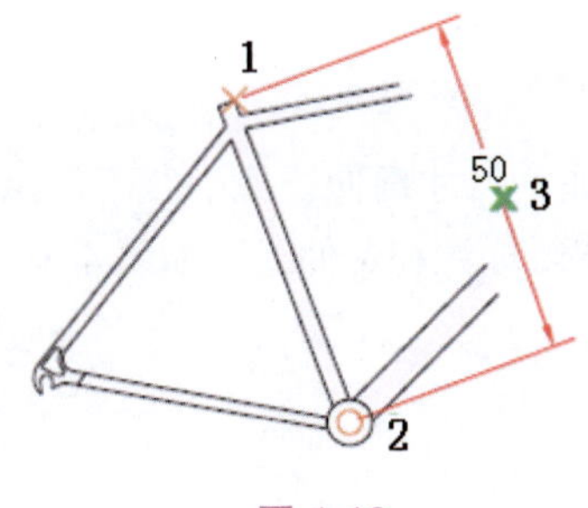

图 4-18

4.2.7 折弯标注

当标注不能表示实际尺寸，或者圆弧或圆的中心无法在实际位置显示时，可使用折弯标注来表示。在 AutoCAD 2024 中，折弯标注包括半径折弯标注和线性折弯标注两种。

一、半径折弯标注

当圆弧或圆的中心位于布局之外，并且无法在其实际位置显示时，可以使用【标注，折弯标注】命令来创建半径折弯标注，如图 4-19 所示。半径折弯标注也被称为“缩放的半径标注”。

> **提示：**图中的点 1 表示选择圆弧时的鼠标指针位置，点 2 表示新圆心位置，点 3 表示标注文字的位置，点 4 表示折弯中点位置。

二、线性折弯标注

折弯线用于表示不显示实际测量值的标注值。将折弯线添加到线性标注，即线性折弯标注。折弯标注的实际测量值一般小于显示的值。

通常情况下，在线性标注或对齐标注中可添加或删除折弯线，如图 4-20 所示，折弯线性标注中的折弯线表示所标注的对象中的折断，标注值表示实际距离，而不是图形中测量的距离。

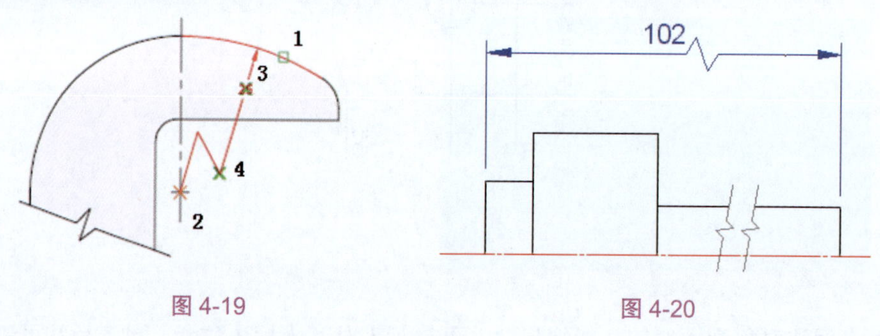

图 4-19　　　　图 4-20

> **提示：**折弯由两条平行线和一条与平行线呈 40° 角的交叉线组成。折弯的高度由标注样式的线性折弯大小值决定。

4.2.8　折断标注

使用折断标注可以使标注、尺寸延伸线或引线不显示，还可以在标注和延伸线与其他对象的相交处打断或恢复标注和延伸线，如图 4-21 所示。

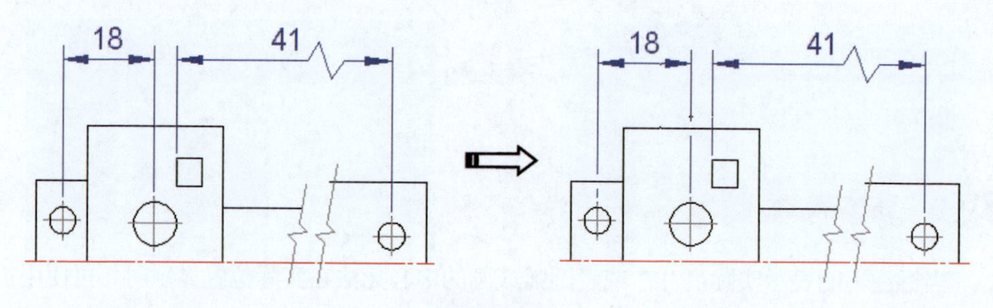

图 4-21

4.2.9 倾斜标注

倾斜标注可使线性标注的延伸线倾斜，也可旋转、修改或恢复标注文字。当延伸线与图形的其他要素冲突时，倾斜标注将很有用。

1. 首先执行【线性】命令对图形进行线性标注。

2. 在【注释】选项卡的【标注】面板中单击【倾斜】按钮，选取要倾斜的线性标注，如尺寸为 11 的标注。

3. 按 Enter 键确认后，输入倾斜角度值 45，再按 Enter 键完成线性尺寸的倾斜标注，如图 4-22 所示。

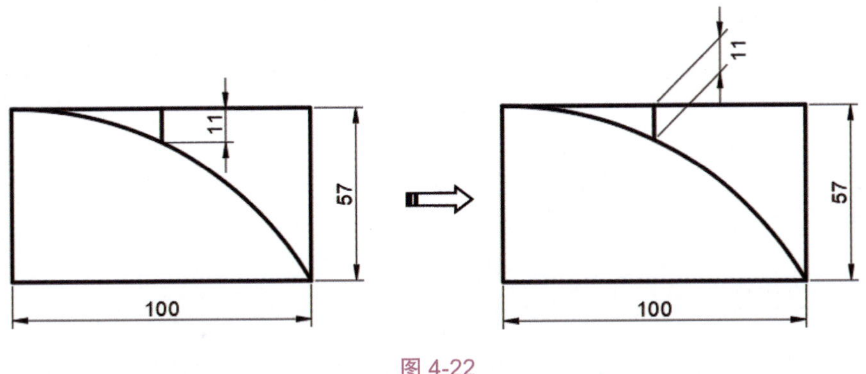

图 4-22

4.3 快速标注

对于图形中连续的线段、并列的线条或相似的图样，可使用 AutoCAD 2024 提供的快速标注工具完成标注，以此来提高标注的效率。快速标注工具包括【快速标注】、【基线标注】、【连续标注】、【调整等距】。

4.3.1 快速标注

【快速标注】功能是对选择的对象创建一系列的标注。这些标注可以是一系列连续标注、一系列并列标注、一系列基线标注、一系列坐标标注、一系列半径标注，或者一系列直径标注，图 4-23 所示为多段线的快速标注示例。操作方法不再赘述。

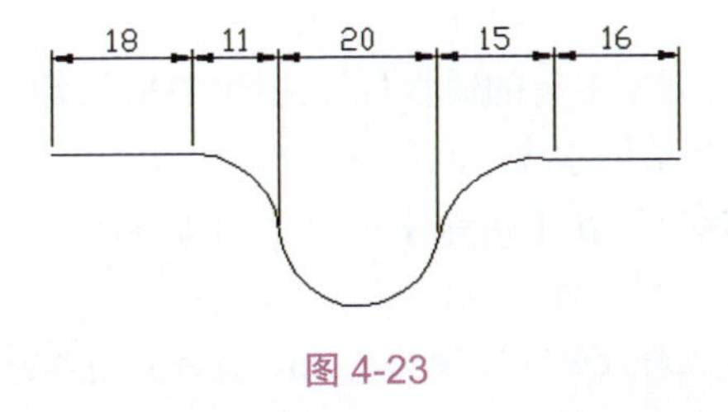

图 4-23

4.3.2　基线标注

【基线标注】功能是从上一个标注或选定标注的基线处创建线性标注、角度标注或坐标标注，如图 4-24 所示。基线标注的方法与线性标注相同，这里不再赘述。

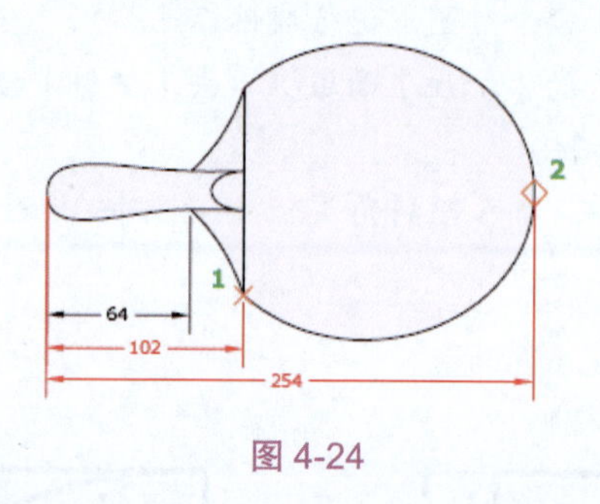

图 4-24

> **提示：**可通过标注样式管理器【线】选项卡中的【基线间距】选项来设置基线标注之间的默认间距。

4.3.3　连续标注

【连续标注】功能是从上一个标注或选定标注的第二条延伸线处开始，创建线性标注、角度标注或坐标标注，如图 4-25 所示。连续标注的操作方法与线性标注方法类似，这里不再赘述。

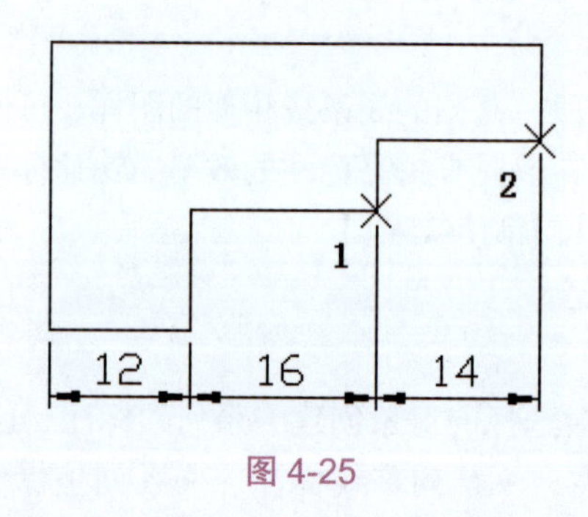

图 4-25

4.3.4　调整等距

【调整等距】功能可调整平行的线性标注之间的间距或共享一个公共顶点的角度标注之间的间距，可使多条尺寸线之间的间距相等。

1. 当完成线性标注后，在【注释】选项卡的【标注】面板中单击【调整间距】按钮。

2. 将图形中所有线性标注的间距设为 5mm，结果如图 4-26 所示。

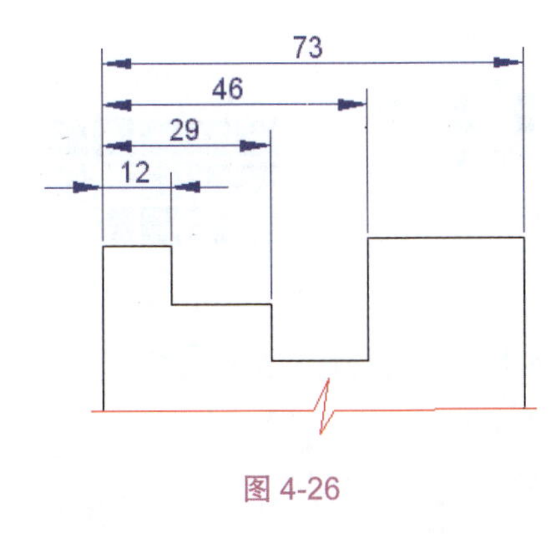

图 4-26

4.4 公差与引线标注

在 AutoCAD 2024 中，除一般情况下使用的基本尺寸标注和快速标注外，还有用于特殊情况下的公差与引线标注，如形位公差标注、多重引线标注，分别介绍如下。

4.4.1 形位公差标注

形位公差表示特征的形状、轮廓、方向、位置和跳动的允许偏差。

形位公差一般由形位公差框、特征符号、公差值、包容条件和基准（或参考）字母组成，如图 4-27 所示。

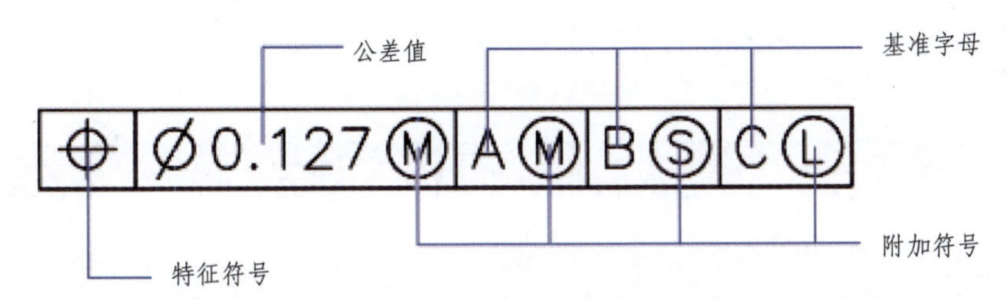

图 4-27

1. 在菜单栏中执行【标注】/【公差】命令，弹出【形位公差】对话框，如图 4-28 所示。在该对话框中可以设置符号、公差和基准。

2. 在【形位公差】对话框中单击【符号】选项组中的黑色小方格，将打开图 4-29 所示的【特征符号】对话框。在该对话框中可以选择适合的特征符号。

3. 在【形位公差】对话框中单击【公差 1】选项组中的黑色小方格，为公差值添加直径符号 φ。

4. 在【形位公差】对话框中单击【基准 1】选项组中的黑色小方格，将打开图 4-30 所示的【附加符号】对话框。在该对话框中可以选择适合的附加符号。

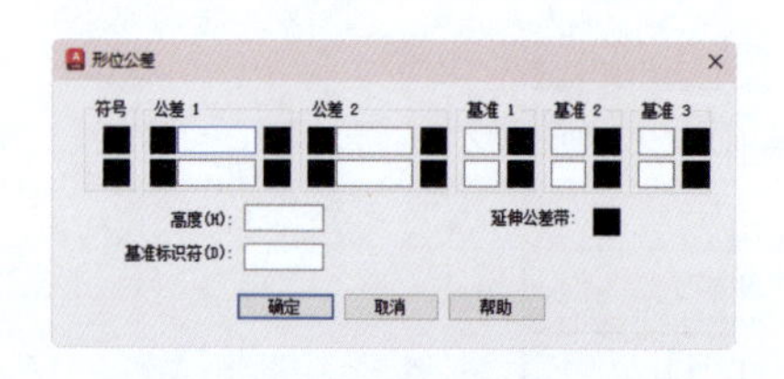

图 4-28

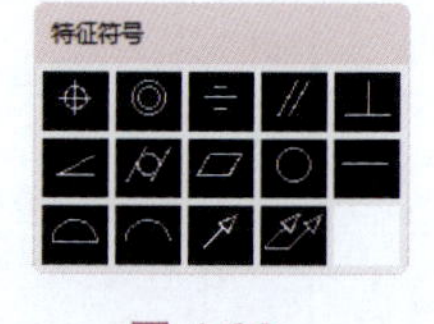

图 4-29

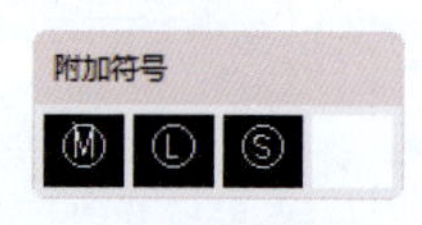

图 4-30

表 4-1 列举了国家标准规定的各种特征符号及其含义。

表 4-1

符号	含义	符号	含义
⌖	位置度	▱	平面度
◎	同轴度	○	圆度
⌯	对称度	—	直线度
//	平行度	⌓	面轮廓度
⊥	垂直度	⌒	线轮廓度
∠	倾斜度	↗	圆跳度
⌭	圆柱度	⌰	全跳度

表 4-2 列举了与形位公差有关的附加符号及其含义。

表 4-2

符号	含义
Ⓜ	材料的一般中等状况
Ⓛ	材料的最大状况
Ⓢ	材料的最小状况

4.4.2 多重引线标注

引线是连接注释和图形对象的一条带箭头的线，用户可从图形的任意点或对象上创建引线。引线可由线段或平滑的样条曲线组成，注释文字就放置在引线末端。

1. 在【注释】选项卡的【引线】面板中单击【多重引线】按钮。
2. 指定箭头位置（一般是标注对象），拖曳鼠标指针拉长引线直至合适的长度。

3. 确定引线长度后再输入引线标注中的内容，可以是文本、数字或符号块。图4-31左图所示为默认的多重引线标注，右图所示为修改多重引线的引线格式为【样条曲线】的结果。

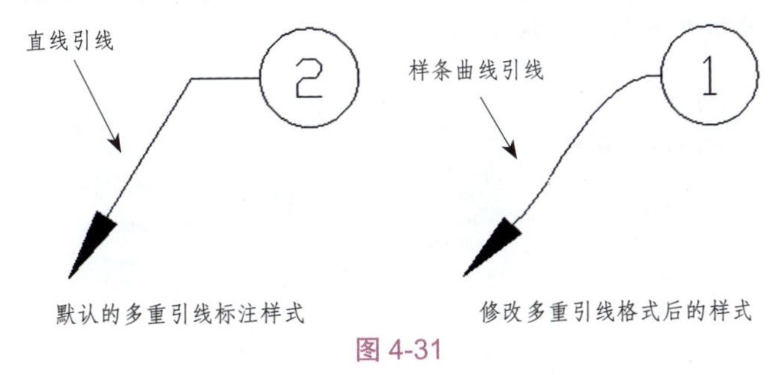

图 4-31

多重引线对象或多重引线可先创建箭头，也可先创建尾部或内容。如果已使用多重引线样式，则可以从该样式创建多重引线。

4.5 文字与表格注释

为图形标注尺寸以后，还要添加说明文字和明细表格，这样才算一张完整的工程图。

4.5.1 文字注释

文字注释是 AutoCAD 图形中很重要的图形元素，也是机械、建筑等工程制图中不可或缺的组成部分。一个完整的图样还需要包括一些文字注释来标注图样中的一些非图形信息。例如，机械工程图中的技术要求、装配说明、标题栏信息、选项卡，以及建筑工程图中的材料说明、施工要求等。

一、设置文字样式

1. 文字注释功能可在【文字】面板、【文字】工具栏中选择相应的选项或工具进行调用，也可在菜单栏中执行【绘图】/【文字】命令，在弹出的【文字】菜单中选择【单行文字】或【多行文字】命令来添加文字注释。

2.【文字】面板如图 4-32 所示。【文字】工具栏如图 4-33 所示。

图 4-32

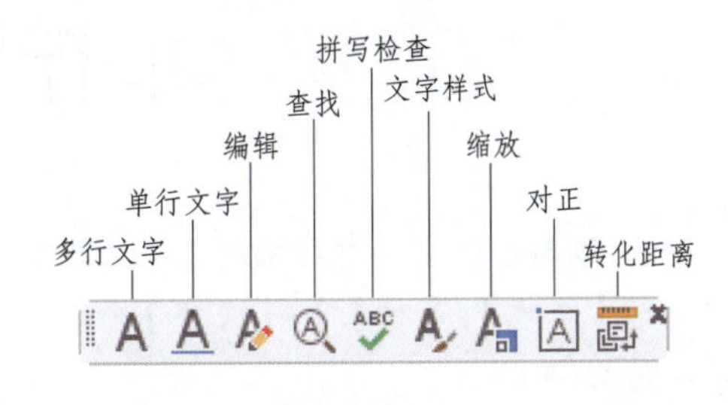

图 4-33

3. 在【文字】面板的右下角单击【文字样式】按钮↘，弹出【文字样式】对话框。【文字样式】对话框包含【样式】、【所有样式】、【字体】、【大小】、【效果】、【置为当前】、【新建】、【删除】等选项区，如图 4-34 所示。

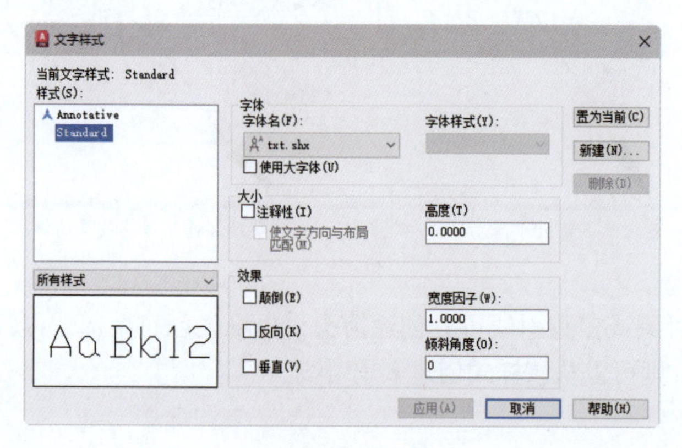

图 4-34

↘ **提示：**在 AutoCAD 中，文字注释包括单行文字和多行文字两种注释类型。对于不需要多种字体或多行文字的简短内容，可以创建单行文字。对于较长、较为复杂的内容，可以创建多行文字。所有文字注释都有与之相关联的文字样式。

4. 在创建文字注释和尺寸标注时，用户可在【样式】列表中选择一种文字样式，通过单击【置为当前】按钮将其作为当前图纸项目的文字样式。用户可根据具体要求修改当前文字样式或创建新的文字样式，也可删除不需要的文字样式。

二、创建与编辑单行文字

对于不需要多种字体或多行文字的简短内容，可以创建单行文字。

1. 执行【单行文字】命令创建文字时，可创建单行的文字，也可创建多行文字，但创建的多行文字的每一行都是独立的，可将每一行对齐后进行单独编辑，如图 4-35 所示。

AutoCAD

单行文字

图 4-35

2. 编辑单行文字包括编辑文字的内容、对正方式及缩放比例。用户可在菜单栏中执行【修改】/【对象】/【文字】命令，在弹出的下拉子菜单中选择相应命令来编辑单行文字。

3. 编辑单行文字的命令如图 4-36 所示。用户也可以在绘图区中双击要编辑的单行文字，然后输入新内容。

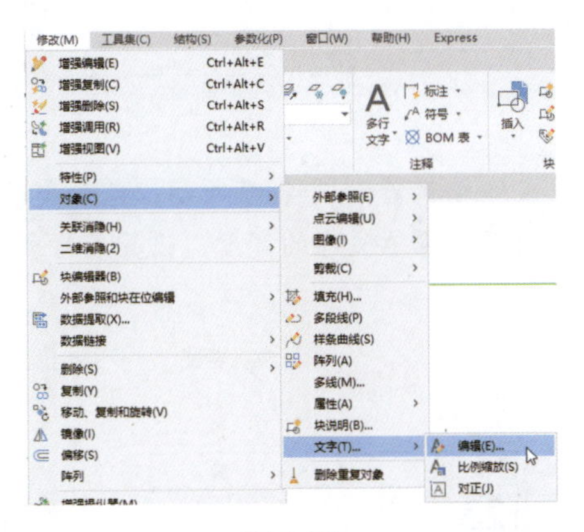

图 4-36

4.【编辑】命令用于编辑文字的内容。执行【编辑】命令后，选择要编辑的单行文字，即可在激活的文本框中重新输入文字，如图 4-37 所示。

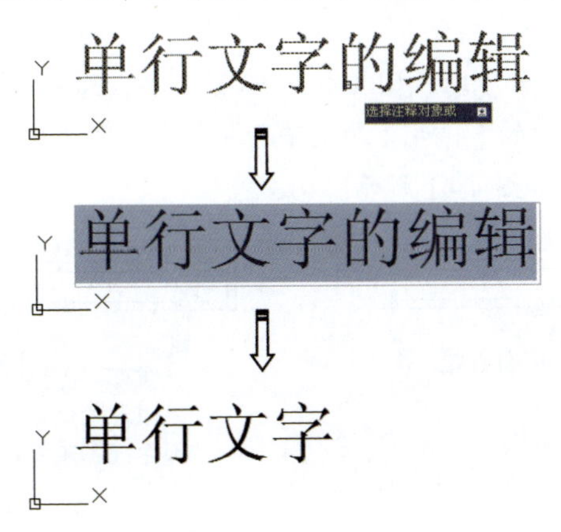

图 4-37

三、创建与编辑多行文字

多行文字又称为段落文字，是一种更易于管理的文字对象，可以由两行以上的文字组成，而且各行文字都作为一个整体进行处理。在机械制图中，常使用多行文字功能创建较为复杂的文字说明，如图样的技术要求等。

在 AutoCAD 2024 中，多行文字的创建与编辑功能得到了增强。

1. 执行 MTEXT 命令，命令行显示的操作信息提示用户需要在绘图区中指定两点，作为多行文字的输入起点与段落对角点。

2. 指定点后，程序会自动打开【文字编辑器】选项卡和在位文字编辑器。【文字编辑器】选项卡如图 4-38 所示，包括【样式】面板、【格式】面板、【段落】面板、【插入】面板、【拼写检查】面板、【工具】面板、【选项】面板和【关闭】面板。

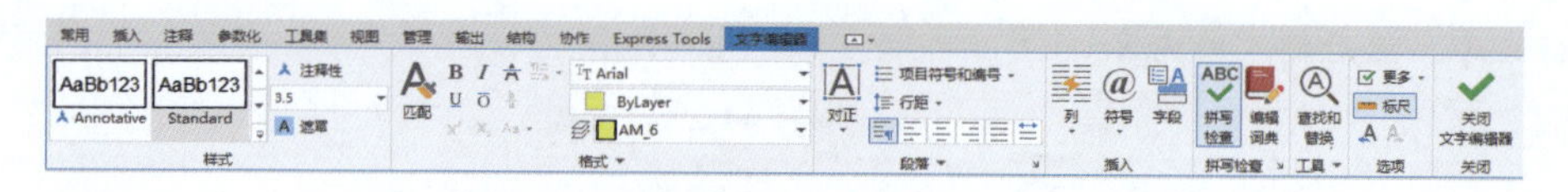

图 4-38

3. AutoCAD 的在位文字编辑器如图 4-39 所示，包含更改制表样式、首行缩进、悬挂缩进、设置制表位、标尺、设置文字的宽度、设置多行文字的长度等编辑功能。

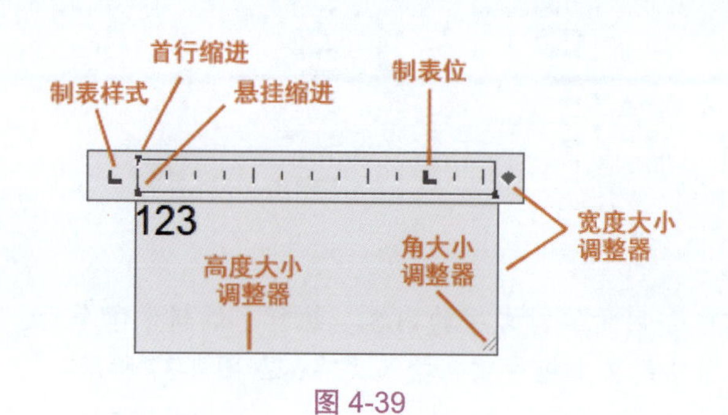

图 4-39

4. 在在位文字编辑器中输入图 4-40 所示的文字。选中“技术要求”4 个字，然后在【多行文字】选项卡的【样式】面板中输入新的文字高度值 4 并按 Enter 键确认，字体高度会随之改变，如图 4-41 所示。

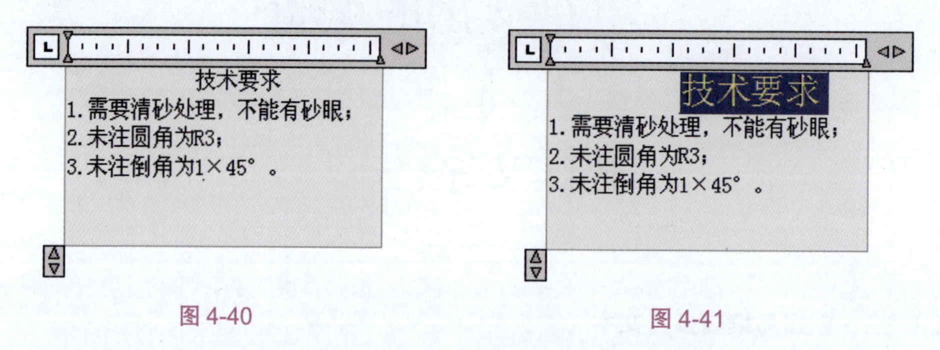

图 4-40

图 4-41

5. 多行文字的编辑可在菜单栏中执行【修改】/【对象】/【文字】/【编辑】命令，或者在命令行输入 DDEDIT 命令，并选择创建的多行文字，打开多行文字编辑器，然后修改并编辑文字的内容、格式、颜色等特性。

4.5.2 符号与特殊字符

在工程图标注中，往往需要标注一些符号和字符。例如度的符号“°”、公差符号“±”或直径符号“ϕ”，有些特殊符号不能从键盘上直接输入。因此，AutoCAD 通过输入控制代码或 Unicode 字符串来输入特殊符号或字符。

AutoCAD 常用的标注符号的控制代码、字符串及符号对应关系如表 4-3 所示。

表 4-3

控制代码	字符串	符号
%%C	\U+2205	直径（ϕ）
%%D	\U+00B0	度（°）
%%P	\U+00B1	公差（±）

若要插入其他的数学名称、符号，可在展开的【插入】面板中单击【符号】按钮@，或在右键菜单中选择【符号】命令，或在在位文字编辑器中输入适当的 Unicode 字符串。表 4-4 所示为 AutoCAD 常用的数学名称、符号及字符串对应表。

表 4-4

数学名称	符号	字符串	数学名称	符号	字符串
约等于	≈	\U+2248	界碑线	ML	\U+E102
角度	∠	\U+2220	不相等	≠	\U+2260
边界线	BL	\U+E100	欧姆	Ω	\U+2126
中心线	℄	\U+2104	欧米加	Ω	\U+03A9
增量	△	\U+0394	地界线	⅊	\U+214A
电相位	ɸ	\U+0278	下标 2	5_2	\U+2082
流线	FL	\U+E101	平方	5^2	\U+00B2
恒等于	≌	\U+2261	立方	5^3	\U+00B3
初始长度	○→	\U+E200			

用户还可以利用 Windows 系统提供的软键盘来输入特殊字符。例如，在 Windows 10（或 Windows 11）系统中安装搜狗拼音输入法程序后，将 Windows 系统的默认输入法设为【中文（简体，中国）- 搜狗拼音输入法】，在 Windows 系统的桌面上会显示搜狗拼音输入法的工具栏，右击搜狗拼音输入法的工具栏，在弹出的搜狗拼音输入法工具菜单中单击【软键盘】按钮（见图 4-42）可打开搜狗软键盘，如图 4-43 所示。

图 4-42

图 4-43

4.5.3　创建表格

表格是由包含注释（以文字为主，也包含多个图块）的单元构成的矩形阵列。在 AutoCAD 2024 中，可以执行【表格】命令创建表格，还可以从其他应用软件如 Microsoft Excel 中直接复制表格，并将其作为 AutoCAD 表格对象粘贴到图形中。

一、新建表格样式

表格样式控制一个表格的外观，用于保证标准的字体、颜色、文本、高度和行距。

创建新的表格样式时，可以指定一个起始表格。起始表格是图形中用作设置新表格样式的样例表格。

1. 表格样式是在【表格样式】对话框中创建的。在命令行中执行 TABLESTYLE 命令，程序弹出【表格样式】对话框，如图 4-44 所示。

2. 单击【表格样式】对话框中的【新建】按钮，会弹出【创建新的表格样式】对话框，如图 4-45 所示。

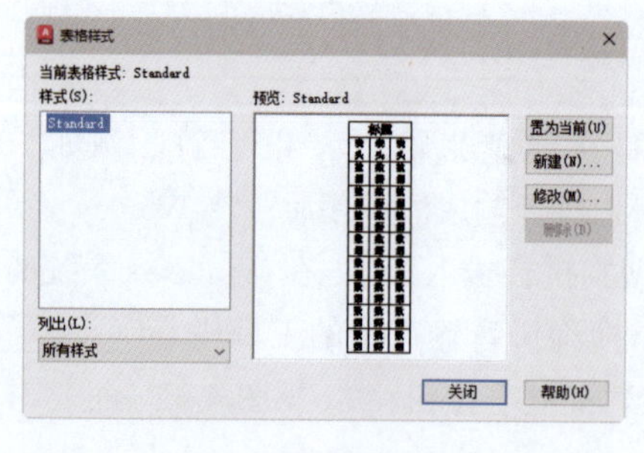

图 4-44

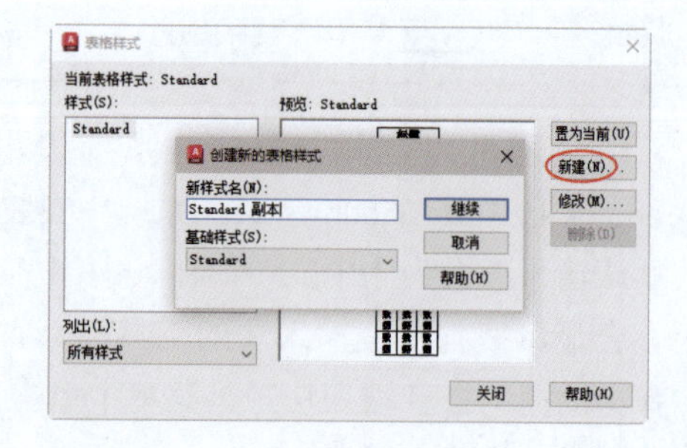

图 4-45

3. 输入表格的新样式名后，单击【继续】按钮，即可在随后弹出的对话框中设置相关选项，以此创建新表格样式，如图 4-46 所示。

二、创建表格

创建表格对象，首先要创建一个空表格，然后在其中添加要说明的内容。

上机实践——创建表格

1. 新建一个空白文件。

2. 在【注释】选项卡的【表格】面板中单击【表格样式】按钮↘，弹出【表格样式】对话框。再单击该对话框中的【新建】按钮，弹出【创建新的表格样式】对话框，在该对话框输入表格的新样式名“表格”，如图 4-47 所示。

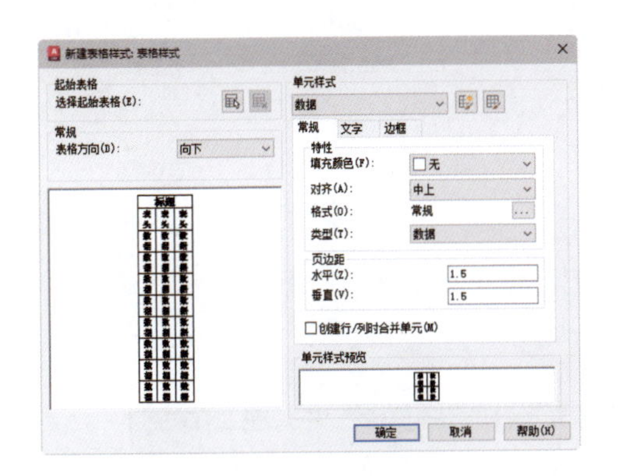

图 4-46

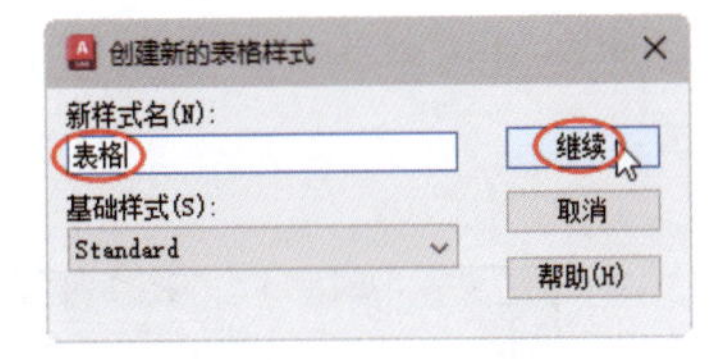

图 4-47

3. 单击【继续】按钮，弹出【新建表格样式：表格】对话框。在该对话框的【单元样式】选项卡的【文字】选项卡中，设置【文字颜色】为红色，在【边框】选项卡中设置所有边框颜色为蓝色，并单击【所有边框】按钮田，将设置的表格特性应用到新表格样式中，如图 4-48 所示。

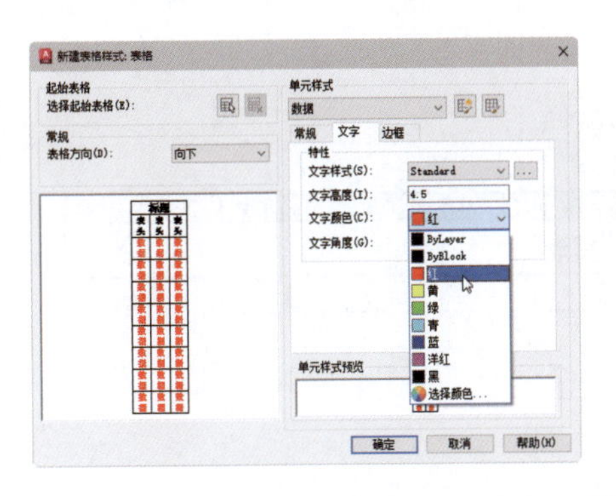

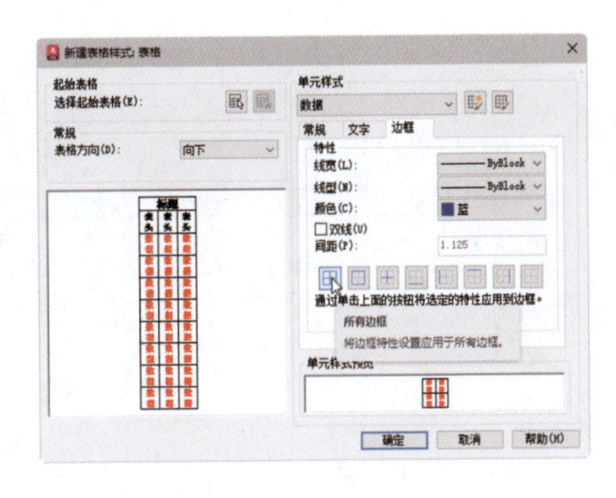

图 4-48

4. 单击【新建表格样式：表格】对话框中的【确定】按钮，再单击【表格样式】对话框中的【关闭】按钮，完成新表格样式的创建，如图 4-49 所示。此时，新建的表格样式被自动设为当前样式。

5. 在【表格】面板中单击【表格】按钮，弹出【插入表格】对话框，在【列和行设置】选项组中设置列数为 7、数据行数为 4，如图 4-50 所示。

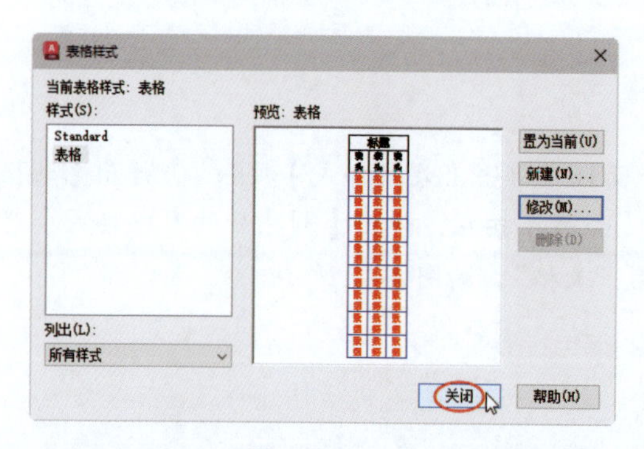

图 4-49

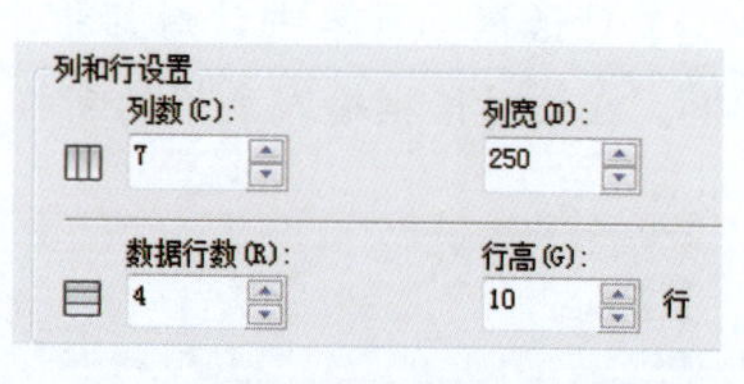

图 4-50

6. 该对话框中的其余选项保持默认设置，单击【确定】按钮，关闭对话框。然后在绘图区中指定一点放置表格，即可创建一个 7 列 4 行的空表格，如图 4-51 所示。

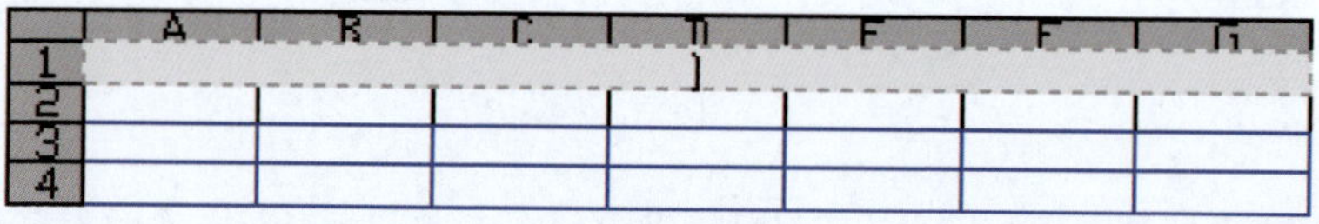

	A	B	C	D	E	F	G
1							
2							
3							
4							

图 4-51

7. 插入空表格后，程序同时自动打开【文字编辑器】选项卡。双击激活单元格并输入文字，如图 4-52 所示。将主题文字高度设为 60，其余文字高度设为 40。

> **提示：** 在输入文字过程中，可以使用 Tab 键或方向键在表格的单元格中左右上下移动，双击某个单元格，可对其进行文字编辑。

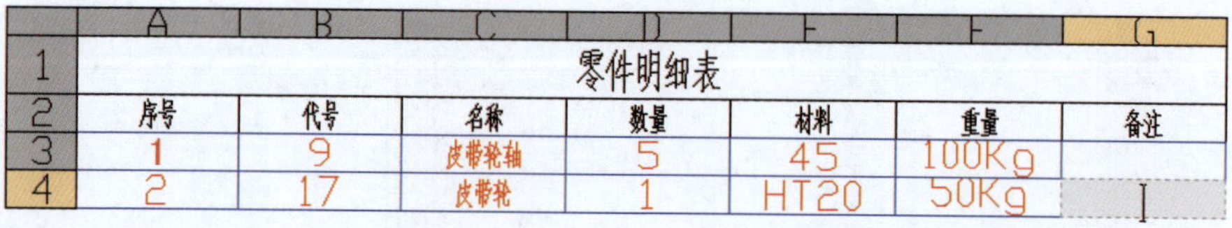

	A	B	C	D	E	F	G
1	零件明细表						
2	序号	代号	名称	数量	材料	重量	备注
3	1	9	皮带轮轴	5	45	100Kg	
4	2	17	皮带轮	1	HT20	50Kg	

图 4-52

8. 最后按 Enter 键，完成表格对象的创建，结果如图 4-53 所示。

零件明细表						
序号	代号	名称	数量	材料	重量	备注
1	9	皮带轮轴	5	45	100Kg	
2	17	皮带轮	1	HT20	50Kg	

图 4-53

三、修改表格

表格创建完成后，用户可以单击该表格上的任意表格线来选中该表格，然后通过【特性】选项板中的功能或执行夹点操作来修改该表格。单击表格线显示的夹点如图 4-54 所示。

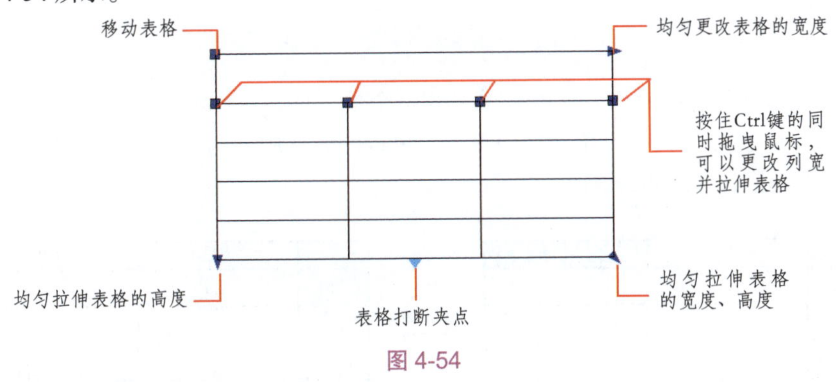

图 4-54

（1）修改表格行与列。

用户在更改表格的高度或宽度时，只有与所选夹点相邻的行或列会更改，其他行或列的高度或宽度均保持不变，如图 4-55 所示。

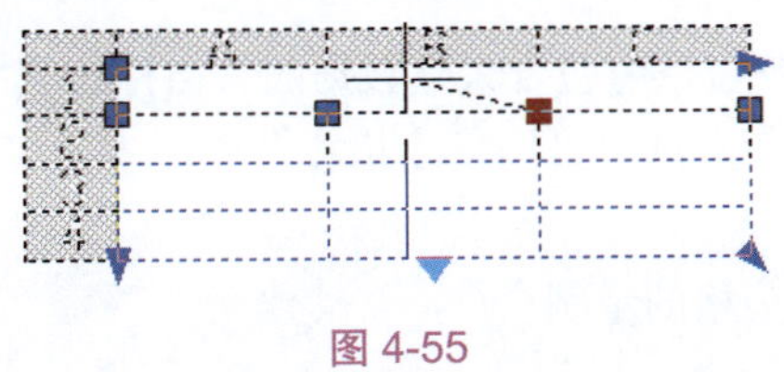

图 4-55

使用列夹点时按 Ctrl 键，可根据行或列的大小按比例编辑表格的大小，如图 4-56 所示。

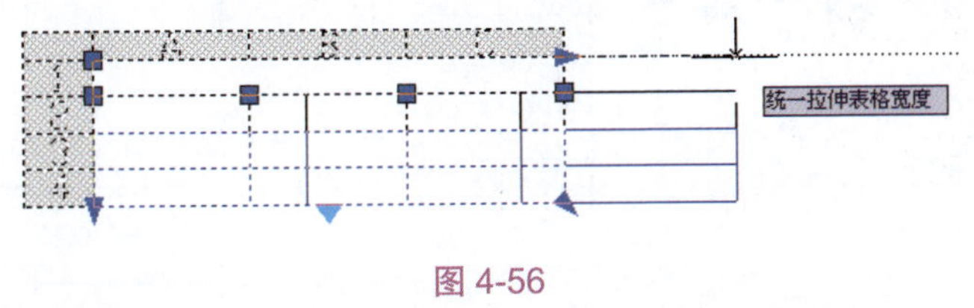

图 4-56

（2）修改单元格。

用户若要修改单元格，可在单元格内单击以选中，单元格边框的中央将显示夹点。拖动这些夹点可以更改单元格的列宽或行高，如图 4-57 所示。

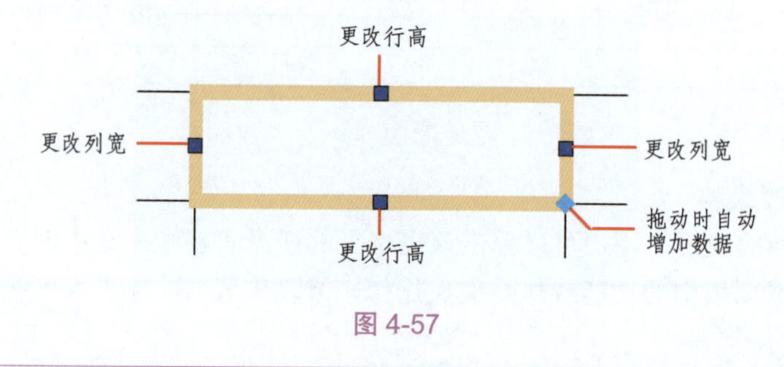

图 4-57

> **提示**：选择一个单元格，再按 F2 键可以编辑该单元格内的文字。

若要选择多个单元格，可以先单击第一个单元格，然后在多个单元格上拖动或者按住 Shift 键并在另一个单元格内单击，可以同时选中这两个单元格以及它们之间的所有单元格，如图 4-58 所示。

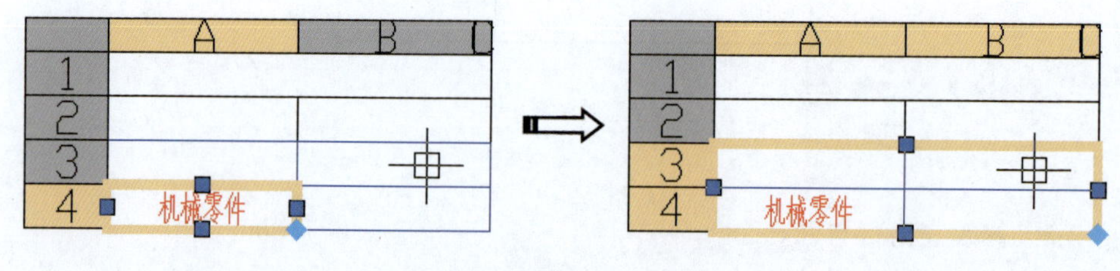

图 4-58

（3）打断表格。

当表格太多时，用户可以将包含大量数据的表格打断成主要和次要的表格片段。使用表格底部的表格打断夹点，可以使表格覆盖图形中的多列或操作已创建的不同的表格部分。

图 4-59 所示为打断表格的示例。

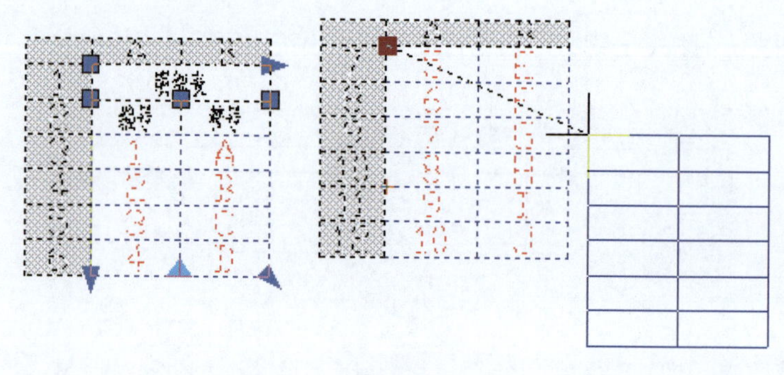

图 4-59

4.6 图纸标注综合实践

为了便于读者能熟练应用基本尺寸标注工具来标注零件图形，本节以两个机械零件图形的图形尺寸标注为例，说明零件图尺寸标注的方法。

4.6.1 实践一：标注泵轴尺寸

本例着重介绍编辑标注文字位置命令的使用以及表面粗糙度的标注方法，同时对尺寸偏差的标注进行巩固练习。尺寸标注完成的泵轴如图 4-60 所示。

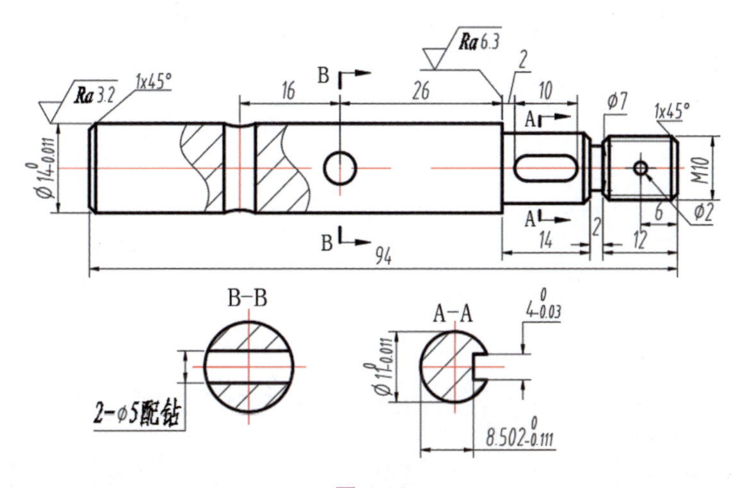

图 4-60

一、标注设置

1. 打开本例源文件“泵轴 . dwg”，如图 4-61 所示。

2. 创建一个新图层“BZ”用于尺寸标注。单击【图层】面板中的【图层特性管理器】按钮，打开【图层特性管理器】对话框。创建一个新图层“BZ”，线宽为 0.09mm，其他设置不变，用于标注尺寸，并将其设置为当前图层。

3. 设置文字样式“SZ”。执行菜单栏中的【格式】/【文字样式】命令，弹出【文字样式】对话框，创建一个新的文字样式“SZ”。

4. 设置尺寸标注样式。单击【标注】面板中的【标注样式】按钮，在打开的【标注样式管理器】对话框中，单击【新建】按钮，创建新的标注样式“机械图样”，用于标注图样中的尺寸。

5. 单击【继续】按钮，在打开的【新建标注样式：机械图样】对话框中对各个选项卡进行设置，如图 4-62 ~ 图 4-64 所示。不再设置其他标注样式。

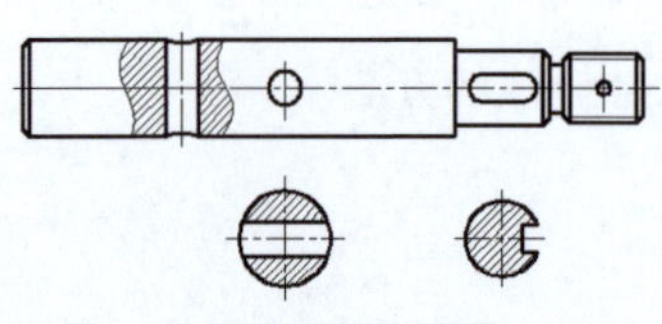

图 4-61

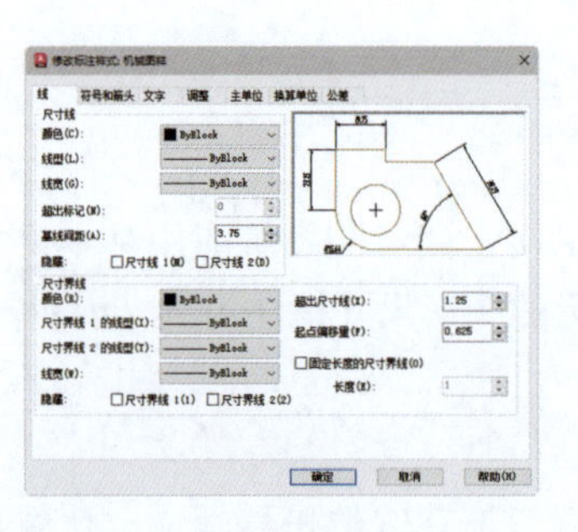

图 4-62

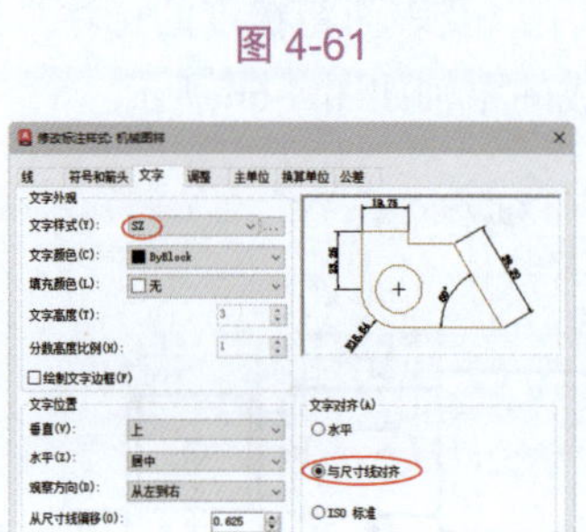

图 4-63

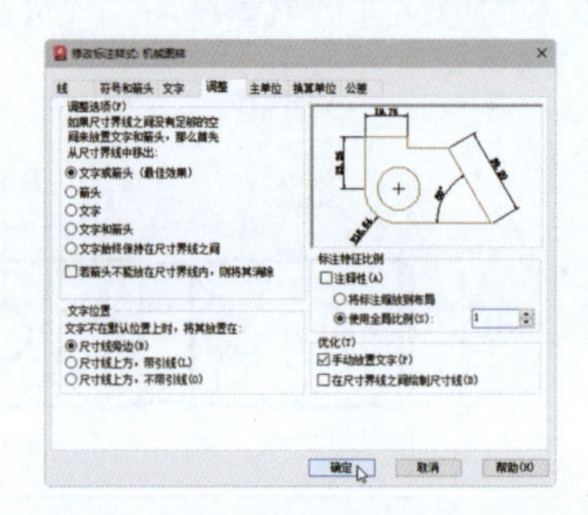

图 4-64

二、标注尺寸

1. 在【标注样式管理器】对话框中，选取【机械图样】标注样式，单击【置为当前】按钮，将其设置为当前标注样式。

2. 标注泵轴视图中的基本尺寸。单击【标注】面板中的【线性标注】按钮，标注泵轴主视图中的线性尺寸“M10”“⌀7”“6”。

3. 单击【标注】面板中的【基线标注】按钮，以尺寸“6”的右端尺寸线为基线，进行基线标注，标注尺寸“12”及“94”。

4. 单击【标注】面板中的【连续标注】按钮，选取尺寸“12”的左端尺寸线，标注连续尺寸“2”及“14”。

5. 单击【标注】面板中的【线性标注】按钮，标注泵轴主视图中的线性尺寸“16”。

6. 单击【标注】面板中的【连续标注】按钮，标注连续尺寸“26”“2”“10”。

7. 单击【标注】面板中的【直径标注】按钮，标注泵轴主视图中的直径尺寸“⌀2”。

8. 单击【标注】面板中的【线性标注】按钮，标注泵轴剖面图中的线性尺寸“2-⌀5 配钻”，此时应输入标注文字“2-%%c5 配钻”。

9. 单击【标注】面板中的【线性标注】按钮，标注泵轴剖面图中的线性尺寸“8.5”和“4”，结果如图 4-65 所示。

10. 修改泵轴视图中的基本尺寸。单击【默认】选项卡【注释】面板中的【标注样式】按钮 ，分别修改泵轴视图中的尺寸“2- ⌀ 5 配钻”及“2”，结果如图 4-66 所示。

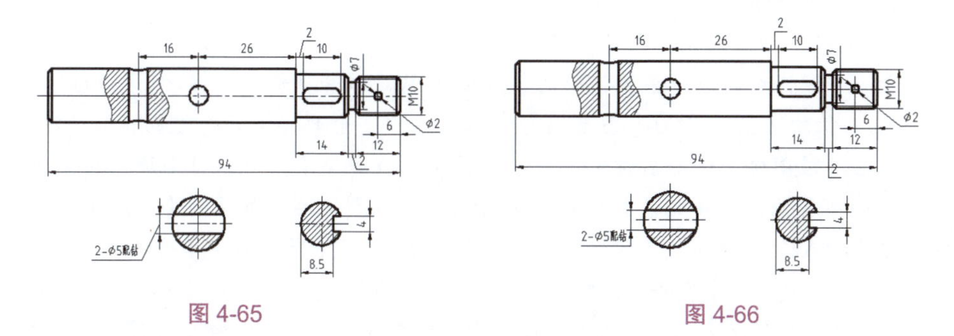

图 4-65　　图 4-66

11. 用重新输入标注文字的方法，标注泵轴视图中带尺寸偏差的线性尺寸。标注泵轴剖面图中的尺寸“⌀ 11”，输入标注文字“%% c11{\h0.7x;\ s0^0.011;}”，结果如图 4-67 所示。

12. 用标注替代的方法，为泵轴剖面图中的线性尺寸添加尺寸偏差。单击【标注样式】按钮 ，在打开的【标注样式管理器】对话框的样式列表中选择【机械图样】，单击【替代】按钮。

13. 系统打开【替代当前样式】对话框，单击【主单位】选项卡，将【线性标注】选项区中的【精度】值设置为 0.000；单击【公差】选项卡，在【公差格式】选项区中，将【方式】设置为【极限偏差】，设置【上偏差】为 0，下偏差为 0.111，【高度比例】为 0.7，设置完成后单击【确定】按钮。

14. 单击【标注】面板中的【更新】按钮 ，选取剖面图中的线性尺寸“8.5”，即可为该尺寸添加尺寸偏差。

15. 继续设置替代样式。设置【公差】选项卡中的【上偏差】为 0，下偏差为 0.030。单击【标注】面板中的【更新】按钮 ，选取线性尺寸“4”，即可为该尺寸添加尺寸偏差，结果如图 4-68 所示。

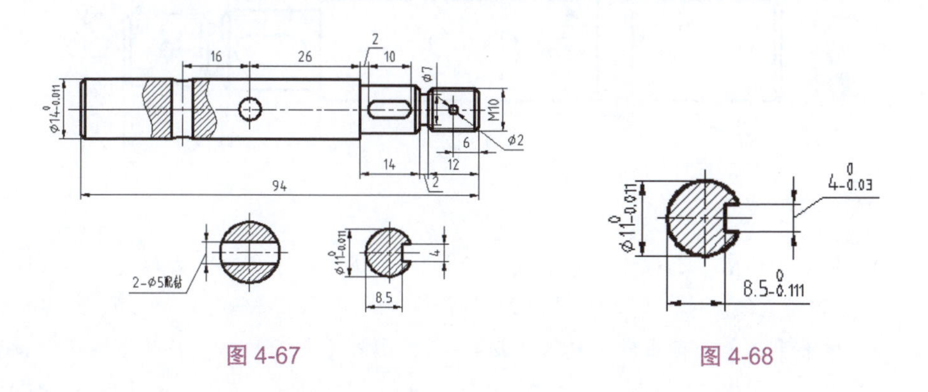

图 4-67　　图 4-68

16. 在【注释】选项卡的【引线】面板中单击【多重引线】按钮，标注主视图中的倒角尺寸。

三、标注粗糙度

1. 标注泵轴主视图中的表面粗糙度。首先打开本例源文件夹中的“表面粗糙度符号.dwg”，然后执行菜单栏中的【插入】/【块选项板】命令，打开【块】选项板。

2. 在【块】选项板的【当前图形】选项卡中，会自动显示【表面粗糙度符号】图块。右击该图块，选择右键菜单中的【复制到收藏夹】命令，将图块保存到收藏夹中，以备其他图形使用。切换到“泵轴.dwg”文件。在功能区的【插入】选项卡中单击【插入】/【收藏块】按钮，打开【块】选项板。在【收藏夹】选项卡中选择之前保存在收藏夹中的【表面粗糙度符号】图块，再捕捉“⌀14”尺寸上端尺寸界线的最近点，作为图块的插入点。接着在弹出的【编辑属性】对话框中输入表面粗糙度值为 3.2，如图 4-69 所示。

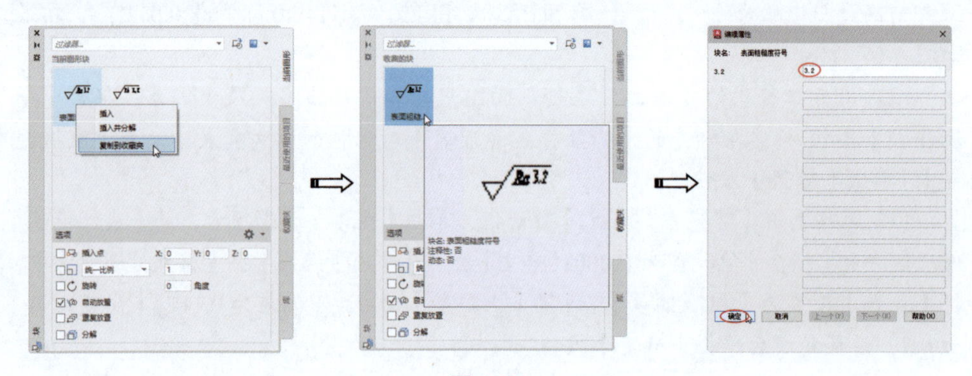

图 4-69

插入图块的结果如图 4-70 所示。

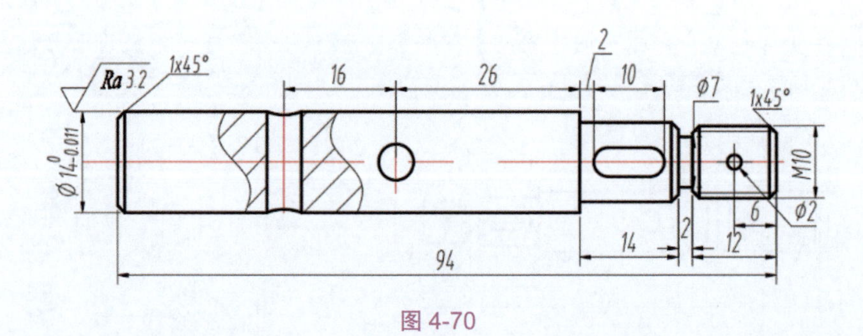

图 4-70

3. 单击【绘图】面板中的【直线】按钮，捕捉尺寸“26”右端尺寸界线的上端点，绘制竖直线。

4. 单击【块】面板中的【插入】按钮，插入【表面粗糙度符号】图块，设置表面粗糙度值为 6.3。

5. 标注泵轴剖面图的剖切线及名称。执行菜单栏中的【标注】/【多重引线】命令，从右向左绘制剖切符号中的箭头。

6. 将【轮廓线】图层设置为当前图层，单击【绘图】面板中的【直线】按钮 ，捕捉带箭头引线的左端点，向下绘制一小段竖直线。

7. 执行菜单栏中的【绘图】/【文字】/【单行文字】命令，在适当位置处单击，输入文字 A。

8. 单击【修改】面板中的【镜像】按钮，将输入的文字及绘制的剖切符号以水平中心线为镜像线，进行镜像操作。在泵轴剖面图上方输入文字 A–A，结果如图 4-71 所示。

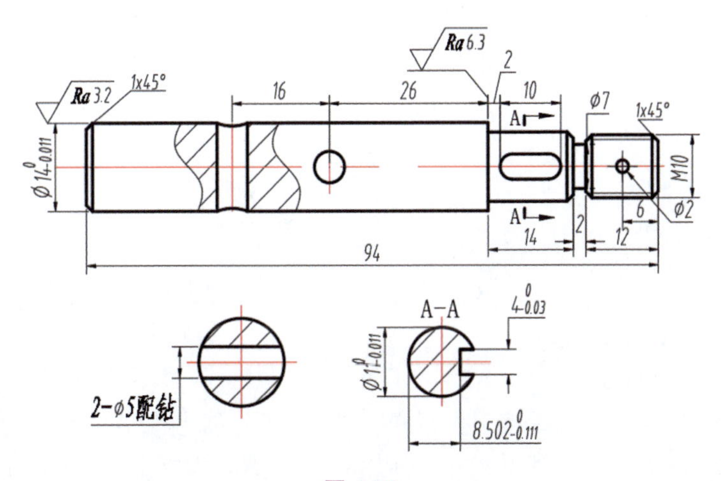

图 4-71

9. 同理，绘制 B–B 的剖切线并输入剖切视图文字，如图 4-72 所示。

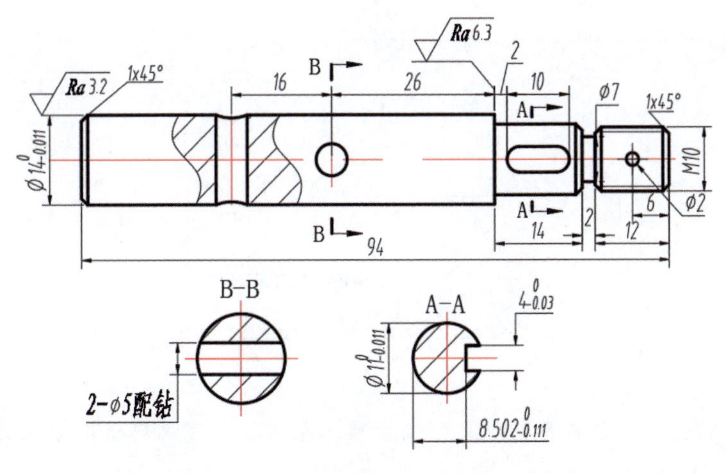

图 4-72

4.6.2　实践二：在零件图纸中创建注释

本节将通过为一张机械零件图样添加文字及制作明细表格的过程，来温习前面所学的相关内容。本例的蜗杆零件图样如图 4-73 所示。

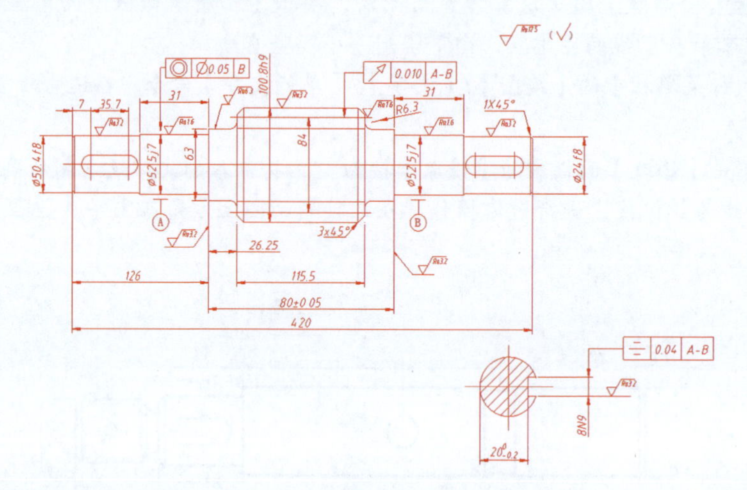

图 4-73

本例操作的过程是，首先为图样添加技术要求等说明文字，然后创建并编辑表格，最后在表格中添加文字。

一、添加多行文字

零件图样的技术要求是通过多行文字来输入的。创建多行文字时，可利用默认的文字样式，最后利用【多行文字】选项卡中的工具来编辑多行文字的样式、格式、颜色、字体等。

1. 打开“蜗杆零件图 .dwg”源文件。

2. 在【注释】选项卡的【文字】面板中单击【多行文字】按钮A，然后在图样中指定两个点以放置多行文字，如图 4-74 所示。

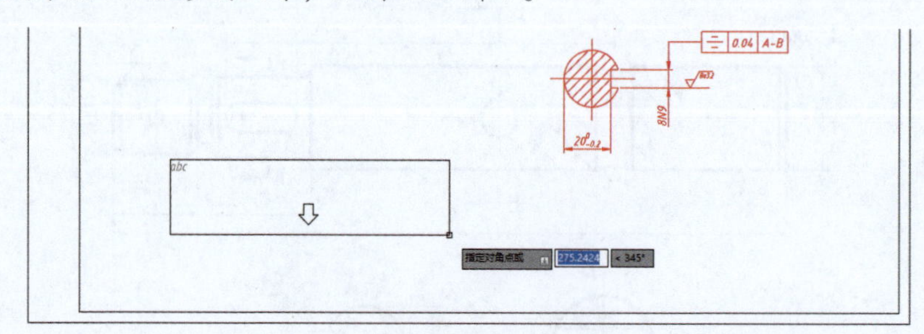

图 4-74

3. 指定点后，会打开在位文字编辑器。在在位文字编辑器中输入文字，如图 4-75 所示。

4. 在【多行文字】选项卡中设置“技术要求”字体高度为 8，字体颜色为红色，并加粗。将下面几点要求的字体高度设为 6，字体颜色设为蓝色，如图 4-76 所示。

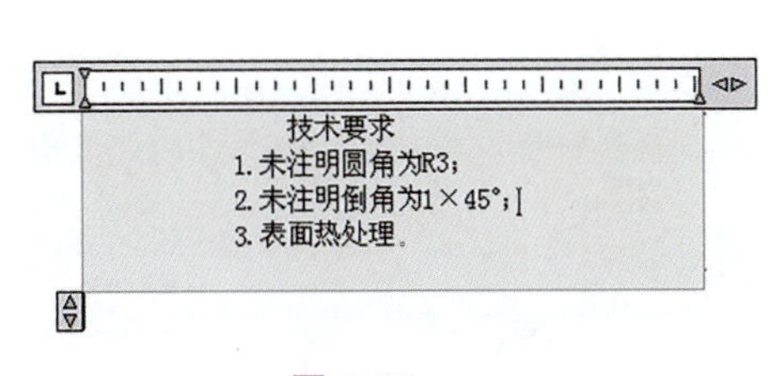

图 4-75

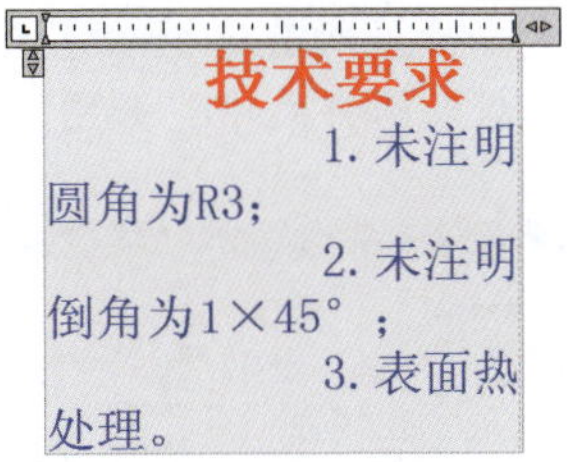

图 4-76

5. 按住在位文字编辑器中标尺上的【设置文字宽度】按钮，将标尺宽度拉长到合适位置，使文字在一行中显示，如图 4-77 所示。

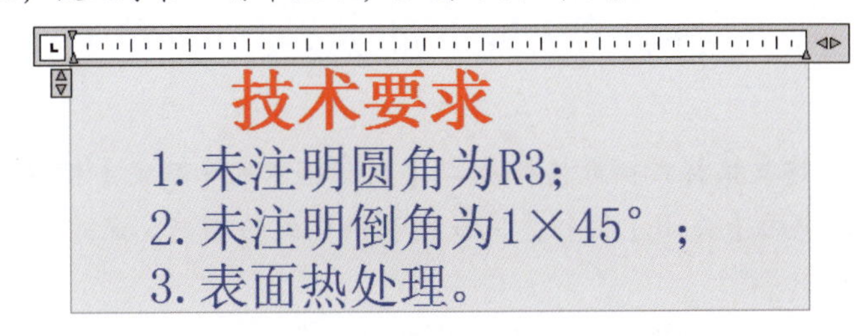

图 4-77

6. 在在位文字编辑器外的任意位置单击，完成图样中技术要求的文字输入。

二、创建表格

根据零件图样的要求，需要制作两个表格对象，一是用作技术参数明细表，二是用作标题栏。创建表格之前，还需创建新表格样式。

1. 在【注释】选项卡的【表格】面板中单击【表格样式】按钮，弹出【表格样式】对话框。单击对话框中的【新建】按钮，弹出【创建新的表格样式】对话框，在该对话框中输入表格的新样式名称“表格样式 -1”，如图 4-78 所示。

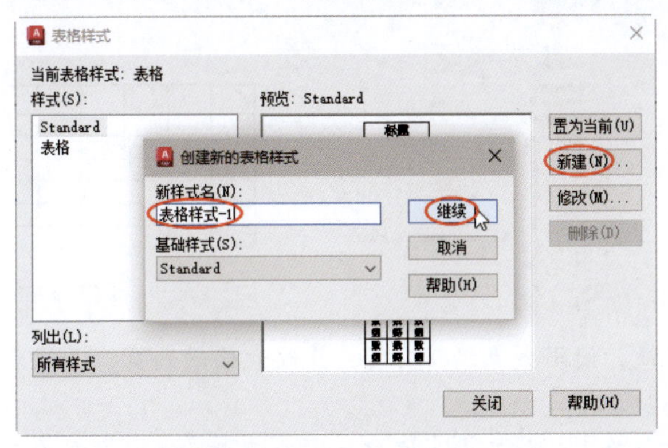

图 4-78

2. 单击【继续】按钮，弹出【新建表格样式：表格样式 -1】对话框。在该对话框的【单元样式】选项区的【文字】选项卡中，设置【文字颜色】为蓝色，在【边框】选项卡中设置所有边框颜色为红色，单击【所有边框】按钮，将设置的表格特性应用到新表格样式中，如图 4-79 所示。

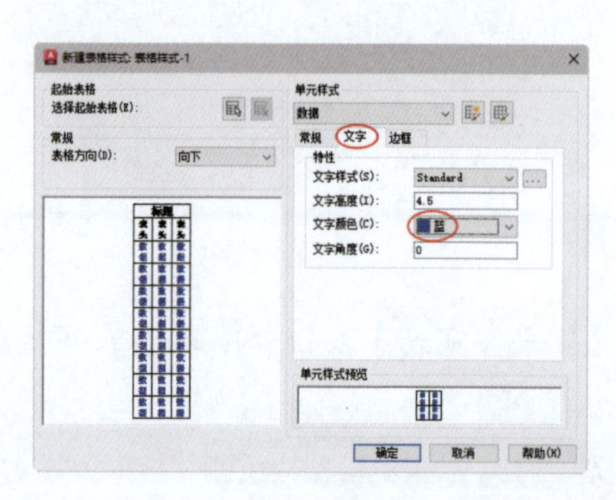

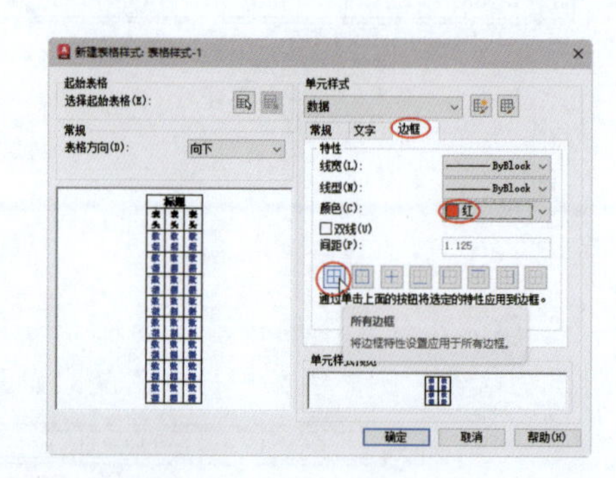

图 4-79

3. 单击【新建表格样式：表格样式 -1】对话框中的【确定】按钮，再单击【表格样式】对话框中的【关闭】按钮，完成新表格样式的创建。新建的表格样式被自动设为当前样式。

4. 在【表格】面板中单击【表格】按钮，弹出【插入表格】对话框，在【列和行设置】选项区中设置列数为 10、数据行数为 5、列宽为 30、行高为 2。在【设置单元样式】选项区中设置所有其他行单元样式为【数据】，如图 4-80 所示。

5. 其他选项保持默认设置，单击【确定】按钮，关闭对话框。然后在图纸的右下角指定一点并放置表格，再单击【关闭】面板中的【关闭文字编辑器】按钮，退出文字编辑器。创建的表格如图 4-81 所示。

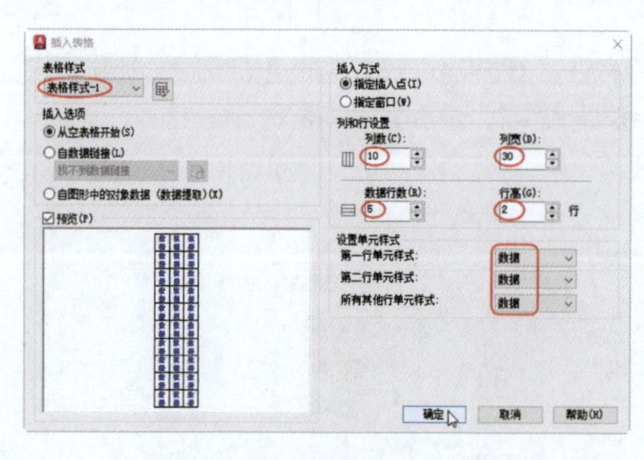

图 4-80

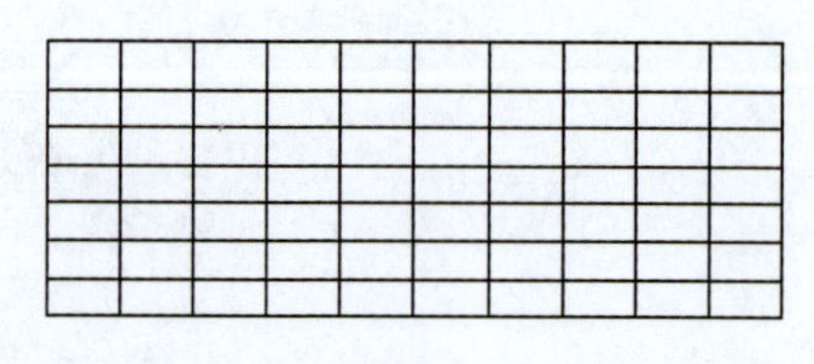

图 4-81

6. 单击表格线，使用夹点编辑功能，修改表格的列宽，并将表格边框与图纸边框对齐，如图 4-82 所示。

7. 在单元格中单击，打开【表格单元】选项卡。选择多个单元格，再执行【合并】面板中的【合并全部】命令，将选择的多个单元格合并，最终合并完成的结果如图 4-83 所示。

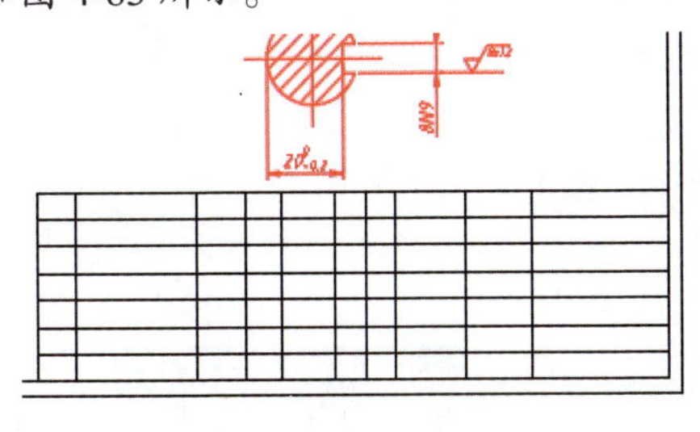

图 4-82

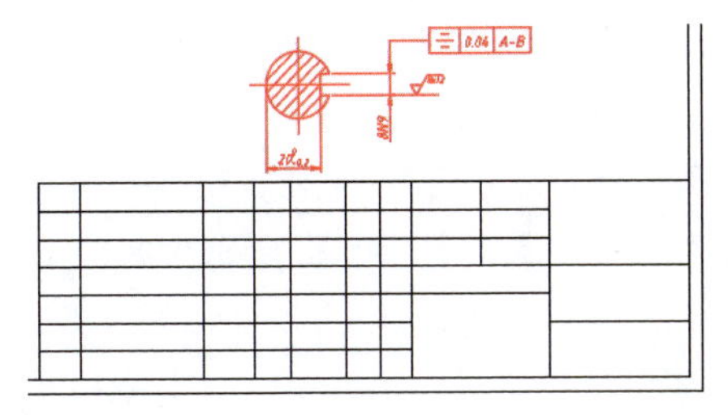

图 4-83

8. 在【表格】面板中单击【表格】按钮，弹出【插入表格】对话框。仅在【列和行设置】选项区中设置列数为 3、数据行数为 9、列宽为 30、行高为 2。在【设置单元样式】选项区中设置所有其他行单元样式为【数据】，如图 4-84 所示。

9. 保留其余选项为默认设置，单击【确定】按钮，关闭对话框。然后在图纸中的右上角指定一个点并放置表格，再单击【关闭】面板中的【关闭文字编辑器】按钮，退出文字编辑器。创建的表格如图 4-85 所示。

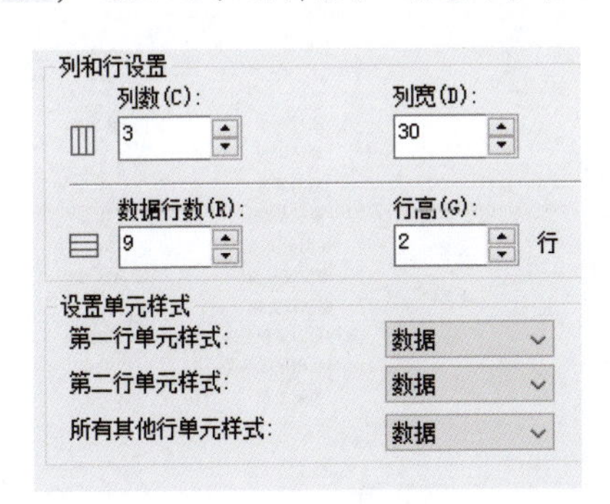

图 4-84

图 4-85

10. 使用夹点编辑功能，修改表格的列宽，如图 4-86 所示。

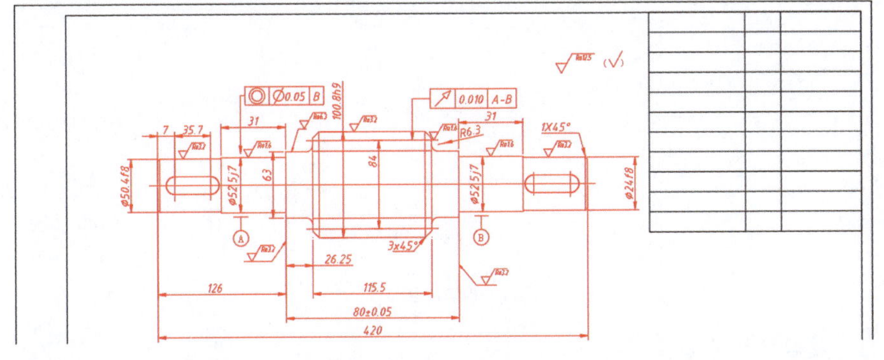

图 4-86

三、输入文字

一旦表格创建和修改完成，就可在单元格内输入文字了。

1. 在要输入文字的单元格内双击以激活单元格。

2. 在图纸右下角的表格中添加 3 种文字类型，3 种文字的字体均为宋体，且字体高度分别为 4.5、8 和 12，结果如图 4-87 所示。在图纸右上角的表格内输入字体高度为 8 的宋体文字，结果如图 4-88 所示。

	A	B	C	D	E	F	G	H	I	J
1					设计			图样标记	S	红星机械厂
2					制图			材料	比例	
3					描图			45	1:02:00	
4					校对			共1张 第1张		蜗杆
5					工艺检查			上针刺机 (QBG-421)		
6					标准化检查					QBG421-3109
7	标记	更改内容和依据	更改人	日期	审核					

图 4-87

	A	B	C
1	蜗杆类型		阿基米德
2	蜗杆头数	Z1	1
3	轴面模数	m_a	4
4	直径系数	q	10
5	轴面齿形角	a	20°
6	螺旋线升角		5° 42′ 38″
7	螺旋线方向		右
8	轴向齿距累积公差	$\pm f_{px}$	±0.020
9	轴向齿距极限偏差	f_{pxl}	0.0340
10	齿新公差	f_{f1}	0.032
11			

图 4-88

添加文字和表格的结果如图 4-89 所示。

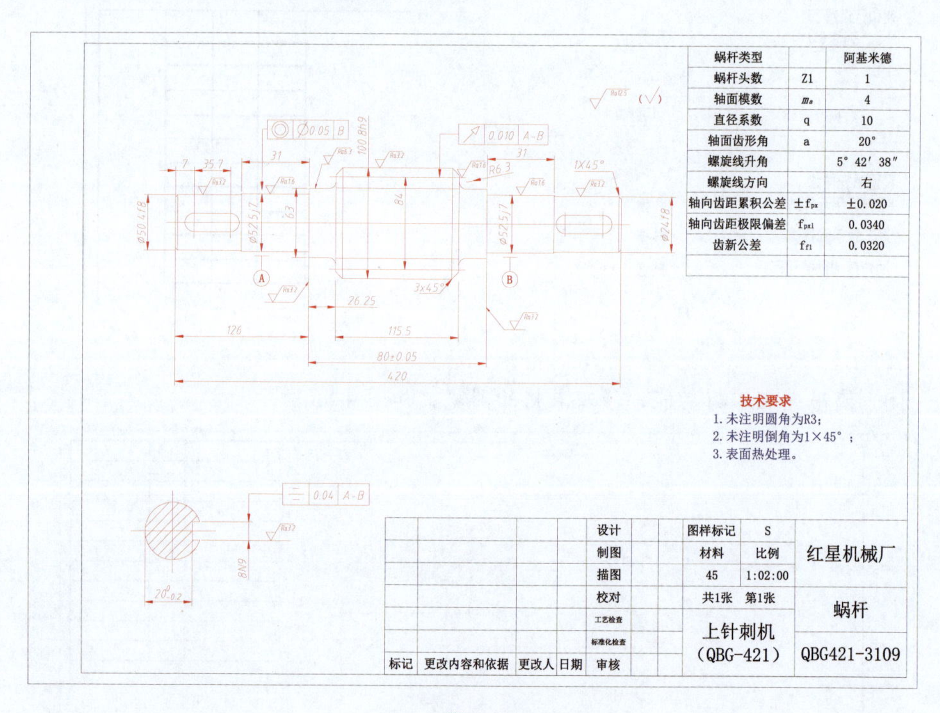

图 4-89

3. 最后将结果保存。

第 5 章 AutoCAD 图层与图块的应用

图层与图块是 AutoCAD 中的重要内容。本章将介绍图层的特性，操作图层的方法，以及图块在图纸中的作用，从而使读者能够全面地了解并掌握图层和图形特性的功能。

5.1 图层特性与操作

图层是 AutoCAD 提供的管理图形对象的工具之一。用户可以根据图层对图形的几何对象、文字、标注等进行归类处理。这种管理方式不仅能使图形的各种信息变得清晰、有序，便于观察，而且也给图形的编辑、修改和输出带来很大的方便。图层相当于图纸绘图中使用的重叠图纸，如图 5-1 所示。

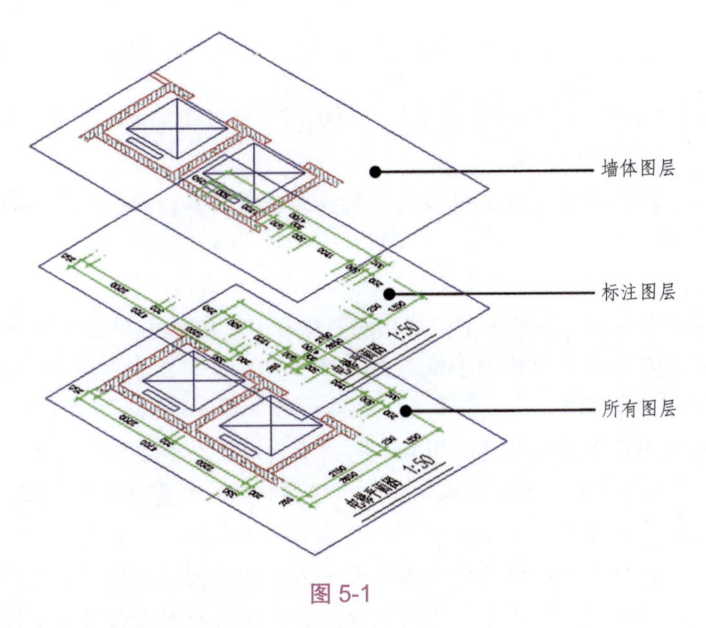

图 5-1

AutoCAD 2024 向用户提供了多种图层管理工具，包括图层特性管理器、图层工具等，其中图层工具又包含【上一个图层】、【图层漫游】、【图层匹配】等功能。接下来对图层特性管理器、图层工具等功能进行简要介绍。

5.1.1 图层特性管理器

AutoCAD 中的图层特性管理器可以让用户很方便地创建图层并设置其基本属性。

1. 在菜单栏中执行【格式】/【图层】命令，或者在【默认】选项卡的【图层】面板单击【图层特性】按钮，打开【图层特性管理器】选项板，如图 5-2 所示。

2.【图层特性管理器】选项板提供了更加直观地管理和访问图层的方式。在该选项板右侧的图层列表框中，用户可以清楚地看到所创建图层的从属关系及属性，同时还可以添加、删除和修改图层。

3. 在【图层特性管理器】选项板中单击【新建特性过滤器】按钮，弹出【图层过滤器特性】对话框，如图 5-3 所示。【图层特性过滤器】对话框的主要功能是根据图层的一个或多个特性创建图层过滤器。

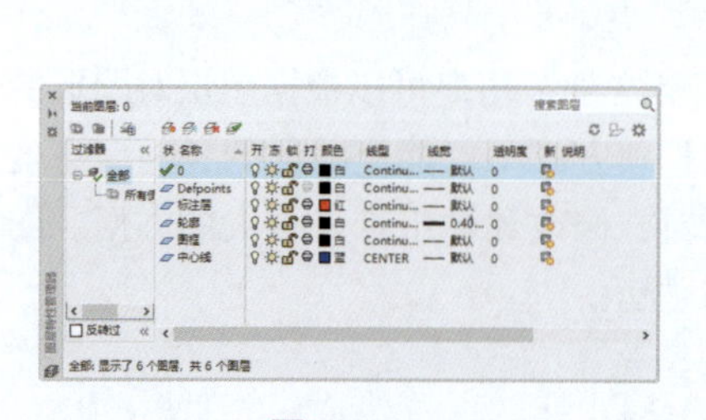

图 5-2

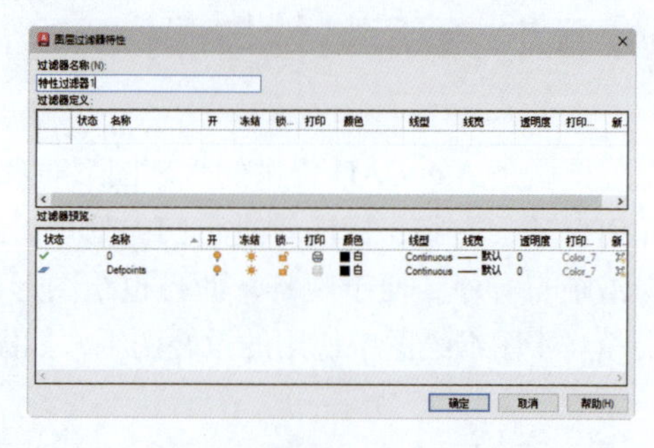

图 5-3

4. 在【图层特性管理器】选项板的树状图中选定图层过滤器后，将在列表视图中显示符合过滤条件的图层。

5.【新建组过滤器】的主要功能是创建图层过滤器，其中包含选择并添加到该过滤器的图层。

6.【图层状态管理器】的主要功能是显示图形中已保存的图层状态列表。在【图层特性管理器】选项板中单击【图层状态管理器】按钮，弹出【图层状态管理器】对话框（也可在菜单栏中执行【格式】/【图层状态管理器】命令），如图 5-4 所示。用户通过该对话框可以新建、重命名、编辑和删除图层状态。

7.【新建图层】用来创建新图层。单击【新建图层】按钮，列表中将显示名为【图层 1】的新图层，图层名文本框处于编辑状态。新图层将继承图层列表中当前选定图层的特性（颜色、开或关状态等），如图 5-5 所示。

8.【所有视口中已冻结的新图层】的主要功能是创建新图层，然后在所有现有布局视口中将其冻结。单击【在所有视口中都被冻结的新图层视口】按钮，列表中将显示名为【图层 2】的新图层，图层名文本框处于编辑状态。该图层的所有特性被冻结，如图 5-6 所示。

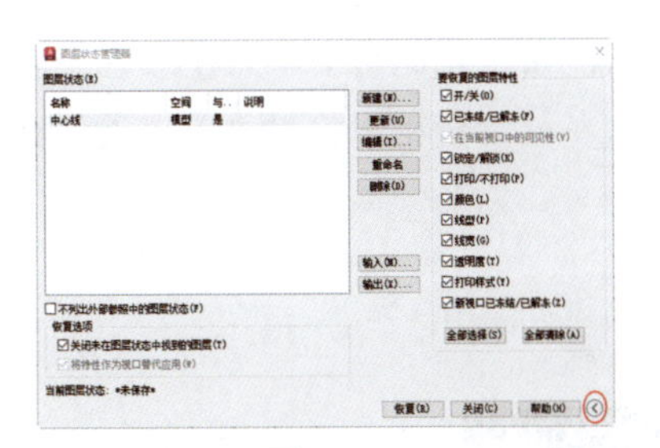

图 5-4

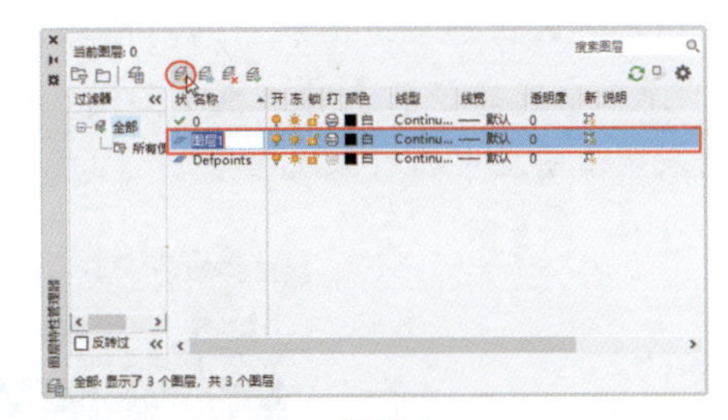

图 5-5

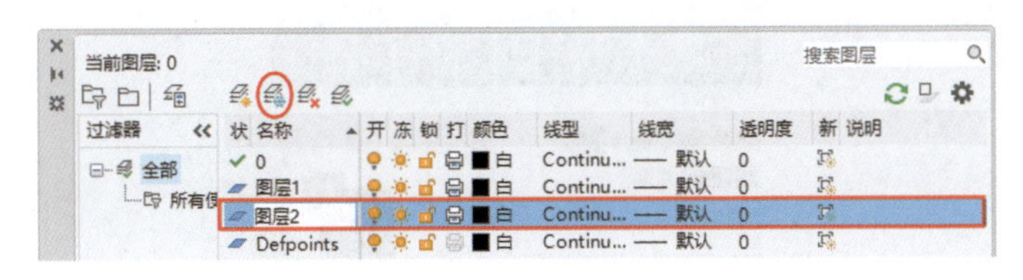

图 5-6

9.【删除图层】的主要功能是删除未被参照的图层。图层 0 和 Defpoints、包含对象（包括图块定义中的对象）的图层、当前图层以及依赖外部参照的图层是不能被删除的。

10.【置为当前】的主要功能是将选定图层设置为当前图层。将某一图层设置为当前图层后，在列表中该图层的状态呈✔显示，然后用户就可以在该图层中创建图形对象。

11. 在【图层特性管理器】选项板中的树状图窗格中，可以显示图形中图层和过滤器的层次结构列表，如图 5-7 所示。顶层节点（全部）显示图形中的所有图层。单击窗格中的【收拢图层过滤器树】按钮«，即可将树状图窗格收拢；再单击此按钮，则可展开树状图窗格。

12. 在【图层特性管理器】选项板中的列表视图显示了图层和图层过滤器及其特性和说明。如果在树状图中选定了一个图层过滤器，则列表视图将仅显示该图层过滤器中的图层。树状图中的【全部】过滤器将显示图形中的所有图层和图层过滤器。当选定某一个图层特性过滤器并且没有符合其定义的图层时，列表视图将为空。要修改选定过滤器中某一个选定图层或所有图层的特性，单击该特性的图标即可。【图层特性管理器】选项板的列表视图如图 5-8 所示。

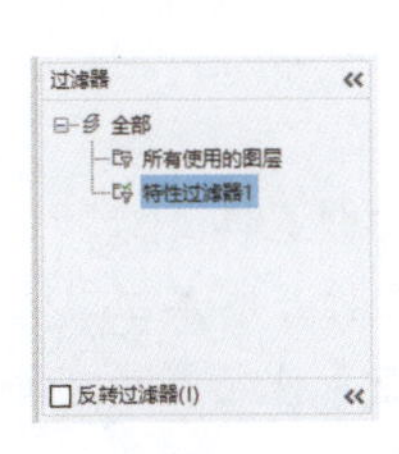

图 5-7

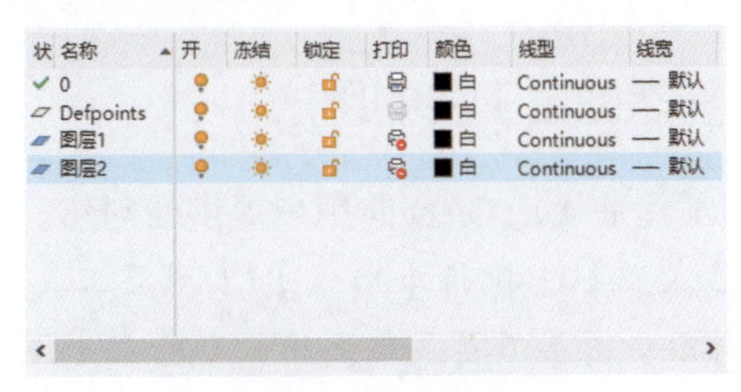

图 5-8

13. 默认状态下，图层中的对象颜色呈黑色，在列表视图中单击【颜色】按钮■，弹出【选择颜色】对话框，如图 5-9 所示。在此对话框中，用户可以选择任意颜色来显示图层中的对象元素。

图 5-9

14. 在列表视图中选择线型名称（如 Continuous）时，会弹出【选择线型】对话框，如图 5-10 所示。单击【选择线型】对话框中的【加载】按钮，会弹出【加载或重载线型】对话框，如图 5-11 所示。在此对话框中，用户可以选择任意线型来加载，使图层中的对象线型变为加载的线型。

15. 在列表视图中选择线宽的名称（如【默认】）时，会弹出【线宽】对话框，如图 5-12 所示。通过该对话框，用户可以选择适合图形对象的线宽值。

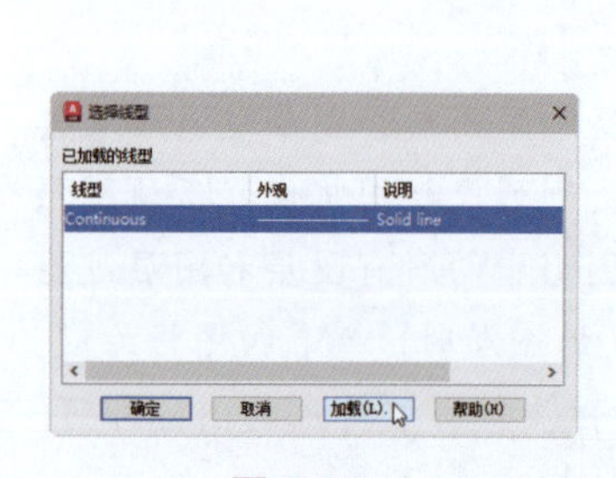

图 5-10

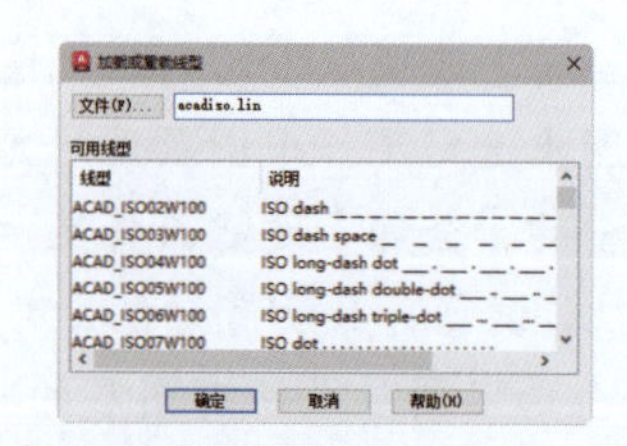

图 5-11

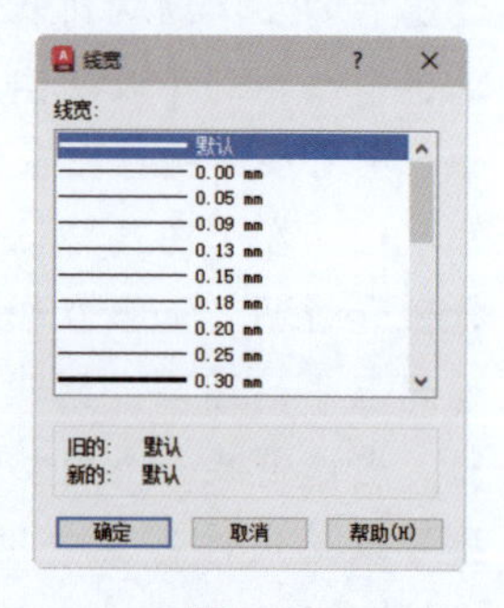

图 5-12

5.1.2　熟悉图层工具的用法

图层工具是 AutoCAD 向用户提供的创建、编辑图层的管理工具。

1. 在菜单栏中执行【格式】/【图层工具】命令，即可打开图层工具菜单，如图 5-13 所示。图层工具菜单上的命令除在【图层特性管理器】选项板中已介绍的打开或关闭图层、冻结或解冻图层、锁定或解锁图层、删除图层，还包括上一个图层、图层漫游、图层匹配、更改为当前图层、将对象复制到新图层、图层隔离、将图层隔离到当前视口、取消图层隔离及图层合并等命令。

2.【上一个图层】命令的作用是放弃对图层设置所做的更改，并返回到上一个图层的状态。

3.【图层漫游】命令的作用是显示选定图层上的对象并隐藏所有其他图层上的对象。用户在【默认】选项卡的【图层】面板中单击【图层漫游】按钮后，会弹出【图层漫游】对话框，如图 5-14 所示。

图 5-13

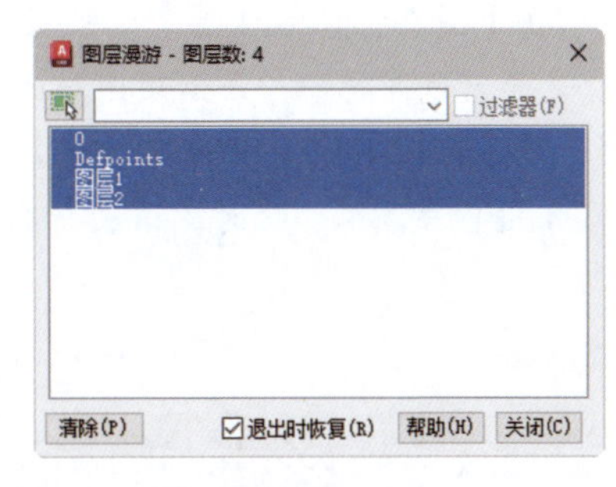

图 5-14

4.【图层匹配】命令的作用是更改选定对象所在的图层，使之与目标图层相匹配。

5.【更改为当前图层】命令的作用是将选定对象所在的图层更改为当前图层。

6.【将对象复制到新图层】命令的作用是将一个或多个对象复制到其他图层。

7.【图层隔离】命令的作用是隐藏或锁定除选定对象所在图层的所有图层。

8.【将图层隔离到当前视口】命令的作用是冻结除当前视口的所有布局视口中的选定图层。

9.【取消图层隔离】命令的作用是恢复使用 LAYISO（图层隔离）命令隐藏或锁定的所有图层。

10.【图层合并】命令的作用是将选定图层合并到目标图层中。

5.2　操作图层

在绘图过程中，如果绘图区中的图形过于复杂，将不便于用户对图形进行操作。此时可以使用图层功能将暂时不用的图层进行关闭或冻结处理。

5.2.1　关闭 / 打开图层

下面介绍关闭和打开图层的方法，包括关闭暂时不用的图层以及打开被关闭的图层。

一、关闭暂时不用的图层

1. 在 AutoCAD 中，可以将图层中的对象暂时隐藏起来，或将图层中隐藏的对象显示出来。图层中隐藏的图形将不能被选择、编辑、修改、打印。

2. 被关闭图层中的对象是可以被编辑、修改的。例如执行删除、镜像等命令时，选择对象时输入“all”或按 Ctrl+A 快捷键，那么被关闭图层中的对象也会被选中，并被删除或镜像。

3. 默认情况下，所有的图层都处于打开状态，通过以下操作可关闭图层。

4. 在【图层特性管理器】选项板中单击图层前方的橙色图标，此时，该橙色图标将变为蓝色图标，表示该图层已关闭，如图 5-15 所示。

5. 在【默认】选项卡的【图层】面板中单击【图层控制】下拉列表中的【开 / 关图层】橙色图标，此时，该图标将变为蓝色图标，表示该图层已关闭，如图 5-16 所示。

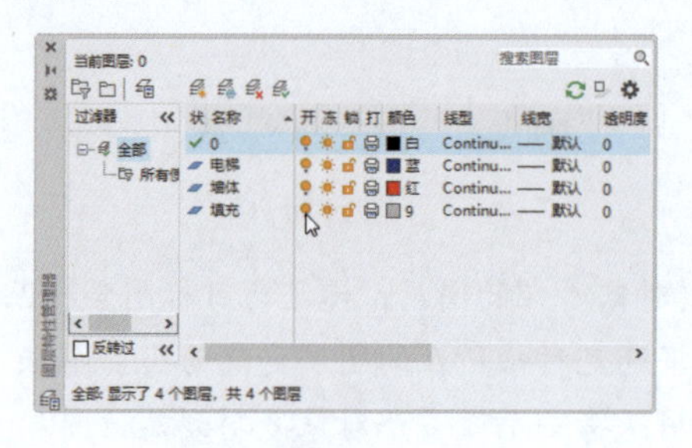

图 5-15

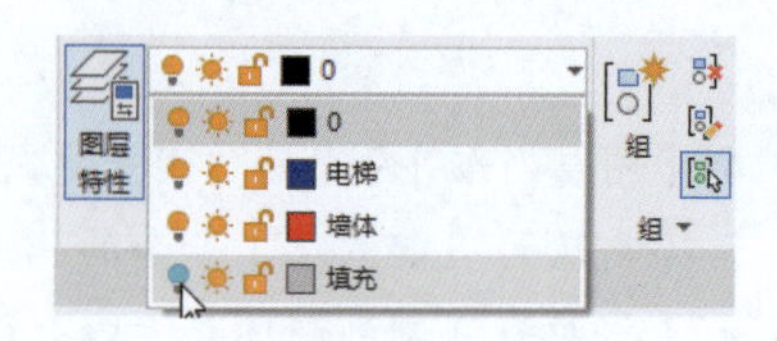

图 5-16

6. 如果关闭的图层是当前图层，AutoCAD 将弹出询问对话框，用户在对话框中选择【关闭当前图层】选项即可。如果不小心对当前图层执行关闭操作，可以在打开的对话框中单击【使当前图层保持打开状态】选项，如图 5-17 所示。

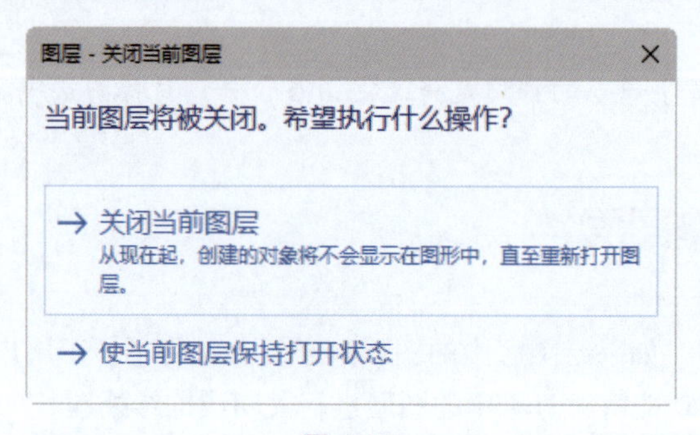

图 5-17

二、打开被关闭的图层

打开被关闭的图层的操作与关闭图层的操作相似。

1. 当图层被关闭后，在【图层特性管理器】选项板中单击图层前面的蓝色图标，或在【图层】面板中单击【图层控制】下拉列表中的【开 / 关图层】蓝色图标，可以打开被关闭的图层。

2. 此时在图层前面的蓝色图标将转变为橙色图标，表示开启图层。

5.2.2 冻结 / 解冻图层

用户可以冻结无须修改的图层。如果需要再次修改图层，可解冻该图层。

一、冻结不修改的图层

冻结图层后不仅使该图层不可见，而且在选择时会忽略该图层中的所有实体。另外，在对复杂的图形作重新生成时，AutoCAD 也会忽略被冻结图层中的实体，从而节约时间。冻结图层后，不能在该图层上绘制新的图形对象，也不能编辑和修改。被冻结后的图层对象将不能被选择、编辑、修改和打印。

默认情况下，所有图层都处于解冻状态，可以通过以下两种方法将图层冻结。

1. 在【图层特性管理器】选项板中选择要冻结的图层，单击该图层前面的【冻结】图标，此时图标将变为图标，表示该图层已经被冻结，如图 5-18 所示。

2. 在【图层】面板中单击【图层控制】下拉列表中的【在所有视口冻结 / 解冻图层】图标，图层前面的图标将转变为图标，表示该图层已经被冻结，如图 5-19 所示。

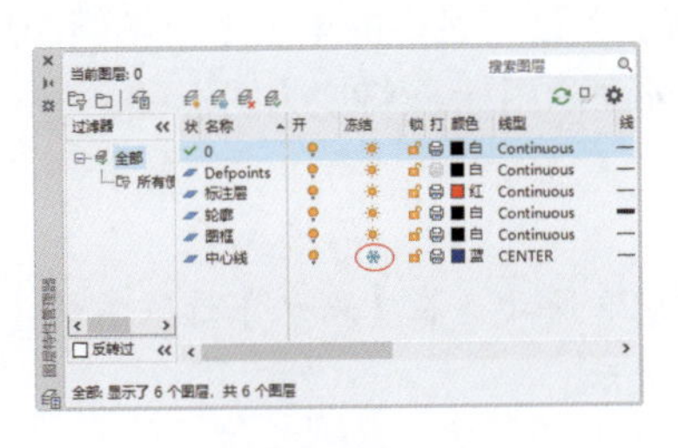

图 5-18

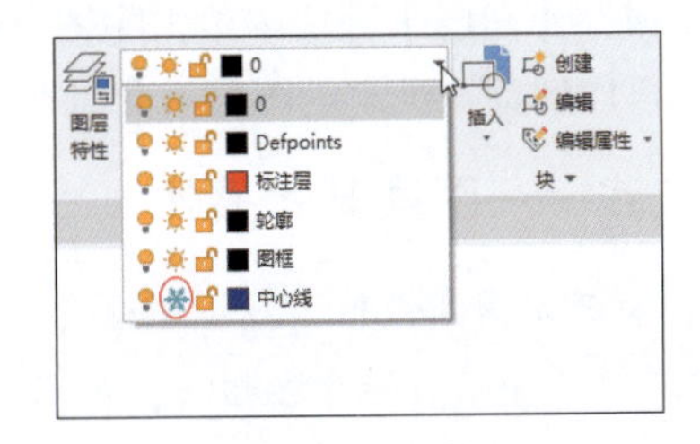

图 5-19

二、解冻被冻结的图层

解冻图层的操作与冻结图层的操作相似。

当图层被冻结后，在【图层特性管理器】选项板中单击图层前面的【解冻】图标，或在【图层】面板中单击【图层控制】下拉列表中的【在所有视口中冻结 / 解冻】图标，就可以解冻被冻结的图层，此时在图层前面的图标将变为图标。

5.2.3 锁定 / 解锁图层

一、锁定不修改的图层

和冻结不同，某一个被锁定的图层是可见的，也可定位到图层上的实体并新增实体，但不能对这些实体进行修改。这些特点使锁定图层适用于修改一张很拥挤、稠密的图，即把不需要修改的图层全锁定，这样就不用担心错误地改动某些实体。

默认情况下，所有的图层都处于解锁状态，可以通过以下两种方法将图层锁定。

1. 在【图层特性管理器】选项板中选择要锁定的图层，单击该图层前面的【锁定】图标，图标将变为图标，表示该图层已经被锁定，如图 5-20 所示。

2. 在【图层】面板中单击【图层控制】下拉列表中的【锁定或解锁图层】图标，图层前面的图标将变为图标，表示该图层已经被锁定，如图 5-21 所示。

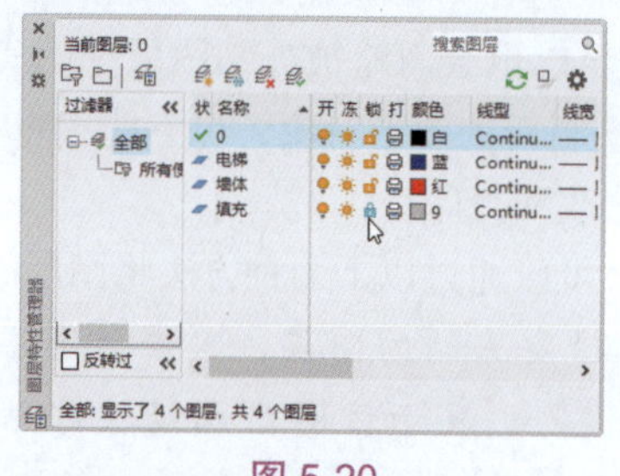

图 5-20

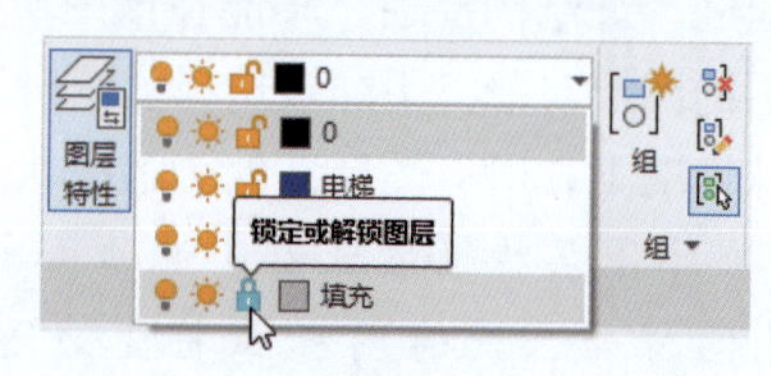

图 5-21

二、解锁被锁定的图层

解锁图层的操作与锁定图层的操作相似。

当图层被锁定后，在【图层特性管理器】选项板中单击图层前面的【解锁】图标，或在【图层】面板中单击【图层控制】下拉列表中的【锁定或解锁图层】图标，可以解锁被锁定的图层，此时在图层前面的图标将变为图标。

上机实践——图层基本操作

1. 打开本例源文件“ex-1.dwg”，如图 5-22 所示。在【默认】选项卡的【图层】面板中单击【图层特性】按钮，如图 5-23 所示。

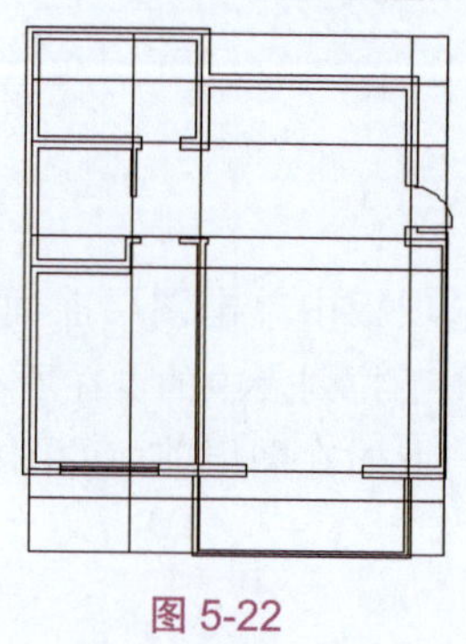

图 5-22

图 5-23

2. 在打开的【图层特性管理器】选项板中创建【墙体】、【轴线】和【门窗】3个图层，各个图层的特性如图 5-24 所示。

3. 关闭【图层特性管理器】选项板，然后在建筑结构图中选择所有的轴线对象，如图 5-25 所示。

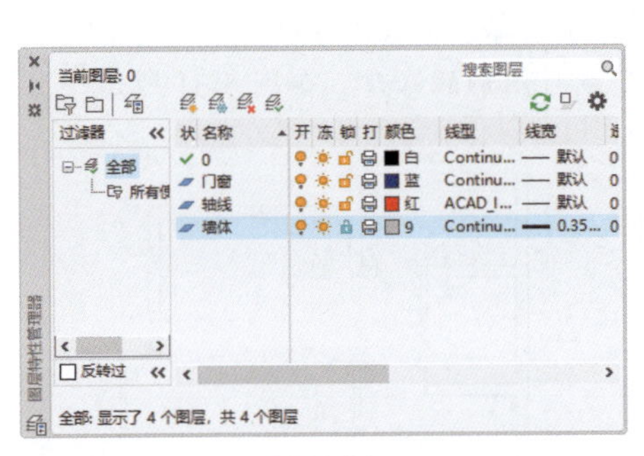

图 5-24

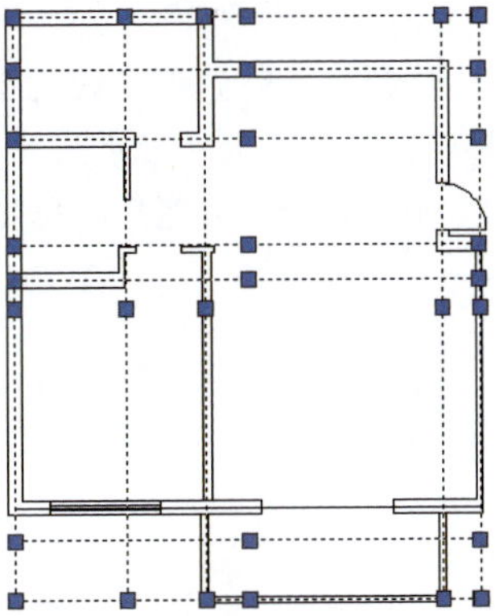

图 5-25

4. 在【图层】面板中单击【图层控制】下拉按钮，在弹出的下拉列表中单击【轴线】图层，如图 5-26 所示。

5. 按 Esc 键取消图形的选择状态，然后选择建筑结构图中的门窗图形，如图 5-27 所示。

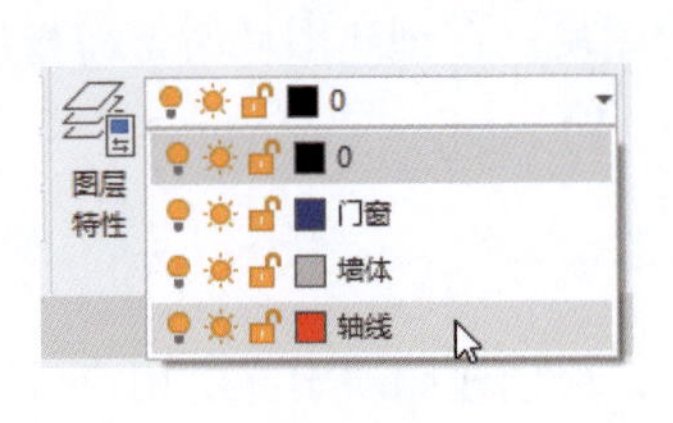

图 5-26

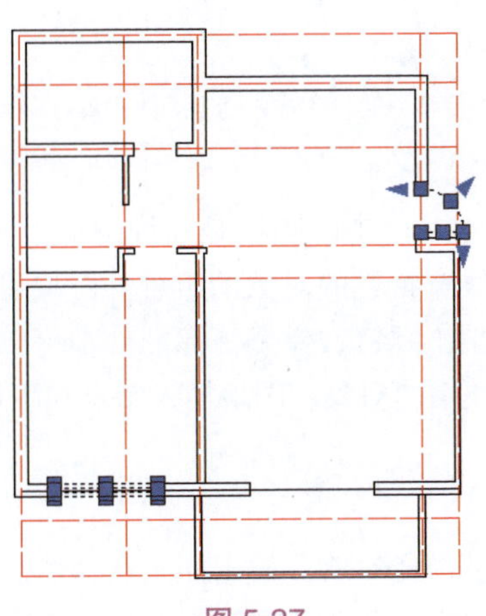

图 5-27

6. 在【图层】面板中单击【图层控制】下拉按钮，在弹出的下拉列表中单击【门窗】图层，如图 5-28 所示，然后按 Esc 键取消图形的选择状态。

7. 在【图层】面板中单击【图层控制】下拉按钮，在弹出的下拉列表中单击【轴线】图层前面的【开 / 关图层】图标，将【轴线】图层关闭，如图 5-29 所示。

图 5-28

图 5-29

8. 选择建筑结构图中的所有墙体图形，然后在【图层】面板中单击【图层控制】下拉按钮，在弹出的下拉列表中单击【墙体】图层，如图 5-30 所示。

9. 按 Esc 键取消图形的选择状态，完成对图形的修改，如图 5-31 所示。

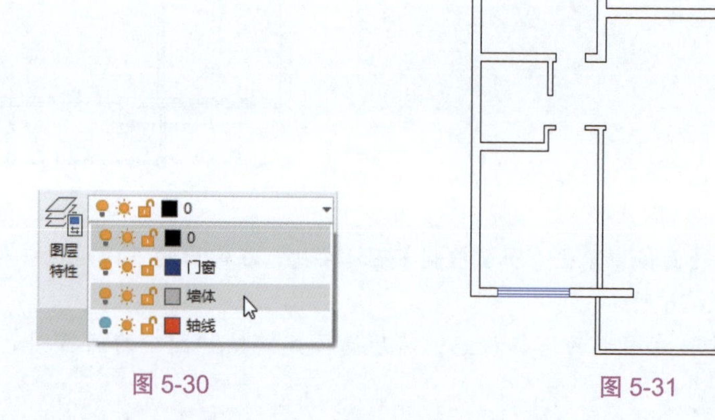

图 5-30　　图 5-31

5.3 图块在图纸中的作用

AutoCAD 中的图块是一种图形集合，它可以是绘制在几个图层上的不同颜色、线型和线宽特性的对象的组合。图块可以被重复使用，例如，在机械装配图中，常用的螺帽、螺钉、弹簧等标准件都可以被创建为图块。在创建图块时，需指定图块名、图块中的对象、图块插入基点和图块插入单位等。

5.3.1 创建图块

通过选择对象、指定插入点，然后为其命名，可创建图块定义。用户可以创建自己的图块，也可以使用设计中心或工具选项板中提供的图块。

在【默认】选项卡的【块】面板中单击【创建】按钮，或者在【插入】选项卡的【块定义】面板中单击【创建块】按钮，将弹出【块定义】对话框，如图 5-32 所示。

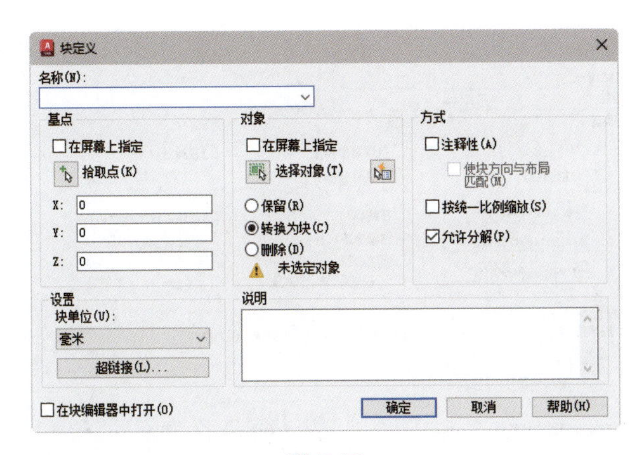

图 5-32

上机实践——图块的创建方法

1. 打开本例源文件“ex-2.dwg”。

2. 在【插入】选项卡的【块】面板中单击【创建】按钮，打开【块定义】对话框。

3. 在【名称】文本框内输入图块的名称“齿轮”，然后单击【拾取点】按钮，如图 5-33 所示。

4. AutoCAD 将暂时关闭对话框。在绘图区中指定图形的中心点作为图块插入基点，如图 5-34 所示。

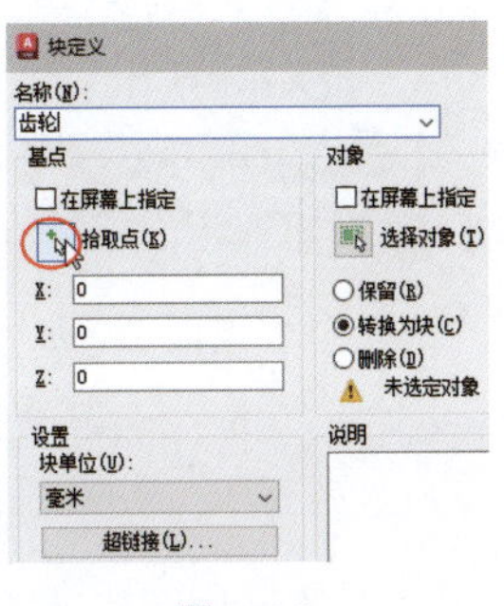

图 5-33

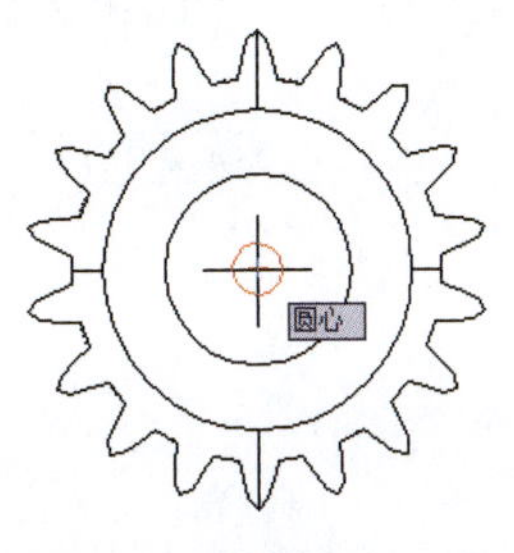

图 5-34

5. 指定基点后，AutoCAD 再次打开【块定义】对话框。单击该对话框中的【选择对象】按钮，切换到图形窗口，使用窗口选择的方法选择窗口中的全部图形元素，然后按 Enter 键返回到【块定义】对话框。

6. 此时，在【名称】文本框旁边生成图块图标。接着在对话框的【说明】选项卡中输入图块的说明文字，如输入“齿轮分度圆直径 12，齿数 18、压力角 20”等字样。保留其余选项为默认设置，最后单击【确定】按钮，完成图块的定义，如图 5-35 所示。

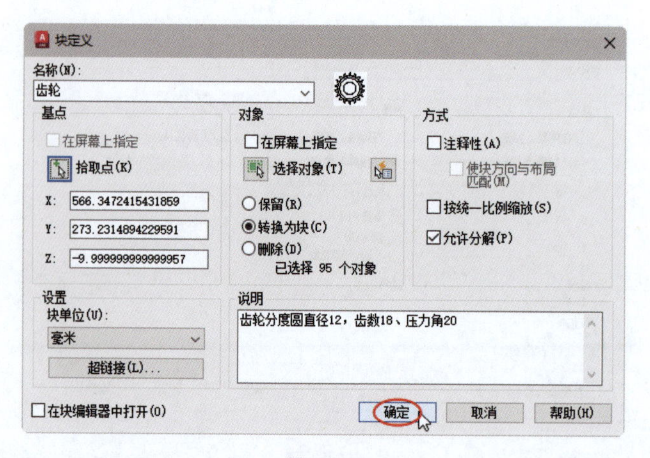

图 5-35

提示： 创建图块时，必须先指定要创建图块的图形对象，否则显示【块 – 未选定任何对象】信息提示框，如图 5–36 所示。如果新图块名与已有图块重名，程序将显示【块 – 重新定义块】信息提示框，要求用户选择是否重新定义此图块参照，如图 5–37 所示。

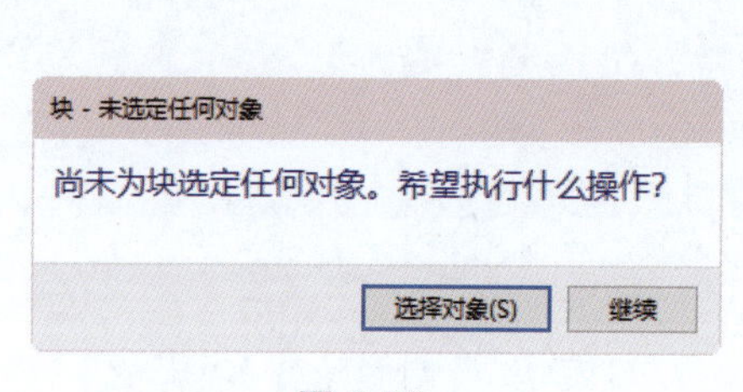

图 5-36

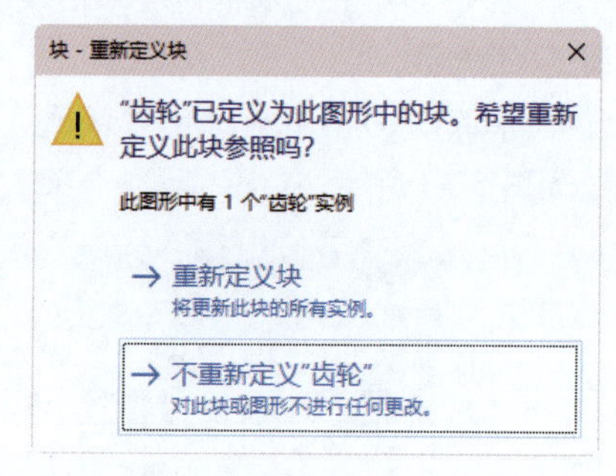

图 5-37

5.3.2　插入图块

插入图块时，需要创建图块参照并指定它的位置、缩放比例和旋转角度。

1. 插入图块操作将创建一个被称作图块参照的对象，因为参照了存储在当前图形中的图块定义。

2. 凡用户自定义的图块或图块库，都可以通过【块】选项板插入到其他图形文件中。

3. 将一个完整的图形文件插入到其他图形中时，图形信息将作为图块定义复制到当前图形的图块表中，后续插入的参照具有不同位置、比例和旋转角度的图块定义。

4. 有时无须通过打开【块】选项板来插入图块。可在【块】面板中单击【插入】按钮，当前项目中所有的图块就会列出在图块列表中，选择要插入的图块，可将图块插入到绘图区中，如图 5-38 所示。

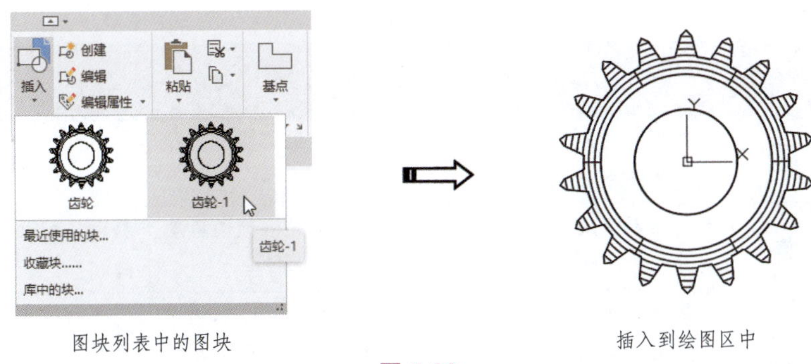

图块列表中的图块　　　　插入到绘图区中

图 5-38

5.3.3　定义动态图块

如果向图块定义中添加了动态行为，就意味着为图块几何图形增添了灵活性和智能性。动态图块参照并非图形的固定部分，用户在图形中进行操作时可以对其进行修改或操作。

1. 通过【块编辑器】选项卡的功能，可以将参数和动作添加到图块，或者将动态行为添加到新的或现有的图块定义当中，如图 5-39 所示。

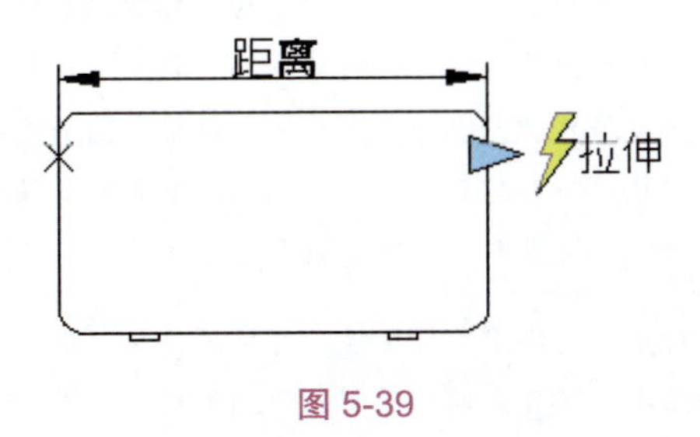

图 5-39

2.【块编辑器】内显示了一个定义图块，该图块包含一个标有【距离】的线性参数，其显示方式与标注类似。此外还包含一个【拉伸】动作，该动作显示一个发亮螺栓和一个【拉伸】选项卡。

3. 向图块中添加参数和动作可以使其成为动态图块。如果向图块中添加了这些元素，也就为图块几何图形增添了灵活性和智能性。

4. 用户可以在【块编辑器】中向图块定义中添加动态元素（参数和动作）。特殊情况下，除几何图形外，动态图块中通常包含一个或多个参数和动作。

5.【参数】表示通过指定图块中几何图形的位置、距离和角度来定义动态图块的自定义特性。【动作】表示定义在图形中操作的动态图块参照时，该图块参照中的几何图形将如何移动或修改。

6. 添加到动态图块中的参数类型决定了添加的夹点类型，每种参数类型仅支持特定类型的动作。表 5-1 显示了参数、夹点和动作之间的对应关系。

表 5-1

参数类型	夹点类型	说明	与参数关联的动作
点		在图形中定义一个 X 和 Y 位置。在图块编辑器中，外观类似于坐标标注	移动、拉伸
线性		可显示两个固定点之间的距离。约束夹点沿预设角度移动。在图块编辑器中，外观类似于对齐标注	移动、缩放、拉伸、阵列
极轴		可显示两个固定点之间的距离并显示角度。可以使用夹点和【特性】选项板来共同更改距离和角度。在图块编辑器中，外观类似于对齐标注	移动、缩放、拉伸、极轴拉伸、阵列
XY		可显示出距参数基点的 X 距离和 Y 距离。在图块编辑器中，显示为一对标注（水平标注和垂直标注）	移动、缩放、拉伸、阵列
旋转		可定义角度。在图块编辑器中，显示为一个圆	旋转
翻转		可翻转对象。在图块编辑器中，显示为一条投影线。可以围绕这条投影线翻转对象。将显示一个值，该值显示了图块参照是否已被翻转	翻转
对齐		可定义 X 和 Y 位置以及一个角度。对齐参数总是应用于整个图块，并且无须与任何动作相关联。对齐参数允许图块参照自动围绕一个点旋转，以便与图形中的另一个对象对齐。对齐参数会影响图块参照的旋转特性。在图块编辑器中，外观类似于对齐线	无（此动作隐藏在参数中）
可见性		可控制对象在图块中的可见性。可见性参数总是应用于整个图块，并且无须与任何动作相关联。在图形中单击夹点可以显示图块参照中所有可见性状态的列表。在图块编辑器中，显示为带有关联夹点的文字	无（此动作是隐含的，并且受可见性状态的控制）
查询		定义一个可以指定或设置为计算用户定义的列表或表中的值的自定义特性。该参数可以与单个查询夹点相关联。在图块参照中单击该夹点会显示可用值的列表。在图块编辑器中，显示为带有关联夹点的文字	查询
基点		在动态图块参照中相对于该图块中的几何图形定义一个基点，无须与任何动作相关联，但可以归属于某个动作的选择集。在图块编辑器中，显示为带有十字光标的圆	无

注意：参数和动作仅显示在图块编辑器中。将动态图块参照插入图形中时，将不会显示动态图块定义中包含的参数和动作。

在创建动态图块之前，应当了解其外观以及在图形中的使用方式。当操作动态图块参照时，要确定图块中的哪些对象会被更改或移动，另外，还要确定这些对象将被如何更改。

上机实践——创建动态图块

1. 在【插入】选项卡的【块定义】面板中单击【块编辑器】按钮，打开【编辑块定义】对话框。在该对话框中输入新图块名“动态块”，单击【确定】按钮，如图 5-40 所示，进入图块编辑模式。

2. 先执行【直线】命令绘制粗糙度符号的基本图形，再执行【多行文字】命令在基本图形中添加粗糙度值“6.2”，如图 5-41 所示。

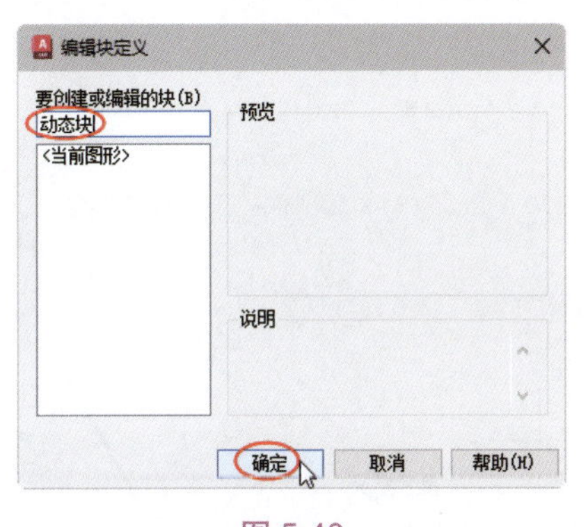

图 5-40

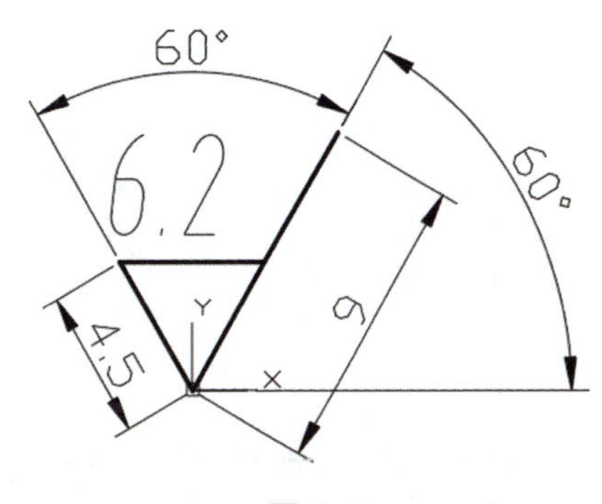

图 5-41

> **提示：**在块编辑器处于激活状态下，仍然可以使用功能区上其他选项卡中的功能来绘制图形。

3. 添加点参数。在【块编写选项板】面板的【参数】选项卡中单击【点】按钮，然后按命令行的提示进行操作。操作过程及结果如图 5-42 所示。

```
命令：_BParameter 点
指定参数位置或 [名称(N)/标签(L)/链(C)/说明(D)/选项板(P)]：L↙
                                                    //输入选项
输入位置特性选项卡 <位置>：基点↙                    //输入选项卡名称
指定参数位置或 [名称(N)/标签(L)/链(C)/说明(D)/选项板(P)]：
                                                    //指定参数位置
指定标签位置：                                      //指定标签位置
```

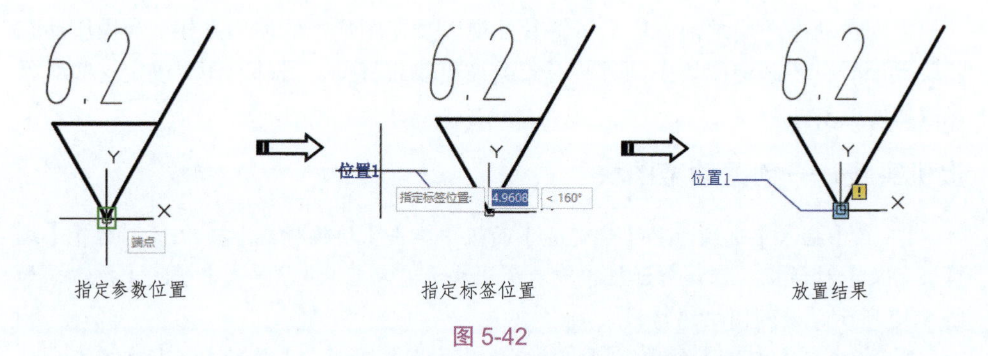

图 5-42

4. 添加线性参数。在【块编写选项板】面板的【参数】选项中单击【线性】按钮，然后按命令行的提示进行操作。操作过程及结果如图 5-43 所示。

```
命令：_BParameter 线性
指定起点或 [名称(N)/ 标签(L)/链(C)/说明(D)/基点(B)/选项板(P)/值集(V)]：L↙
输入距离特性选项卡 <距离>: 线性↙
指定起点或 [名称(N)/ 标签(L)/链(C)/说明(D)/基点(B)/选项板(P)/值集(V)]：
指定端点：
指定标签位置：
```

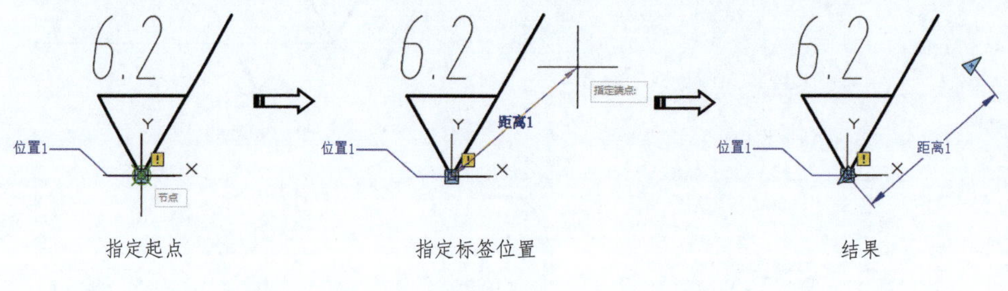

图 5-43

5. 添加旋转参数。在【块编写选项板】面板的【参数】选项卡中单击【旋转】按钮，然后按命令行的提示进行操作。操作过程及结果如图 5-44 所示。

```
命令：_BParameter 旋转
指定基点或 [名称(N)/ 标签(L)/链(C)/说明(D)/选项板(P)/值集(V)]：L↙
输入旋转特性选项卡 <角度>: 旋转↙
指定基点或 [名称(N)/ 标签(L)/链(C)/说明(D)/选项板(P)/值集(V)]：
指定参数半径：3↙
指定默认旋转角度或 [基准角度(B)] <0>：270↙
指定标签位置：
```

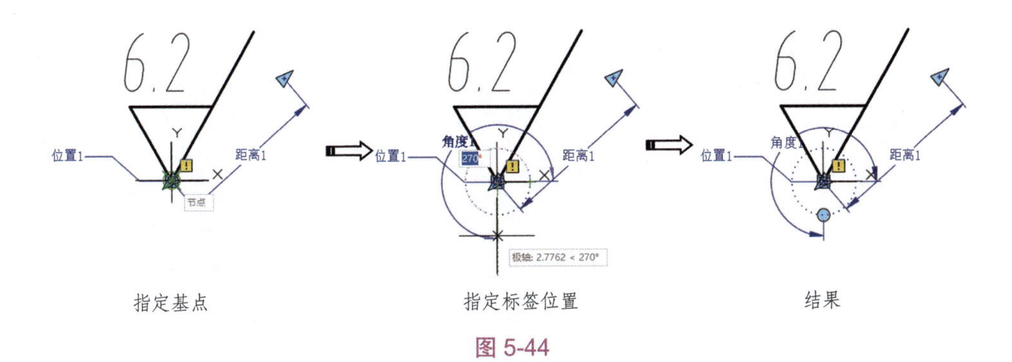

指定基点　　指定标签位置　　结果

图 5-44

6. 添加缩放动作。在【块编写选项板】面板的【动作】选项中单击【缩放】按钮，然后按命令行的提示进行操作。操作过程及结果如图 5-45 所示。

```
命令：_BActionTool 缩放
选择参数：↙
指定动作的选择集
选择对象：找到 1 个
选择对象：找到 1 个，总计 2 个
选择对象：找到 1 个，总计 3 个
选择对象：找到 1 个，总计 4 个
选择对象：↙
```

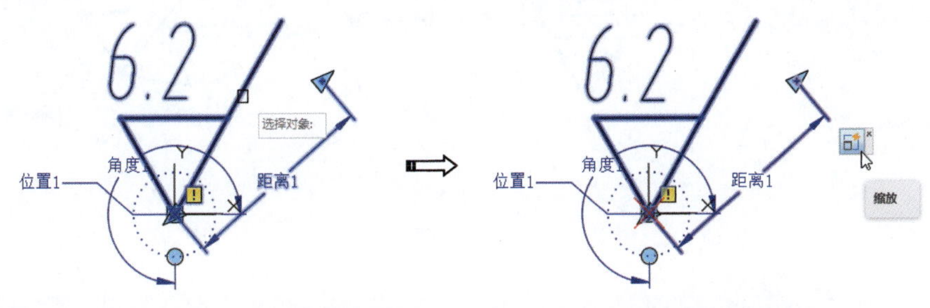

选择动作对象集合（包括数字、图形和线性参数）　　按Enter键自动创建缩放动作

图 5-45

7. 添加旋转动作。在【块编写选项板】面板的【动作】选项卡中单击【旋转】按钮，然后按命令行的提示进行操作。操作过程及结果如图 5-46 所示。

```
命令：_BActionTool 旋转
选择参数：↙                                  // 选择旋转参数
指定动作的选择集
选择对象：找到 1 个                          // 选择动作对象 1
选择对象：找到 1 个，总计 2 个               // 选择动作对象 2
选择对象：找到 1 个，总计 3 个               // 选择动作对象 3
选择对象：找到 1 个，总计 4 个               // 选择动作对象 4
选择对象：↙
```

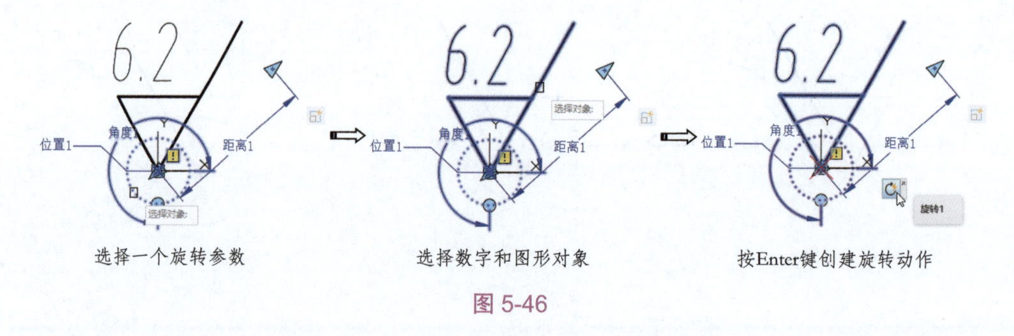

图 5-46

> **提示:** 用户可以通过自定义夹点和自定义特性来操作动态图块参照。例如，选择一个动作，执行右键菜单中的【特性】命令，打开【特性】选项板来添加夹点或动作对象。

8. 单击【管理】面板中的【保存块】按钮，将定义的动态图块保存到图块库，再单击【关闭块编辑器】按钮退出块编辑器。

9. 在【插入】选项卡的【块】面板中单击【插入】按钮，在绘图区中插入保存在图块库中的动态图块。单击图块，然后使用夹点来缩放图块或旋转图块，如图 5-47 所示。

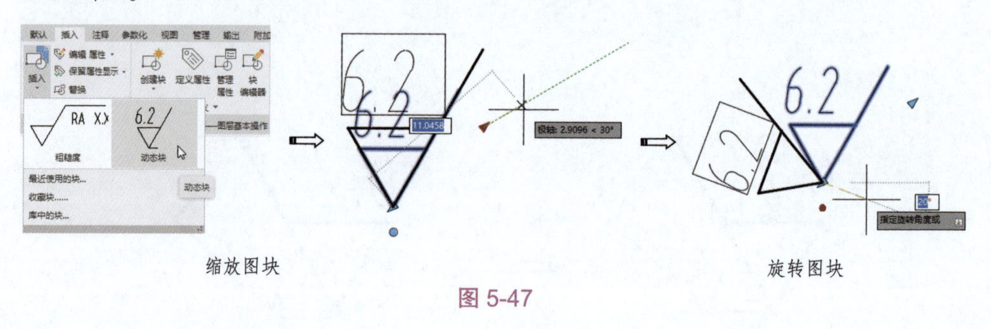

图 5-47

5.3.4 定义图块属性

图块属性是附属于图块的非图形信息，是图块的组成部分，可包含在图块定义中的文字对象。在定义一个图块时，属性必须预先定义后才能被选定。图块属性通常用于在图块的插入过程中进行自动注释。

一、图块属性特点

在 AutoCAD 中，用户可以在图形绘制完成后（甚至在绘制完成前），使用 ATTEXT 命令将图块属性数据从图形中提取出来，并将这些数据写入一个文件中，这样就可以从图形数据库文件中获取图块数据信息了。

二、定义图块属性

要创建带有属性的图块，可以首先绘制希望作为图块元素的图形，然后创建希望作为图块元素的属性，最后同时选中图形及属性，将其统一定义为图块或保存为图块文件。

图块属性是通过【属性定义】对话框来设置的。在【插入】选项卡的【块定义】面板中单击【定义属性】按钮，将弹出【属性定义】对话框，如图 5-48 所示。

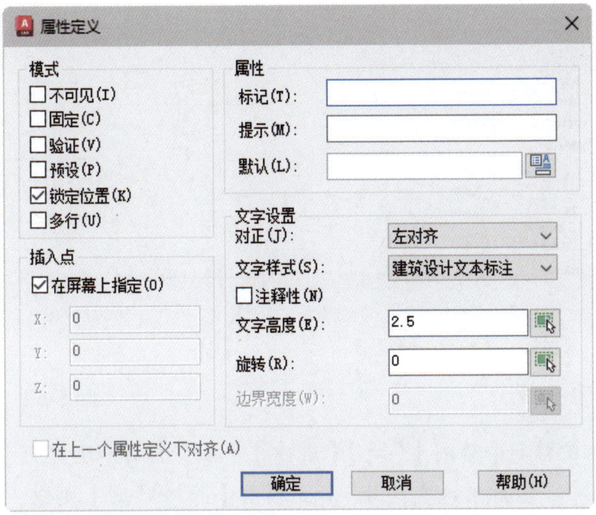

图 5-48

上机实践——定义图块属性

下面通过一个实例说明如何创建带有属性定义的图块。在机械制图中，表面粗糙度值有“0.8”“1.6”“3.2”“6.3”“12.5”“25”“50”等。用户可以在表面粗糙度图块中将粗糙度值定义为属性。当每次插入表面粗糙度时，AutoCAD 都将自动提示用户输入表面粗糙度值。

1. 打开本例源文件“ex-5.dwg”，图形如图 5-49 所示。

2. 在菜单栏中执行【格式】/【文字样式】命令，在弹出的【文字样式】对话框的【字体名】下拉列表中选择 gbeitc.shx 选项，并勾选【使用大字体】复选框，接着在【大字体】下拉列表中选择 gbcbig.shx 选项，最后单击【应用】按钮并关闭对话框，如图 5-50 所示。

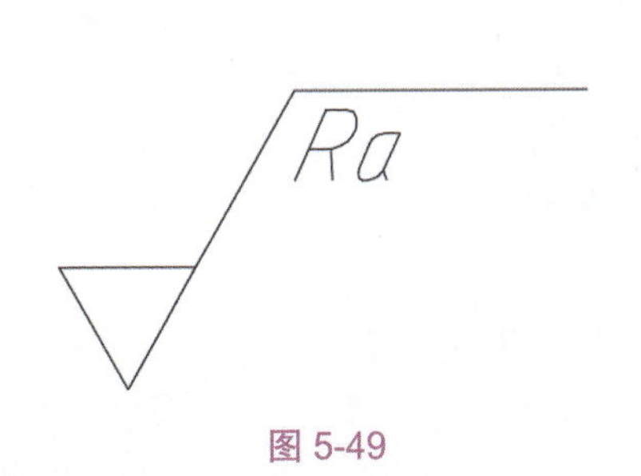

图 5-49

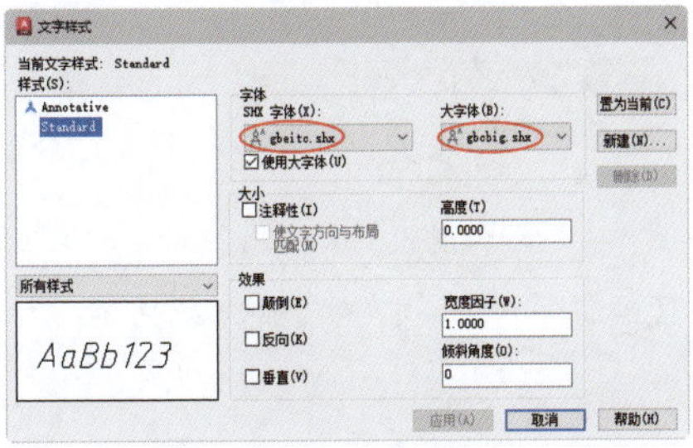

图 5-50

3. 在菜单栏中执行【绘图】/【块】/【定义属性】命令，打开图 5-51 所示的【属性定义】对话框。在【标记】和【提示】文本框中输入相关内容，并单击【确定】按钮关闭该对话框。最后在绘图区的图形上单击以确定属性的位置，结果如图 5-52 所示。

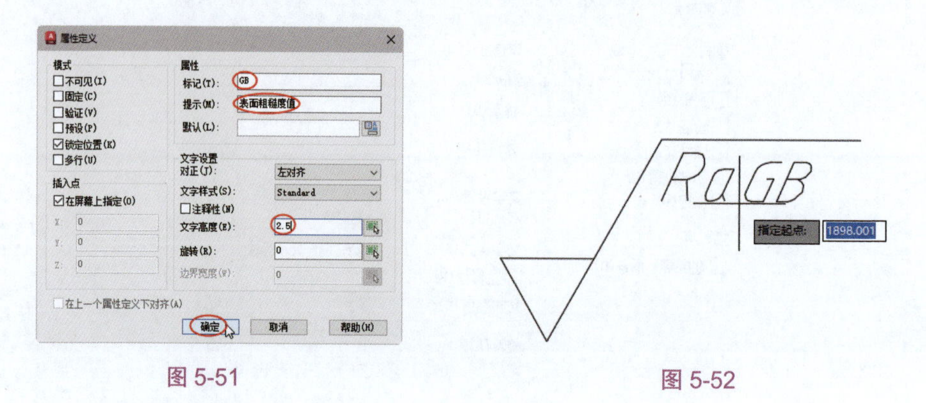

图 5-51　　图 5-52

4. 在菜单栏中执行【绘图】/【块】/【创建】命令，打开【块定义】对话框。在【名称】编辑框中输入“表面粗糙度符号”，并单击【选择对象】按钮，在绘图区选中全部对象（包括图形元素和属性）；然后单击【拾取点】按钮，在绘图区的适当位置单击以确定图块的基点；最后单击【确定】按钮，如图 5-53 所示。

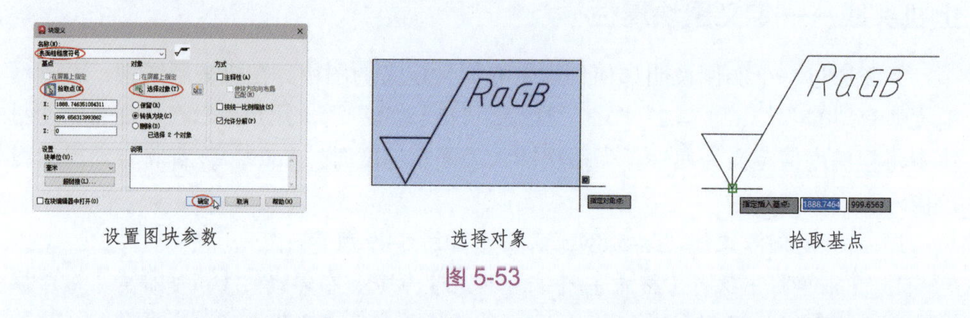

设置图块参数　　选择对象　　拾取基点

图 5-53

5. AutoCAD 接着弹出【编辑属性】对话框。在该对话框的【表面粗糙度值】文本框中输入新值“3.2”，单击【确定】按钮后，图块中的文字 GB 自动变成实际值“3.2”，如图 5-54 所示。GB 属性标记已被此处输入的具体属性值所取代。

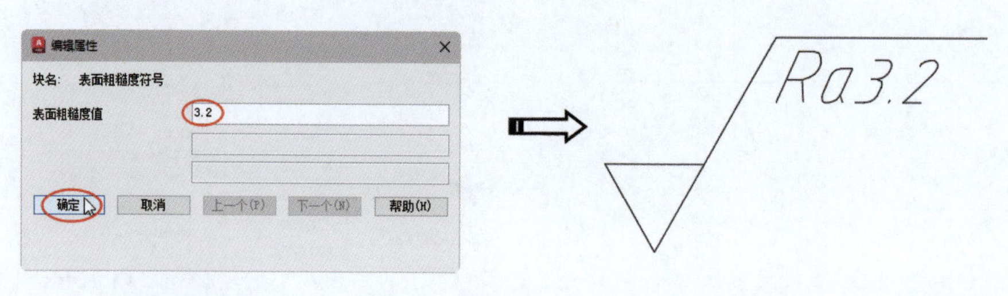

图 5-54

提示：此后，每插入一次定义属性的图块，命令行提示中都将提示用户输入新的表面粗糙度值。

三、编辑图块属性

对于图块属性，用户可以像修改其他对象一样对其进行编辑。例如，单击选中图块后，系统将显示图块及属性夹点，单击属性夹点即可移动属性的位置，如图5-55所示。

要编辑图块的属性，可在菜单栏中执行【修改】/【对象】/【属性】/【单个】命令，然后在绘图区中选择属性图块，弹出【增强属性编辑器】对话框，如图5-56所示。

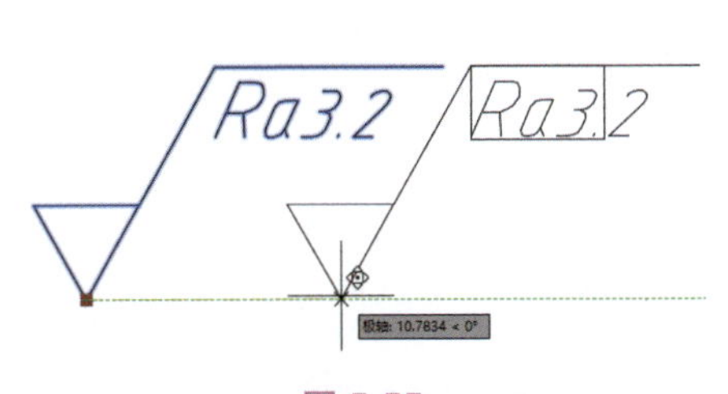
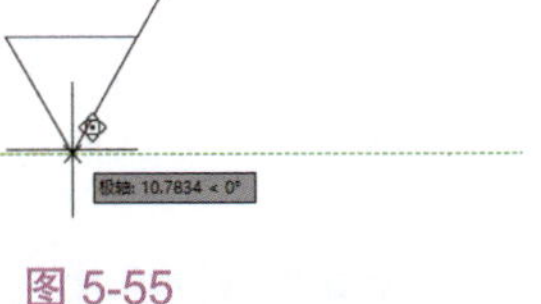

图 5-55

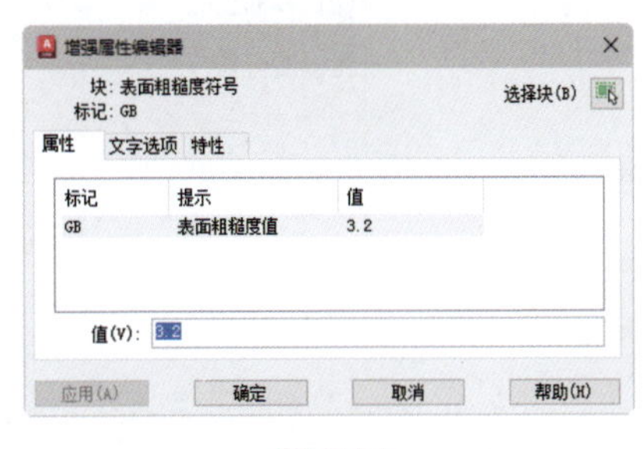

图 5-56

在【增强属性编辑器】对话框中，用户可以修改图块的属性值，属性的文字选项，属性所在图层以及属性的线型、颜色和线宽等。

在菜单栏中执行【修改】/【对象】/【属性】/【块属性管理器】命令，然后在绘图区中选择属性图块，将弹出【块属性管理器】对话框，如图5-57所示。

该对话框的主要功能如下。

- 可利用【块】下拉列表选择要编辑的图块。
- 在属性列表中选择属性后，单击【上移】或【下移】按钮，可以移动属性在列表中的位置。
- 在属性列表中选择某个属性后，单击【编辑】按钮，将打开图5-58所示的【编辑属性】对话框。在该对话框中，用户可以修改属性的模式、标记、提示与默认值，属性的文字选项，属性所在图层，以及属性的线型、颜色和线宽等。
- 在属性列表中选择某个属性后，单击【删除】按钮，可以删除选中的属性。

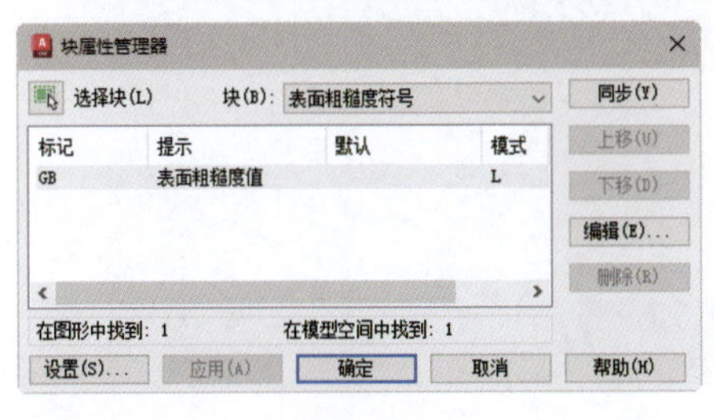

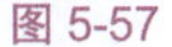

图 5-57

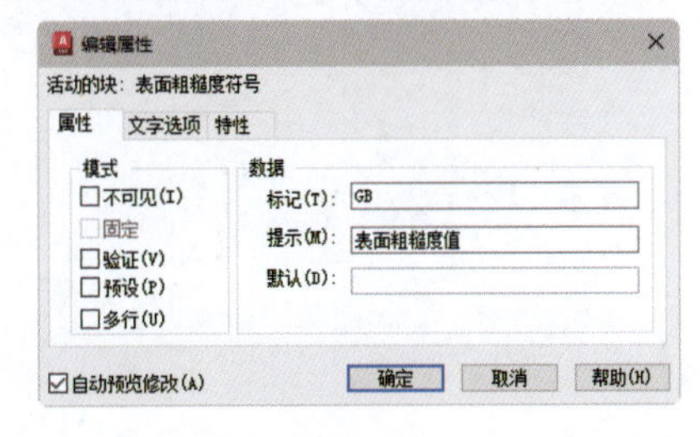

图 5-58

5.3.5　编辑自定义的图块

在 AutoCAD 2024 中，用户可通过块编辑器来创建图块定义和添加动态行为。

1. 在【插入】选项卡的【块定义】面板中单击【块编辑器】按钮，将弹出【编辑块定义】对话框，如图 5-59 所示。

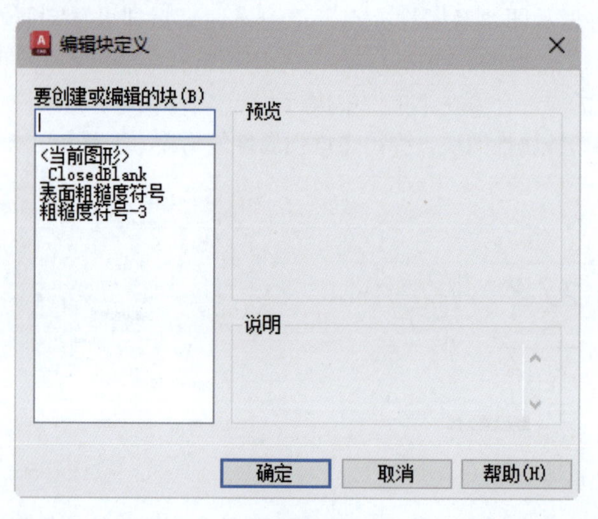

图 5-59

2. 在【编辑块定义】对话框的【要创建或编辑的块】文本框中输入新的图块名称，如输入 A，单击【确定】按钮。功能区中将显示【块编辑器】选项卡，同时打开【块编写选项板】面板。

3. 功能区的【块编辑器】选项卡和【块编写选项板】面板还提供了绘图区，用户可以像在 AutoCAD 的主绘图区中一样在此区域绘制和编辑几何图形，并可以指定块编辑器绘图区的背景色。【块编辑器】选项卡如图 5-60 所示。【块编写选项板－所有选项板】面板如图 5-61 所示。

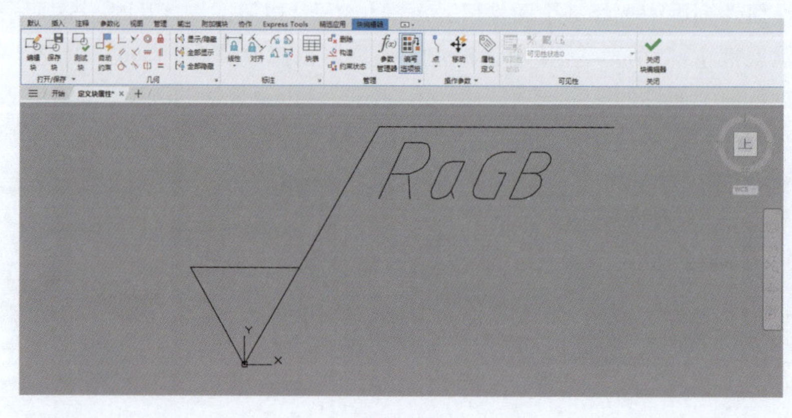

图 5-60

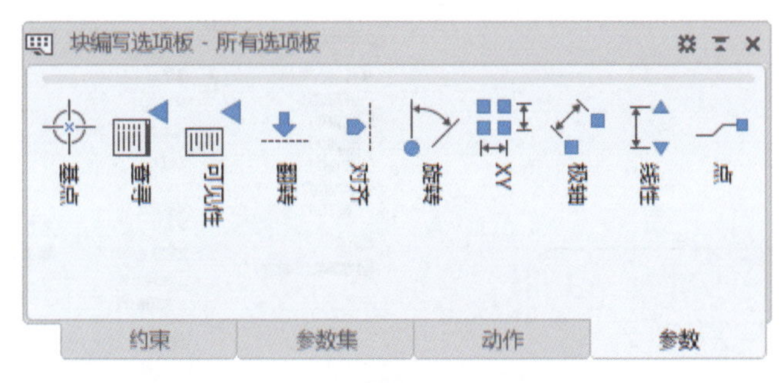

图 5-61

> **提示：** 用户可执行【块编辑器】选项卡中的多数命令。当用户使用了【块编辑器】中不允许执行的命令时，命令行提示中将显示一条警告消息。

5.4 图层与图块的应用实践：标注零件图表面粗糙度

本例通过为零件标注粗糙度，主要对【定义属性】、【创建块】和【插入】等命令进行综合练习和巩固。本例效果如图 5-62 所示。

1. 打开本例源文件“ex-7.dwg”，图形如图 5-63 所示。

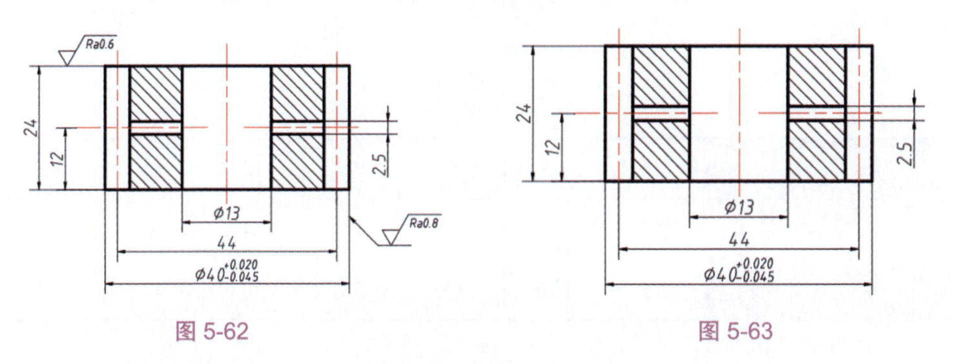

图 5-62　　图 5-63

2. 启动【极轴追踪】功能，并设置增量角为 30° 。
3. 在命令行输入 PL 激活【多段线】命令，然后绘制图 5-64 所示的粗糙度符号。
4. 在菜单栏中执行【绘图】、【块】和【定义属性】命令，打开【属性定义】对话框，然后设置属性参数，如图 5-65 所示。

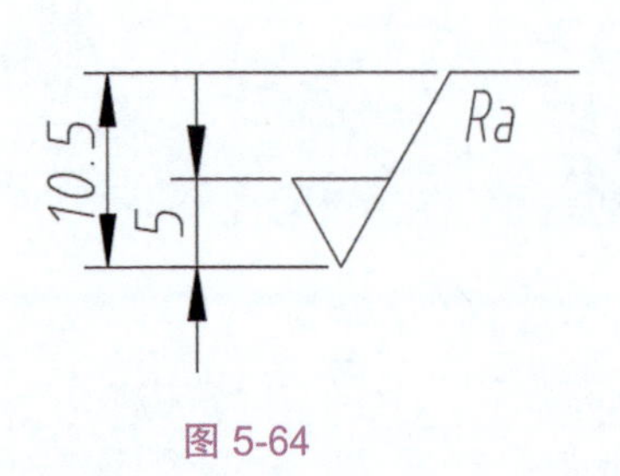

图 5-64

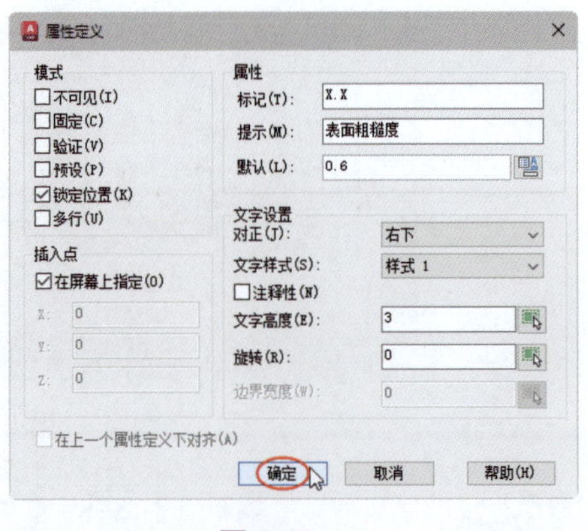

图 5-65

提示：粗糙度符号的画法如图 5-66 所示，表 5-2 列出了符号的尺寸。

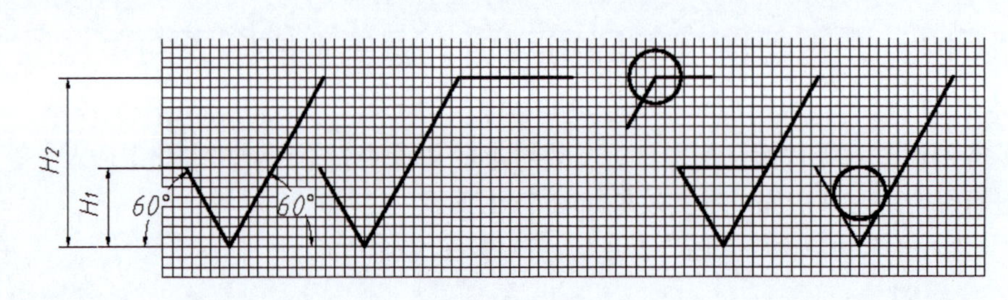

图 5-66

表 5-2

数字与字母的高度 h	2.5	3.5	5	7	10	14	20
高度 H_1	3.5	5	7	10	14	20	28
高度 H_2（最小值）	7.5	10.5	15	21	30	42	60

注：H_2 取决于标注内容。

5. 单击【确定】按钮，捕捉图 5-67 所示的点作为插入点，插入图块属性的结果如图 5-68 所示。

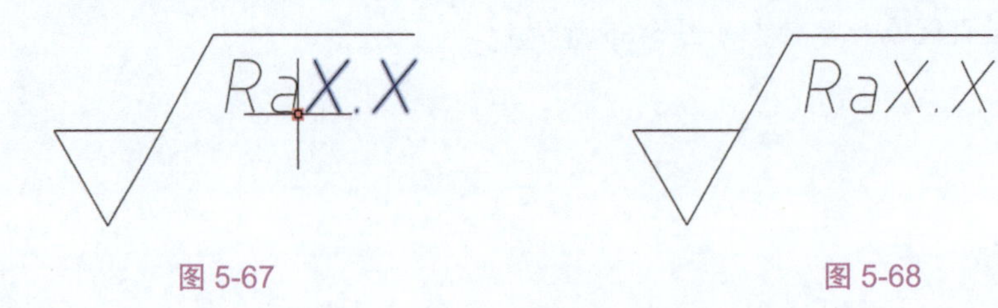

图 5-67　　图 5-68

6. 单击【块】面板中的【创建块】按钮，打开【块定义】对话框，以图 5-69 所示的点作为图块的基点，将粗糙度符号和属性一起定义为内部图块，参数设置如图 5-70 所示。

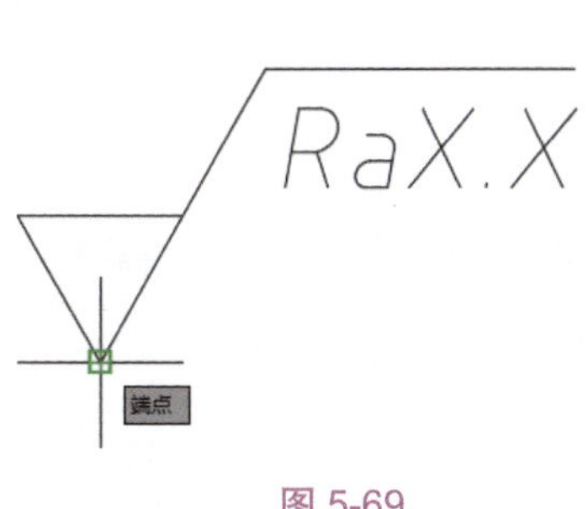

图 5-69

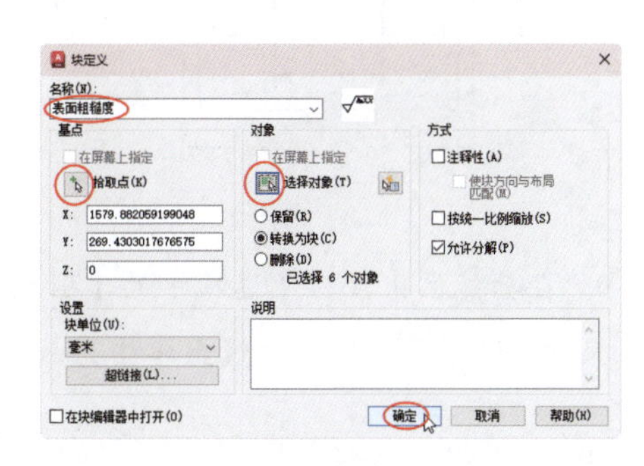

图 5-70

7. 单击【插入】按钮，在弹出的菜单中选择【最近使用的块…】命令，弹出【块】选项板。接着在【块】选项板的【最近使用的块】列表中选择【表面粗糙度】图块，并设置插入图块的【统一比例】值为 0.6，如图 5-71 所示。

8. 返回绘图区，选择合适位置插入粗糙度属性图块，如图 5-72 所示。插入粗糙度属性图块的同时会弹出图块属性值的编辑框，若无须修改图块属性值，可直接按 Enter 键确认，结果如图 5-73 所示。

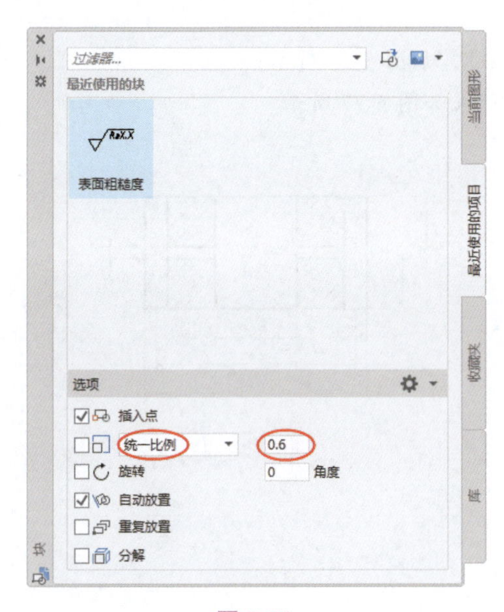

图 5-71

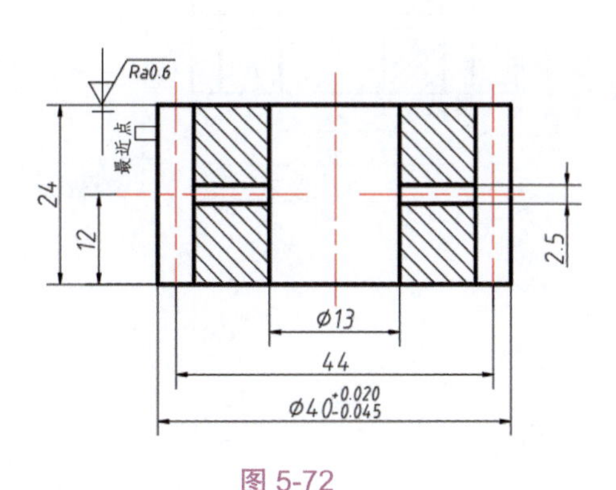

图 5-72

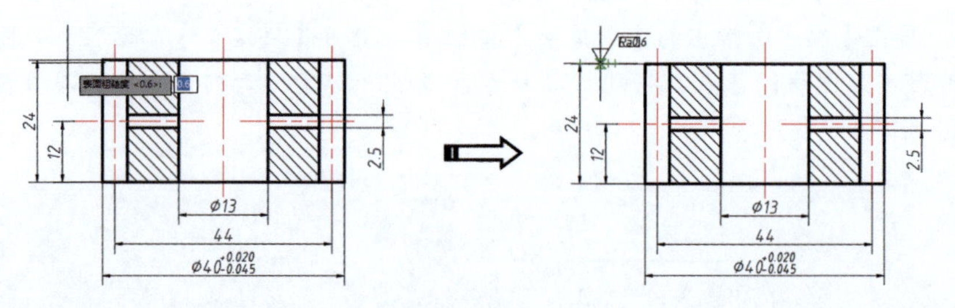

图 5-73

9. 在功能区【注释】选项卡的【引线】面板中单击【多重引线】按钮，然后在尺寸$\phi 40^{+0.020}_{-0.045}$的尺寸线上单击，放置箭头和引线（不输入文字），如图 5-74 所示。

10. 再次插入粗糙度属性图块，如图 5-75 所示。

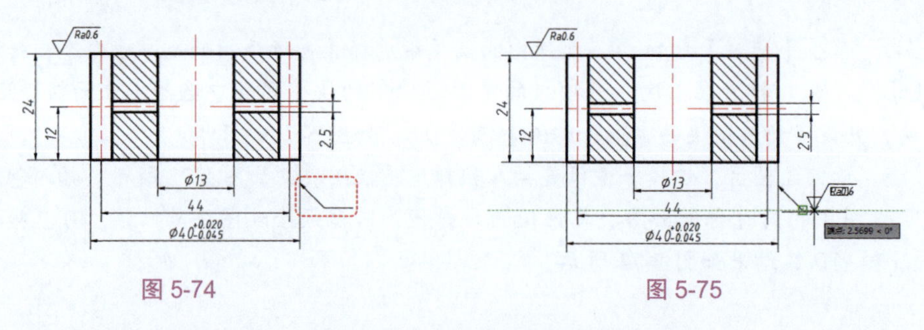

图 5-74　　图 5-75

11. 为插入的图块输入新的图块属性值 0.8，如图 5-76 所示。

12. 调整视图，使图形全部显示，最终效果如图 5-77 所示。

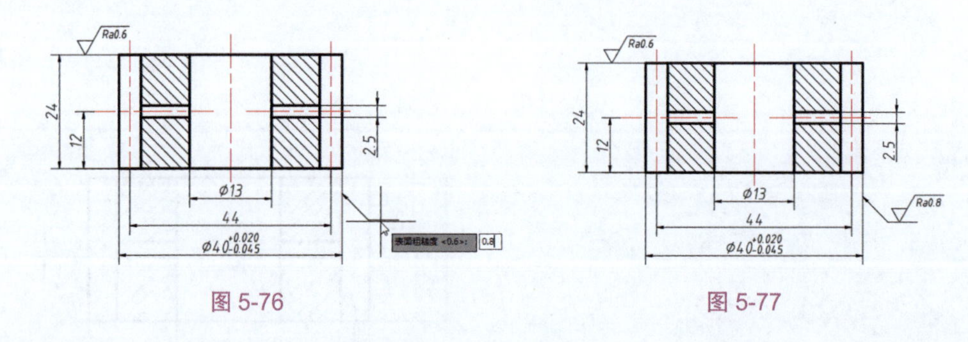

图 5-76　　图 5-77

第 6 章 AI 辅助 AutoCAD 绘图实战

在计算机科学领域，AI 旨在开发能够模仿人类智能行为的系统和程序。AI 的目标是使计算机能够执行需要人类智能参与的任务，如学习、推理、问题解决、语言理解、感知和环境适应等。本章主要介绍如何利用目前流行的 AI 大语言模型辅助设计师进行高效绘图。

6.1 ChatGPT 辅助绘图实践

在目前的 AutoCAD 中没有接入任何一款 AI 插件，所以还不能直接使用 AI 大语言模型进行绘图。但是基于大多数大语言模型的特有性能之一——编写代码，可以为 AutoCAD 提供可用的 SCR 脚本、LISP 代码或 VBA 宏程序。

6.1.1 利用 ChatGPT 生成 SCR 脚本

AutoCAD 中的 SCR（Script）脚本是一种用于自动执行一系列 AutoCAD 命令的脚本文件。这些脚本以纯文本形式编写，通常包含一系列 AutoCAD 命令，每个命令占据一行。

SCR 脚本在 AutoCAD 中的应用范围广泛，包括执行自动化批量绘图、修改大量图形、创建标准图元等任务。它们还可用于执行复杂的任务，如自定义 AutoCAD 工作流程、数据导入和导出等。

一、创建 SCR 脚本

SCR 脚本的文件格式是纯文本文件，扩展名为 .scr。用户可以使用任何文本编辑器（如记事本）来创建和编辑这些脚本。

用户可以在 SCR 脚本中添加注释，以提供脚本的有关说明。注释通常以分号（；）开头，AutoCAD 会忽略这些注释行，如图 6-1 所示。图中的脚本命令的含义是：绘制一条线段，线段的起点坐标是（0,0），终点坐标是（10,10）。

```
; 这是一个注释
LINE
0,0
10,10
```

图 6-1

创建 SCR 脚本的操作非常简单。新建并打开一个记事本文件，输入要执行的脚本命令，保存文件并修改记事本文件的扩展名 .txt 为 .scr，如图 6-2 所示。当然，要修改 SCR 脚本文件时，可将该文件以记事本形式打开再进行文字编辑。

图 6-2

二、运行 SCR 脚本

要运行 SCR 脚本，可在 AutoCAD 的命令行中输入 Script 命令，或单击功能区【管理】选项卡中的【运行脚本】按钮，弹出【选择脚本文件】对话框。选择脚本文件，单击【打开】按钮，如图 6-3 所示，AutoCAD 会自动执行 SCR 脚本文件中的命令。

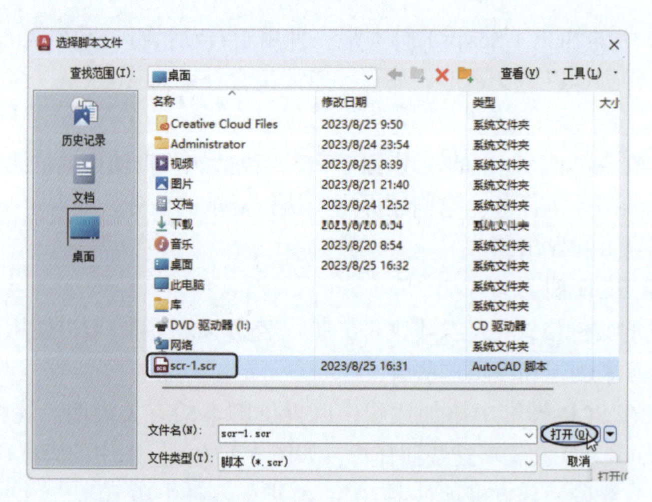

图 6-3

> **提示：** 不同的 AutoCAD 版本对 SCR 脚本的支持程度可能有所不同，因此用户要了解所使用的 AutoCAD 版本的具体要求和限制。

上机实践——SCR脚本制作范例

ChatGPT 能为用户快速生成 SCR 脚本。对于相对复杂的绘图命令，ChatGPT 生成的脚本不一定能直接使用，可根据实际情况进行手动修改。

1. 在 ChatGPT 的消息文本框中输入提示词，如图 6-4 所示。

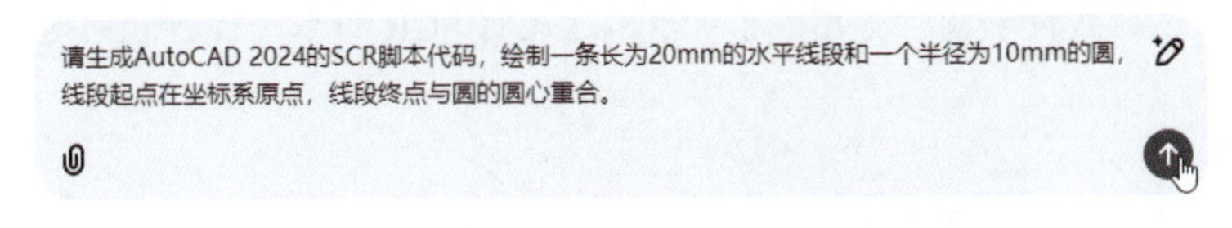

图 6-4

2. 按 Enter 键或单击【发送】按钮自动发送信息后，ChatGPT 随即自动回复，如图 6-5 所示。

请生成AutoCAD 2024的SCR脚本代码，绘制一条长为20mm的水平线段和一个半径为10mm的圆，线段起点在坐标系原点，线段终点与圆的圆心重合。

以下是用于绘制20mm长线段和一个半径为10mm的圆的AutoCAD 2024 SCR脚本代码：

解释：

- LINE 0,0,0 20,0,0：从原点（0,0,0）开始，绘制一条20mm长的线段，终点坐标为（20,0,0）。
- CIRCLE 20,0,0 10：以线段终点（20,0,0）为圆心，绘制一个半径为10mm的圆。

将此代码保存为 .scr 文件并在AutoCAD中运行即可绘制所需图形。

图 6-5

3. 单击 复制代码 按钮复制代码，然后新建一个文本文件（也称为记事本文件）并重命名该文件。打开文本文件，将复制的代码粘贴进去，如图 6-6 所示，关闭并保存文本文件。

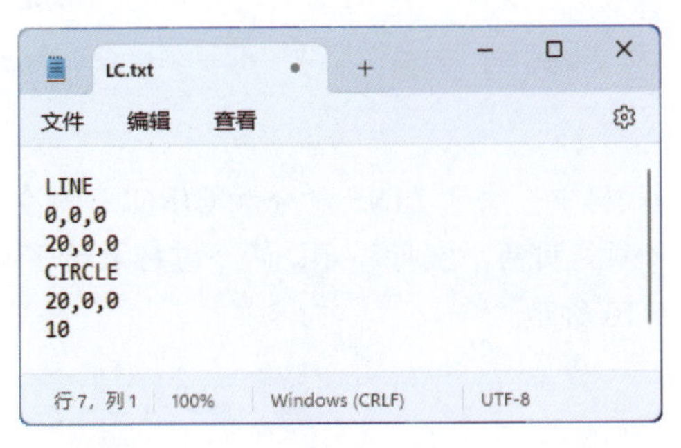

图 6-6

4. 修改记事本文件的扩展名为 .scr。启动 AutoCAD 2024，在功能区的【管理】选项卡中单击【运行脚本】按钮，弹出【选择脚本文件】对话框。

5. 选择前面创建并保存的 SCR 文件，单击【打开】按钮后关闭【选择脚本文件】对话框，如图 6-7 所示。

6. 此时系统会自动执行绘图命令，但生成的图形（只有线段和激活的命令状态）并非前面表述的线段和圆，如图 6-8 所示，这说明 SCR 脚本文件存在问题。

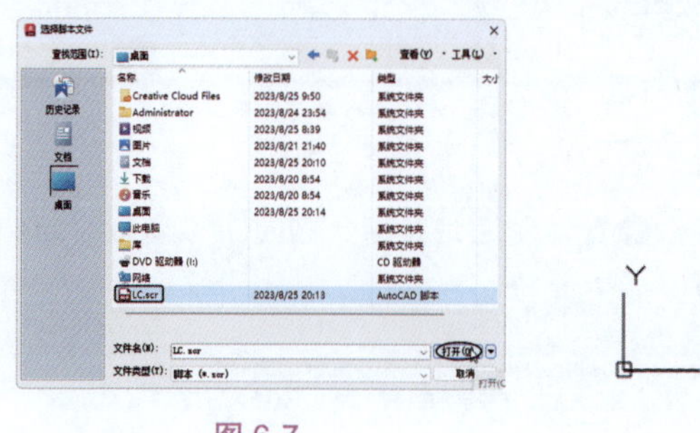

图 6-7

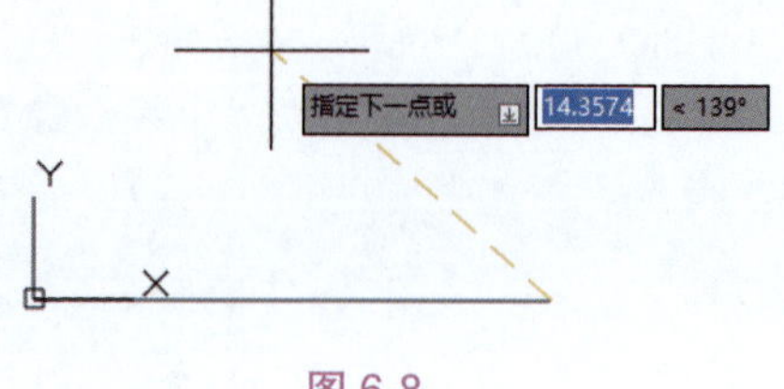

图 6-8

7. 根据命令行中的命令执行情况做出更改，如图 6-9 所示。

图 6-9

> **提示：**从命令行中可以看出，Script 命令被调入脚本后，系统自动执行 LINE 命令，并自动绘制了起点在（0,0,0）、终点在（20,0,0）的线段，但在线段绘制完成后出现了 CIRCLE 命令，这里不应该出现这个命令，所以是错误的。AutoCAD 的脚本代码规定一行代码是一个命令（这个命令是指同一个绘图命令中的连续指令或选项），命令与命令之间要用空行隔开。

8. 在本例的脚本代码中，由于 LINE 命令和 CIRCLE 命令是两个绘图命令，不仅要用空行隔开，还必须是用两个空行隔开，两个空行表示重新执行新命令的意思。修改前后的代码如图 6-10 所示。

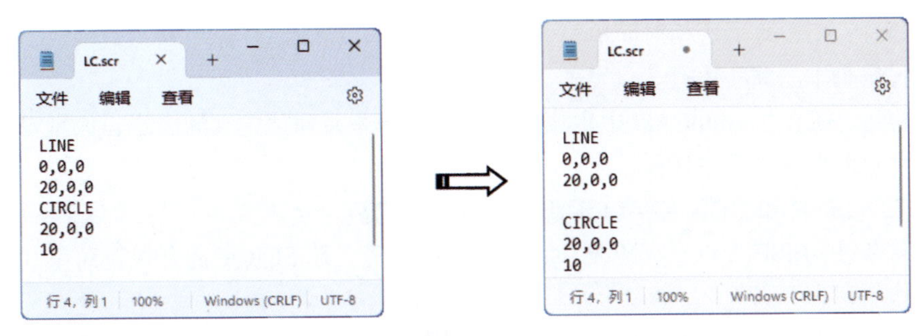

图 6-10

9. 保存修改。在 AutoCAD 中重新执行【运行脚本】命令，导入修改后的 SCR 脚本文件，系统正确绘制出一条线段和一个圆，如图 6-11 所示。

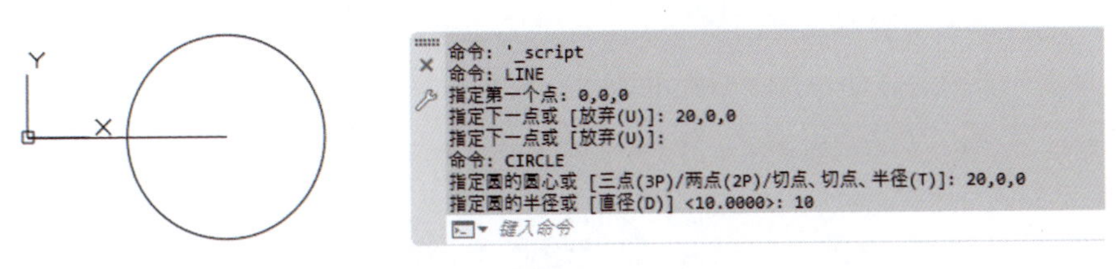

图 6-11

6.1.2 利用 ChatGPT 生成 LISP 代码

LISP（LISt Processing）是一种编程语言，具有简洁的语法和强大的元编程能力，被广泛用于 AI 和函数式编程领域。LISP 支持递归、动态类型和自我修改的代码。

LISP 和 SCR（Script）都是在 AutoCAD 中用于自动化任务和定制功能的编程语言。它们有自身的独特性，在 AutoCAD 中也有各自的应用优势。

一、LISP 的独特性

特点：LISP 是一种功能强大的编程语言，适用于处理符号列表和执行各种自定义操作。AutoCAD 的原生编程语言就是 LISP。

语法：LISP 的语法较为特殊，以括号表达嵌套的列表结构。这种结构使其非常适合执行符号处理操作。

应用：LISP 在 AutoCAD 中通常用于自定义命令创建、工具函数创建、界面定制等复杂任务。它可以访问和操作 AutoCAD 对象模型，并对图形和实体进行操作。

二、SCR 的独特性

特点：SCR 是一种简单的脚本语言，用于编写自动化任务。它比 LISP 更简单，适用于执行基本的命令序列。

语法：SCR 的语法相对简单，主要由一系列的 AutoCAD 命令和参数组成，这些命令按照脚本的顺序执行。

应用：SCR 在 AutoCAD 中主要用于自动执行一系列预定义的命令，如批量处理文件、定期保存等简单任务。

三、LISP 和 SCR 在 AutoCAD 中的应用优势

复杂性：LISP 可以实现更复杂、更灵活的任务，而 SCR 更适合执行简单和有限的操作序列。

功能：由于 LISP 可以访问 AutoCAD 对象模型，因此可以进行更高级的图形和数据处理，而 SCR 只能执行命令序列。

语法：LISP 的语法较为复杂，但也更灵活。SCR 的语法非常直接，只是一系列命令的列表。

定制性：如果用户需要创建复杂的自定义命令、界面和工具，LISP 是更好的选择。如果只是需要自动执行一些标准命令，SCR 可能更合适。

> **提示：**选择使用哪种编程语言取决于用户的需求和技能水平。如果用户需要更多的控制和复杂性，LISP 是更好的选择。如果用户只需执行一些基本任务，SCR 可能更加简单、明了。

上机实践——LISP代码生成及应用案例

本例将以一个自动生成表格的 LISP 程序为例，详细介绍对 ChatGPT 生成的初始代码不断进行修改并最终达到预想效果的操作步骤。

1. 在 ChatGPT 的消息框中首先输入“请生成一段自动创建表格的 LISP 代码，要求设定行数、列数、行距和列距，以表格的左上角点进行放置。”然后发送信息，如图 6-12 所示。

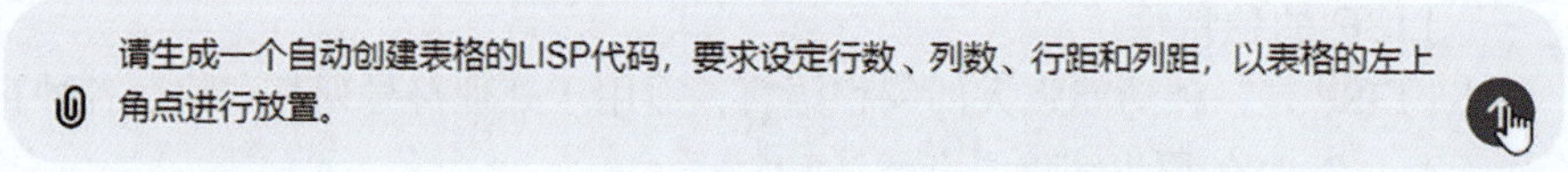

请生成一个自动创建表格的LISP代码，要求设定行数、列数、行距和列距，以表格的左上角点进行放置。

图 6-12

> **提示：**代码正确与否，跟用户的提问有很大关系。要想减少修改次数，在第一次提问时就要把涉及的参数全都列出。请注意，ChatGPT 的交互式语言交流是不可复制的，即每次输入同样的问题，其答案有可能会不一样。

2. 发送信息后，ChatGPT 经过分析后自动给出一段 LISP 代码，如图 6-13 所示。单击 复制代码 按钮复制 LISP 代码。

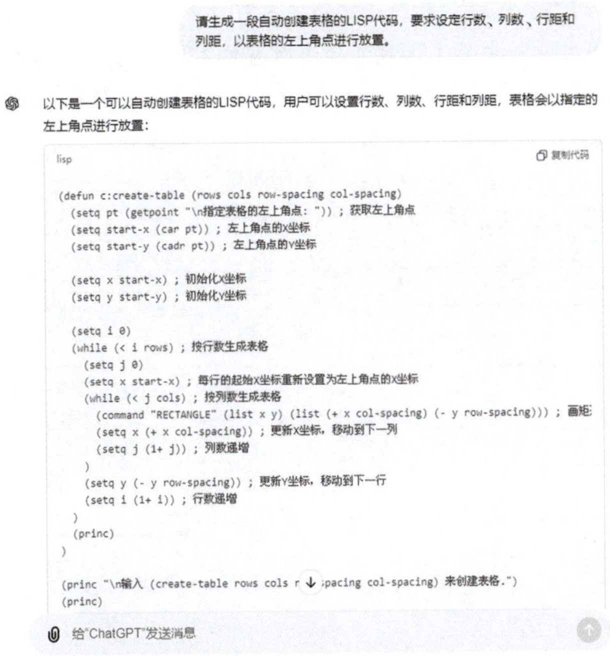

请生成一段自动创建表格的LISP代码，要求设定行数、列数、行距和列距，以表格的左上角点进行放置。

以下是一个可以自动创建表格的LISP代码，用户可以设置行数、列数、行距和列距，表格会以指定的左上角点进行放置：

lisp　　复制代码

```lisp
(defun c:create-table (rows cols row-spacing col-spacing)
  (setq pt (getpoint "\n指定表格的左上角点: ")) ; 获取左上角点
  (setq start-x (car pt)) ; 左上角点的X坐标
  (setq start-y (cadr pt)) ; 左上角点的Y坐标

  (setq x start-x) ; 初始化X坐标
  (setq y start-y) ; 初始化Y坐标

  (setq i 0)
  (while (< i rows) ; 按行数生成表格
    (setq j 0)
    (setq x start-x) ; 每行的起始X坐标重新设置为左上角点的X坐标
    (while (< j cols) ; 按列数生成表格
      (command "RECTANGLE" (list x y) (list (+ x col-spacing) (- y row-spacing))) ; 画矩
      (setq x (+ x col-spacing)) ; 更新X坐标，移动到下一列
      (setq j (1+ j)) ; 列数递增
    )
    (setq y (- y row-spacing)) ; 更新Y坐标，移动到下一行
    (setq i (1+ i)) ; 行数递增
  )
  (princ)
)

(princ "\n输入 (create-table rows cols r ↓ ;pacing col-spacing) 来创建表格.")
(princ)
```

给"ChatGPT"发送消息

图 6-13

提示: 生成LISP代码后，ChatGPT还提供了这段代码的释义和使用方法，如图6-14所示。

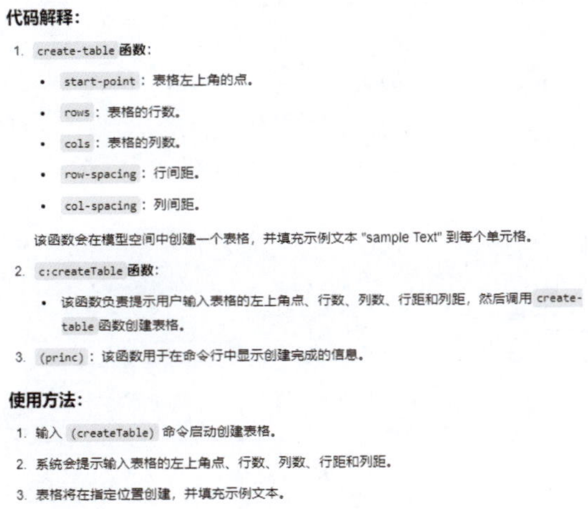

代码解释:

1. `create-table` 函数:
   - `start-point`: 表格左上角的点。
   - `rows`: 表格的行数。
   - `cols`: 表格的列数。
   - `row-spacing`: 行间距。
   - `col-spacing`: 列间距。

   该函数会在模型空间中创建一个表格，并填充示例文本 "sample Text" 到每个单元格。
2. `c:createTable` 函数:
   - 该函数负责提示用户输入表格的左上角点、行数、列数、行距和列距，然后调用 `create-table` 函数创建表格。
3. `(princ)`: 该函数用于在命令行中显示创建完成的信息。

使用方法:

1. 输入 `(createTable)` 命令启动创建表格。
2. 系统会提示输入表格的左上角点、行数、列数、行距和列距。
3. 表格将在指定位置创建，并填充示例文本。

图 6-14

3. 在AutoCAD 2024中，单击功能区【管理】选项卡中的【Visual LISP】编辑器按钮，打开LISP编辑器窗口。单击标准工具栏中的【新建文件】按钮，新建一个文本窗口。

4. 将复制的 LISP 代码粘贴到新建的文本窗口中，如图 6-15 所示。

5. 接着单击工具栏中的【加载活动编辑窗口】按钮，检查这些代码是否存在结构问题。如果有问题，在新的活动编辑窗口中会显示“错误”的字样；而正确格式的代码是不会显示“错误”的，会显示“从……正在加载...”等字样，如图 6-16 所示。

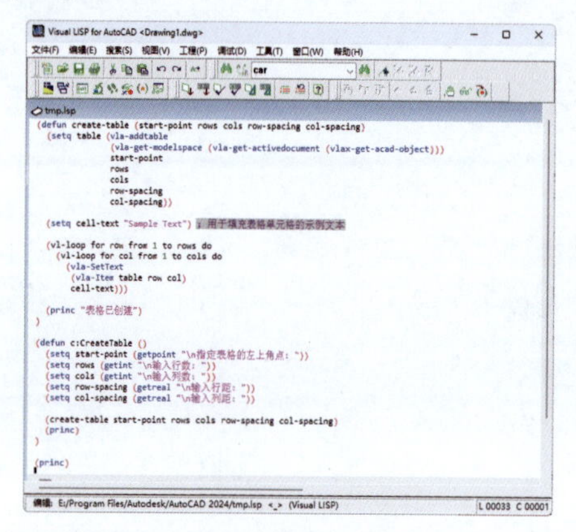

图 6-15

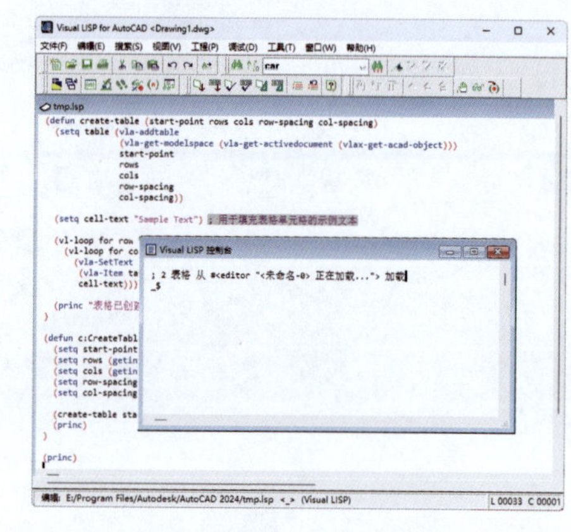

图 6-16

6. 验证代码格式后，单击【保存】按钮，将代码文件保存。一般默认保存在外部程序的存放路径下，如图 6-17 所示。

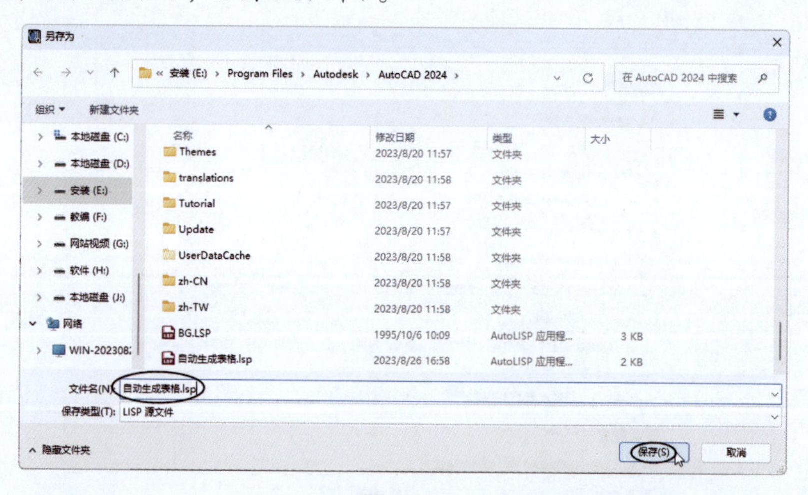

图 6-17

7. 保存代码后，在工具栏中单击【激活 AutoCAD】按钮，返回到 AutoCAD 窗口并完成 LISP 程序代码的建立。

8. 接下来验证 LISP 代码能否按照最初的想法来生成表格。在【管理】选项卡中单击【加载应用程序】按钮，弹出【加载 / 卸载应用程序】对话框。加载之前保存的 LISP 文件，再单击【关闭】按钮关闭对话框，如图 6-18 所示。

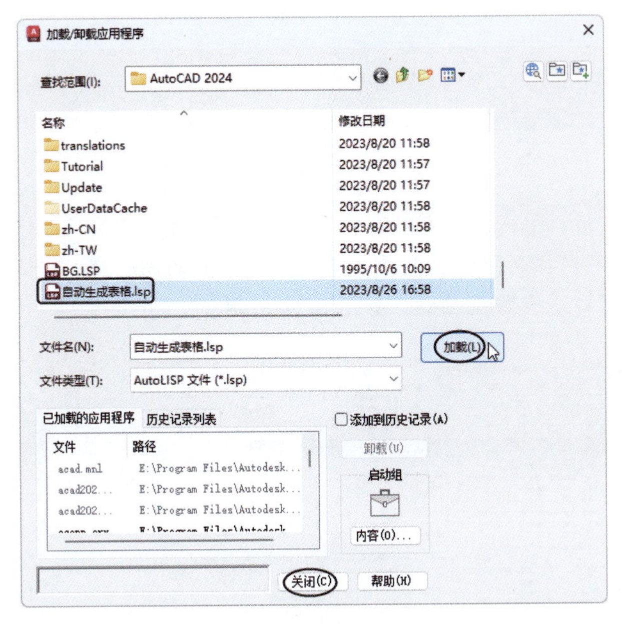

图 6-18

9. 在命令行中输入 CREATETABLE（这个命令可在 ChatGPT 中的 LISP 代码下找到）命令，并按 Enter 键执行。按照命令行提示进行操作，可见没有正确绘制出表格，如图 6-19 所示，所以需要进一步修改代码。

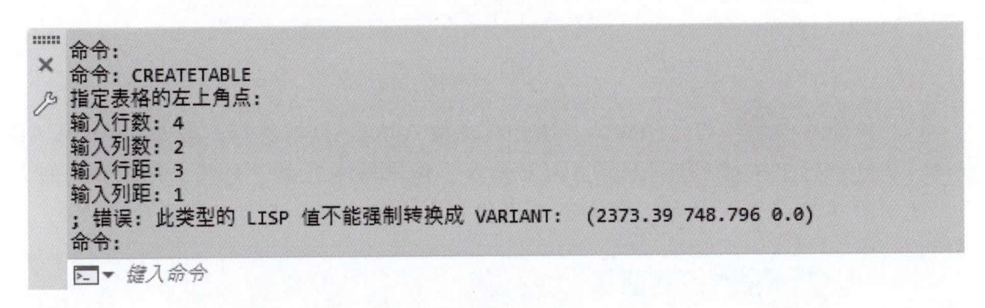

图 6-19

10. 右击选中命令行中出现的错误文本“错误：此类型的 LISP 值不能强制转换成 VARIANT: (2373.39 748.796 0.0)”并复制，然后到 ChatGPT 中将问题说明并请求修改代码，如图 6-20 所示。

上述LISP代码在AutoCAD中执行时，命令行出现“错误:此类型的 LSP 值不能强制转换成 VARIANT:(2373.39 748.796 0.0)”错误提示，请修改代码

图 6-20

➘ **提示：**在ChatGPT中要延续前面的对话，需要用一些承接上下文的语言进行连接，例如图6-20所示的“上述”二字就是起到承上启下的连接作用。当然还可以输入“前面”“前一个”“上一个”“以上”等连接词。否则ChatGPT会重新按照新的意思进行回复。此外，ChatGPT每次的问答都是不一样的，此处的演示并不代表读者操作的结果。本例中我们会详解如何修改错误。

11. ChatGPT根据新问题重新给出了新代码。复制新代码，并在AutoCAD中打开LISP编辑器窗口进行覆盖粘贴，如图6-21所示。

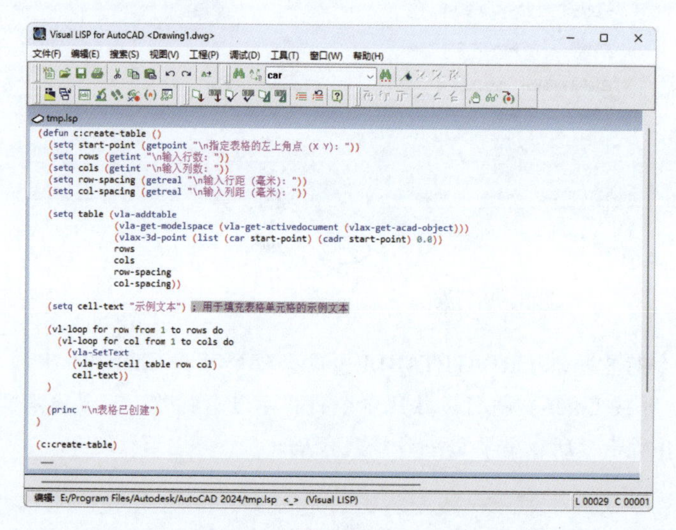

图 6-21

12. 按照前面介绍的代码验证、保存及激活AutoCAD的流程，返回到AutoCAD窗口。在命令行中执行CREATE-TABLE命令，依次输入行数、列数、行距和列距之后，绘制图6-22所示的表格。但命令行中仍然出现了问题，需要进一步修改代码。

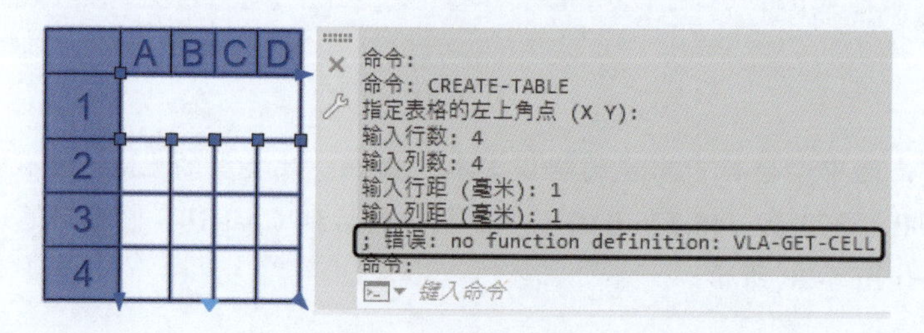

图 6-22

➘ **提示：**在不断修改代码的过程中，要注意新代码中指定的执行命令，比如本次修改，系统会提示新执行命令为CREATE-TABLE，而不是之前的CREATETABLE。

提示： 虽然代码还是有问题，但这个问题比较简单。此时可以继续提问 ChatGPT，也可以自行修改代码。“no function definition: VLA-GET-CELL”的意思是 VLA-GET-CELL 这段代码没有函数定义，还是因为这几个字符没有被隔开，导致系统不能识别这个函数。所以我们继续尝试在 ChatGPT 中修改代码，如 ChatGPT 修改不了这个错误，可转换为人工修改。

13. 把出错的命令提示直接复制并粘贴到 ChatGPT 中进行提问，如图 6-23 所示。

上述代码执行结束后，命令行中显示"错误: no function definition: VLA-GET-CELL"提示，请进一步完善LISP代码

图 6-23

14. ChatGPT 重新生成 LISP 代码后，将其复制到 AutoCAD 中进行代码验证。保存代码后，在命令行再次执行 CREATE-TABLE 命令，命令行提示如图 6-24 所示。由此可见，这个问题 ChatGPT 是修复不了的，需要人工手动修改。

15. 双击打开“自动生成表格 .lsp”文件，在代码行中找到问题代码，然后加入空格，如图 6-25 所示。

```
命令: CREATE-TABLE
指定表格的左上角点 (X Y):
输入行数: 4
输入列数: 4
输入行距 (毫米): 1
输入列距 (毫米): 1
; 错误: no function definition: VLA-GET-CELL
命令:
键入命令
```

图 6-24

```
(setq cell-text "示例文本") ; 用于填充表格单元格的示例文本

 (vl-loop for row from 1 to rows do
  (vl-loop for col from 1 to cols do
    (vla-put-TextString
     (v l a - g e t - c e l l table row col)
     cell-text))
)
```

图 6-25

16. 手动修改代码并保存文件后，重新执行命令，如图 6-26 所示。可见仍然有一个字符出现了函数定义问题，但并没有影响绘制结果，所以暂不做进一步修改。从本例可以看出，目前的 ChatGPT 在辅助绘图方面还表现得不够完美，需进一步训练模型。

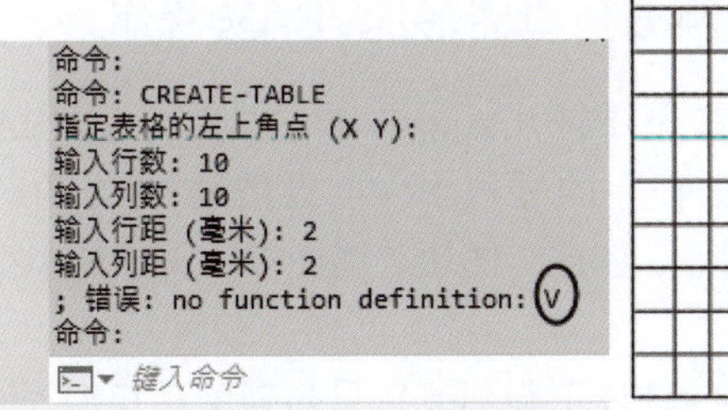

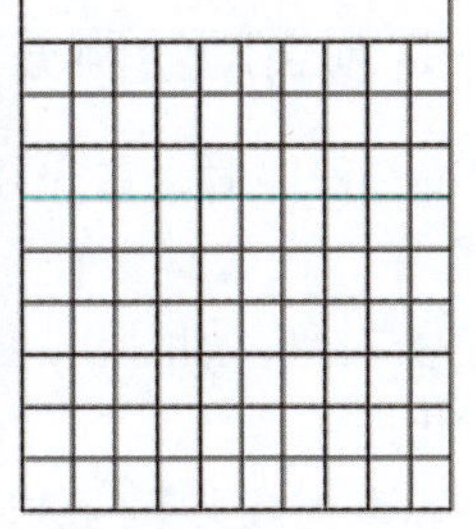

图 6-26

至此，完成本例操作。由于 ChatGPT 的不可重复性，每一次所给出的代码都会有所不同。在本例结果文件中保存的本机 ChatGPT 生成的 LISP 代码，仅供大家学习和参考。

> **提示：** 对于代码中出现的小错误，只要不是逻辑错误、语法错误或编译错误等，都可以在代码前面加上一行代码“On Error Resume to next”。这段代码的含义是可安全跳过这段错误代码而不影响整体代码的运行。

6.1.3　利用 ChatGPT 生成 VBA 宏程序

VBA（Visual Basic for Applications）是一种用于自动化和定制 Microsoft Office 应用程序的编程语言。它是 Microsoft 开发的一种宏语言，允许用户编写代码来执行各种任务，包括创建自定义函数、自动执行任务、操作数据等。

VBA 在 AutoCAD 中的应用主要包括自动化操作和定制化开发。通过 VBA，用户可以连接 AutoCAD，并操作 AutoCAD 的对象模型，完成各种自动化任务。

以下是 VBA 在 AutoCAD 中的一些具体应用。

- 创建自定义的界面，例如对话框和工具栏，用于接收用户输入和展示结果。
- 通过编程控制 AutoCAD 的绘图过程，例如绘制线条、填充区域、修改对象属性等。
- 实现自动化操作，例如根据给定的参数自动生成图形，或者根据图形数据自动生成文档。
- 集成其他应用程序，例如使用 VBA 编写程序，将 AutoCAD 中的图形数据导入 Excel 或者 Word 文档中。
- 开发插件程序，扩展 AutoCAD 的功能，例如开发一个特定的绘图工具或者一个针对特定行业需求的解决方案。
- 在使用 VBA 连接 AutoCAD 时，首先需要在 VB 开发环境中引用 AutoCAD 的类型库。然后可以通过 VBA 的对象模型访问 AutoCAD 中的各种对象，例如图形、图层、图块、属性等。通过操作这些对象，可以完成各种自动化任务。

上机实践——定制自动绘制五角星图形的VBA宏程序

在使用 VBA 宏程序时，首先要打开 AutoCAD，然后打开 VBA 开发环境并创建一个新的宏程序。在编写宏程序的过程中，可以借助 VBA 的对象模型来访问 AutoCAD 中的各类对象，如图形、图层、图块、属性等，通过对这些对象进行操作，可完成各种自动化任务。

ChatGPT 并非真正意义上的软件工程师，它只是辅助用户编写一些可执行的程序，但这些程序并非完全可直接应用。因此，利用 ChatGPT 生成程序后，有时程序无法运行，或者运行时会出现错误，还需要结合实际应用进行人工编辑。对于简单的程序，准确率能达到 90% 以上；而对于稍微复杂一些的程序，准确率只能达到 80% 左右。接下来利用 ChatGPT 定制一个能绘制五角星图形的 VBA 宏程序。操作步骤如下。

1. 为了使 ChatGPT 能够精准回答用户所提出的任何专业性问题，首先要对提示词进行自定义设置。在 ChatGPT 主页的右上角单击用户名，在弹出的菜单中选择【自定义 ChatGPT】选项，弹出【自定义 ChatGPT】对话框。在【您希望 ChatGPT 了解您的哪些方面以提供更好的回复？】文本框中输入用户想让 ChatGPT 成为何种角色的语句，比如输入“我是软件工程师，在软件编程方面拥有非常丰富的经验，会生成准确而完整的程序代码，尤其是在 AutoCAD 中使用的 VBA 代码。”然后在【您希望 ChatGPT 如何进行回复？】文本框内输入“不赘述，不产生简单示例，不答非所问”，最后单击【保存】按钮保存自定义设置，如图 6-27 所示。

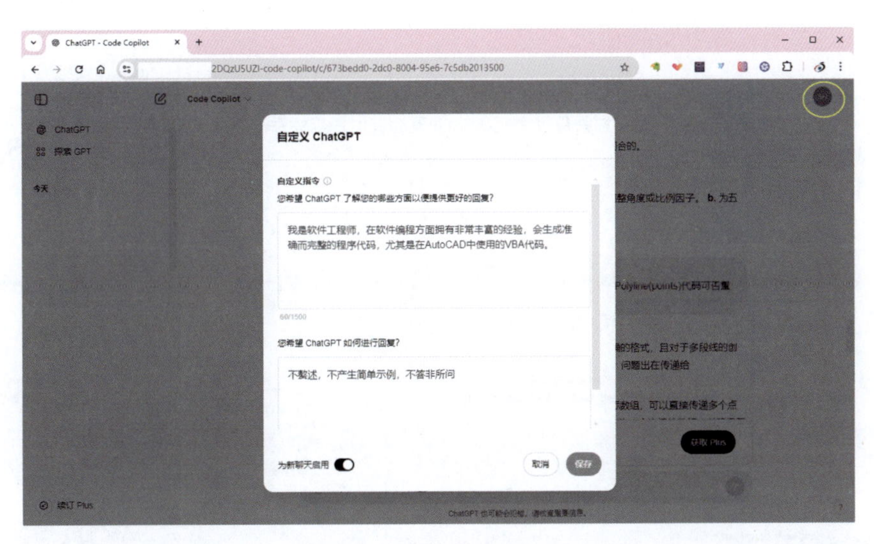

图 6-27

> **提示：** 如果 ChatGPT 在聊天过程中给出的代码经常出现错误，用户可以将这些错误通过“自定义 ChatGPT”的方式告诉它，以避免在后续的聊天过程中出现类似错误，这也是常见的一种 AI 模型训练方式，用户可以通过这种方式去制定符合自己需求的多种角色。当然也可以使用 ChatGPT 的 GPT 模型库中的 AI 训练模型。

2. 在 ChatGPT 主页左上角单击 探索 GPT 选项，在弹出的【GPT】页面的【编程】选项卡中选择【Code Copilot】编程模型（GPT 模型也称“训练模型”或“AI 机器人”）选项，如图 6-28 所示。

图 6-28

3. 随后自动进入与 Code Copilot 编程模型进行对话的聊天模式。在消息框中输入并发送信息，如图 6-29 所示。

请给我创建一段能在AutoCAD中正常运行的绘制五角星图形的VBA代码，使用多段线命令去绘制，五角星图形的外接圆直径为100mm，圆心在世界坐标系的原点，绘制起点在外接圆的第二象限点上。

图 6-29

4. 随后 Code Copilot 编程模型对前面提出的要求进行了详细分析，并结合实际生成了 VBA 宏程序，如图 6-30 所示。

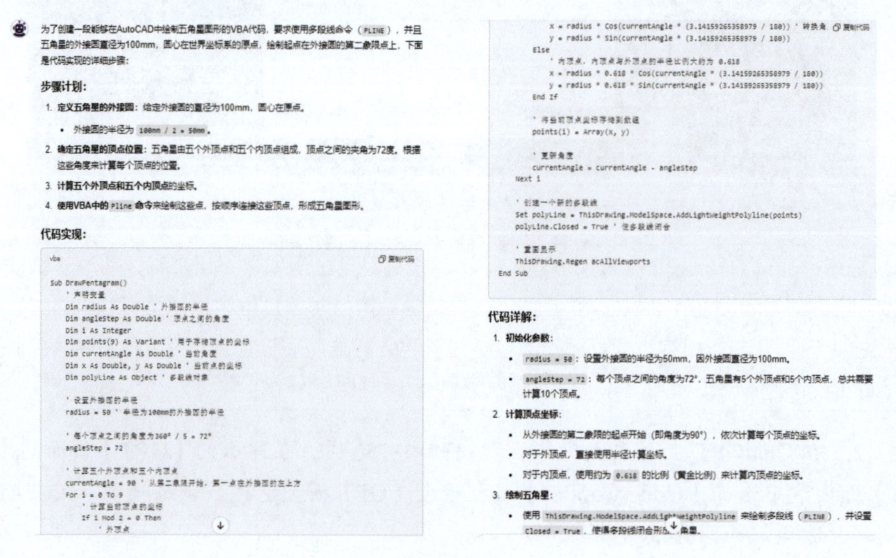

图 6-30

5. 在 AutoCAD 2024 中进行操作。在命令行中输入 VBAMAN 并执行该命令，或者在【管理】选项卡的【应用程序】面板（需要单击▾按钮展开面板）中单击 VBA 管理器按钮，弹出【VBA 管理器】对话框。在【VBA 管理器】对话框中单击【新建】按钮创建一个新工程，如图 6-31 所示。

6. 在【VBA 管理器】对话框的底部单击【Visual Basic 编辑器】按钮，如图 6-32 所示，将打开 VBA 编辑器窗口。

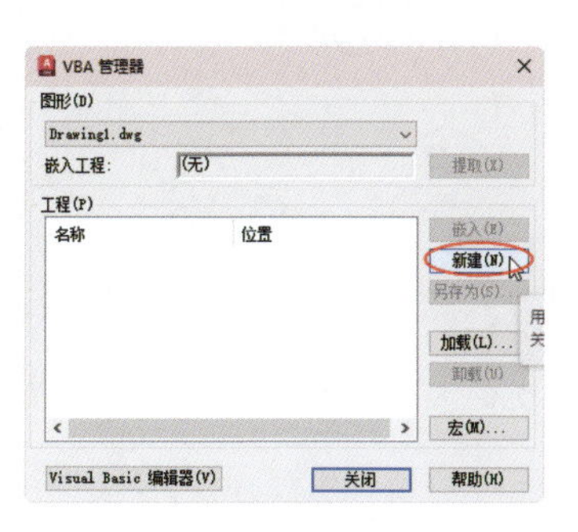

图 6-31

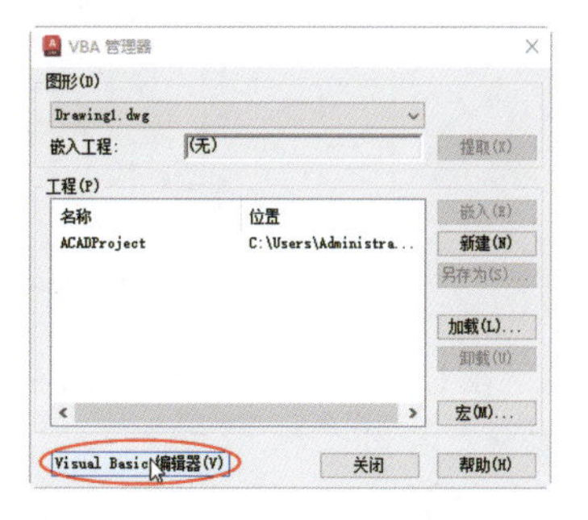

图 6-32

7. 在打开的 VBA 编辑器窗口中，执行菜单栏中的【插入】/【模块】命令，在【工程 -ACADProiect】面板中插入“模块 1”模块，然后将 ChatGPT 的 Code Copilot 编程模型生成的 VBA 代码复制并粘贴到模块中，如图 6-33 所示。

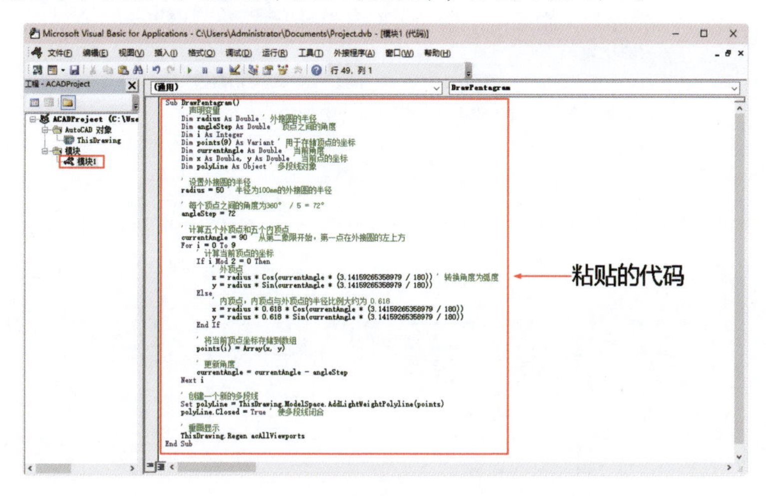

图 6-33

8. 在 VBA 编辑器窗口的【标准】工具栏中单击【保存】按钮保存 VBA 代码，然后单击【运行子过程 / 用户窗体】按钮运行宏程序，随后系统弹出【Microsoft Visual Basic】提示框，显示代码中存在“运行时错误‘5’：无效的过程调用或参数”的错误，单击【调试】按钮，系统会标黄显示错误的代码行，如图 6-34 所示。

Microsoft Visual Basic
运行时错误 '5':
无效的过程调用或参数
继续(C)
结束(E)
调试(D)
帮助(H)

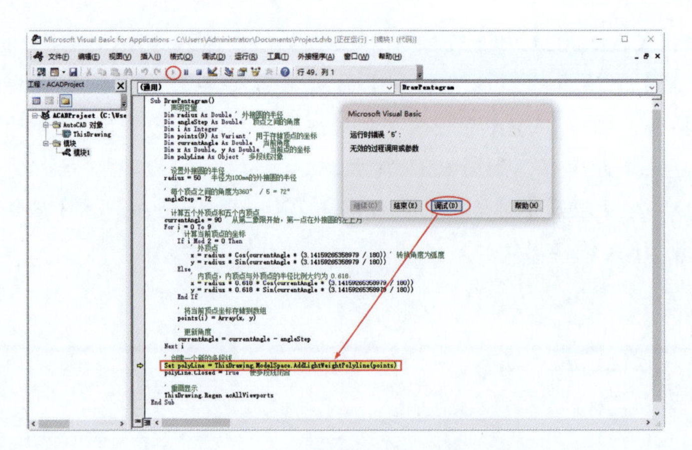

图 6-34

9. 在 ChatGPT 的消息框中描述运行代码时出现的 VBA 代码错误，发送消息后得到答复，如图 6-35 所示。

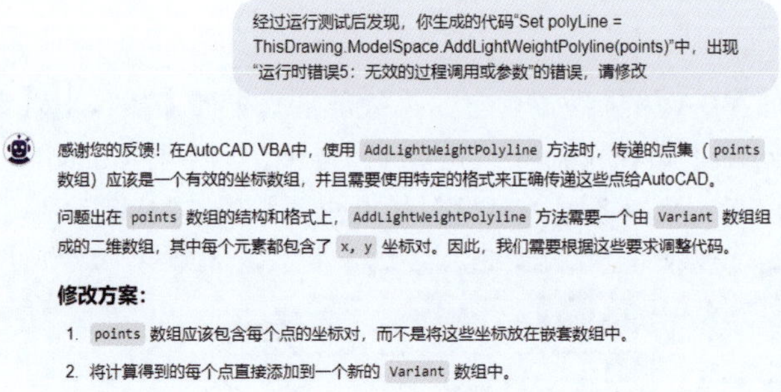

经过运行测试后发现，你生成的代码"Set polyLine = ThisDrawing.ModelSpace.AddLightWeightPolyline(points)"中，出现"运行时错误5：无效的过程调用或参数"的错误，请修改
感谢您的反馈！在AutoCAD VBA中，使用 AddLightWeightPolyline 方法时，传递的点集（points 数组）应该是一个有效的坐标数组，并且需要使用特定的格式来正确传递这些点给AutoCAD。
问题出在 points 数组的结构和格式上，AddLightWeightPolyline 方法需要一个由 Variant 数组组成的二维数组，其中每个元素都包含了 x, y 坐标对。因此，我们需要根据这些要求调整代码。
修改方案：
1. points 数组应该包含每个点的坐标对，而不是将这些坐标放在嵌套数组中。
2. 将计算得到的每个点直接添加到一个新的 Variant 数组中。

图 6-35

10. 将 Code Copilot 编程模型重新生成的 VBA 代码复制并粘贴到 VBA 编辑器窗口中，再次运行宏程序，结果出现了与第一次运行代码时相同的错误，如图 6-36 所示。

Microsoft Visual Basic
运行时错误 '5':
无效的过程调用或参数
继续(C)
结束(E)
调试(D)
帮助(H)

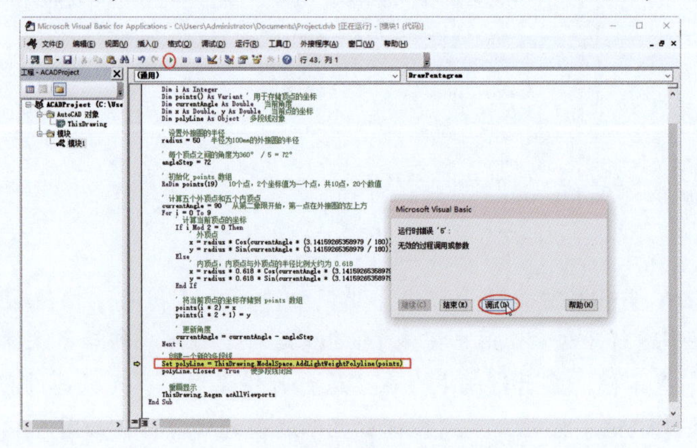

图 6-36

> **提示：** 出现这种情况，要么是 ChatGPT 完全不能理解这个错误，要么是向 ChatGPT 描述错误时没有描述清楚。

11. 针对运行代码时出现的错误向 ChatGPT 进行详细的描述，并要求它重新编写代码。Code Copilot 编程模型也再次进行了代码重写，结果如图 6-37 所示。

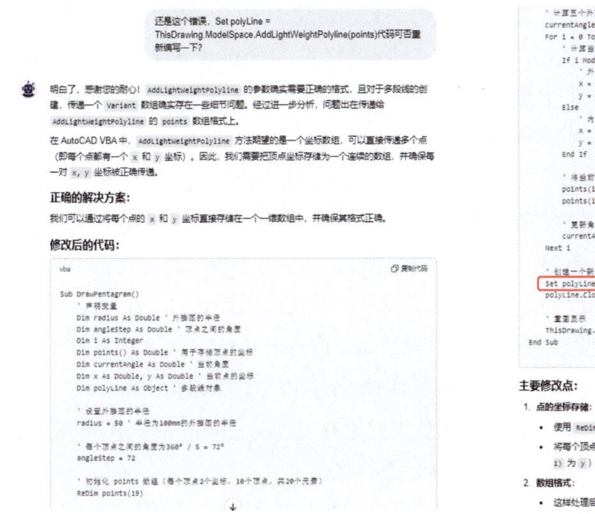

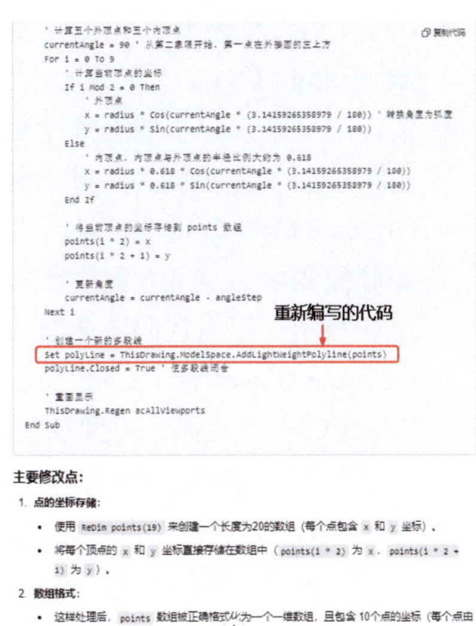

图 6-37

12. 将 VBA 代码复制并粘贴到 VBA 编辑器窗口中，单击【运行子过程 / 用户窗体】按钮 ▶ 重新运行新代码（不再出现代码错误的提示），并在 AutoCAD 绘图区中自动绘制出五角星图形，如图 6-38 所示。

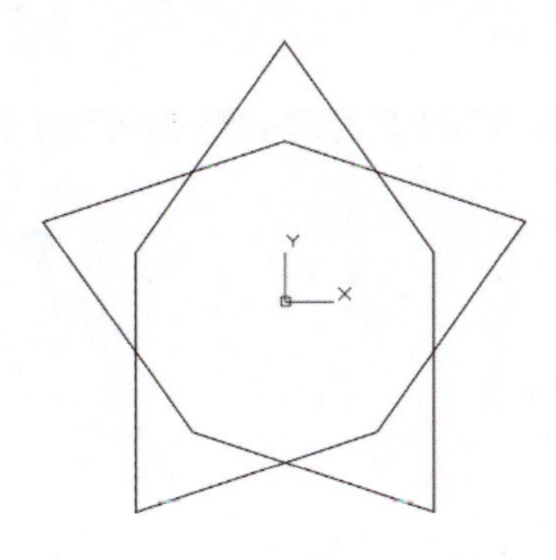

图 6-38

> **提示：** 虽然最后生成的这段 VBA 代码不尽如人意（因为五角星内部的曲线没有被剪掉），但也说明了 ChatGPT 的 GPT 模型（Code Copilot 编程模型）在 VBA 程序代码生成中为用户提供了很大的帮助，AI 不是万能的，使用者不要完全依赖于 AI 来进行实际工作。

6.1.4　利用 CADGPT AI Expert System 进行代码编写

CADGPT AI Expert System（简称 CADGPT）是 OpenAI 专为 AutoCAD 用户开发的一款 AI 扩展程序。CADGPT 支持多种语言，包括简体中文的文本输入和输出。

CADGPT 主要有以下功能。

- Chat（语言聊天）：CADGPT 支持用户与 AI 进行交互，支持的语言种类丰富。
- AI Android Elaine（安卓 AI）：随时可与用户讨论与 AutoCAD 相关的任何事情。用户可以毫不费力地生成任何主题的 AutoCAD 电子邮件，或将用户的 AutoCAD 文本增强为无可挑剔的商务英语。
- Generate LISP Code Snippet（生成 LISP 代码段）：此功能可创建 LISP 源代码，该源代码可通过 .lsp 程序在 AutoCAD 中使用。CADGPT 可为每个主题生成 LISP 代码，以及代码的详细信息和使用示例。
- Generate ObjectARX Code Snippet（生成 ObjectARX 代码段）：此功能可生成 Visual C++ 源代码，以便在任何 AutoCAD.arx 程序中使用。CADGPT 可为每个主题生成 ObjectARX C++ 代码，以及代码描述和使用示例。
- Generate VB Code Snippet（生成 VB 代码段）：此功能可以生成可在任何 AutoCAD VB 程序中使用的 Visual Basic 源代码。
- CAD Project Step by Step（CAD 项目分步）：此功能旨在为任何 AutoCAD 主题创建全面的计划，并在整个项目中提供明确的指导。

> **提示：** CADGPT 可直接在 Autodesk 的插件官方网站下载；或者先搜索 “Autodesk App Store”，选择官网链接进入下载页面，再搜索 AI 即可下载 CADGPT，如图 6-39 所示。

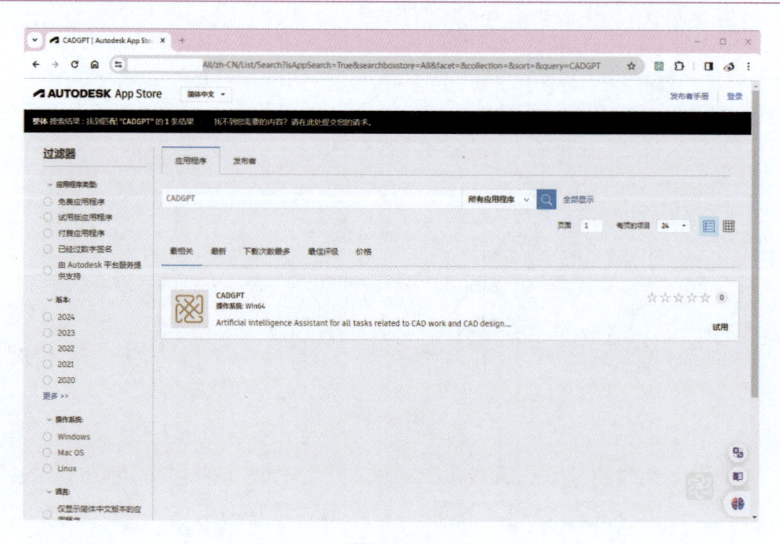

图 6-39

CADGPT 是付费插件，试用期限为 15 天。下载 CADGPT 插件程序并安装成功后，启动 CADGPT，其界面如图 6-40 所示。

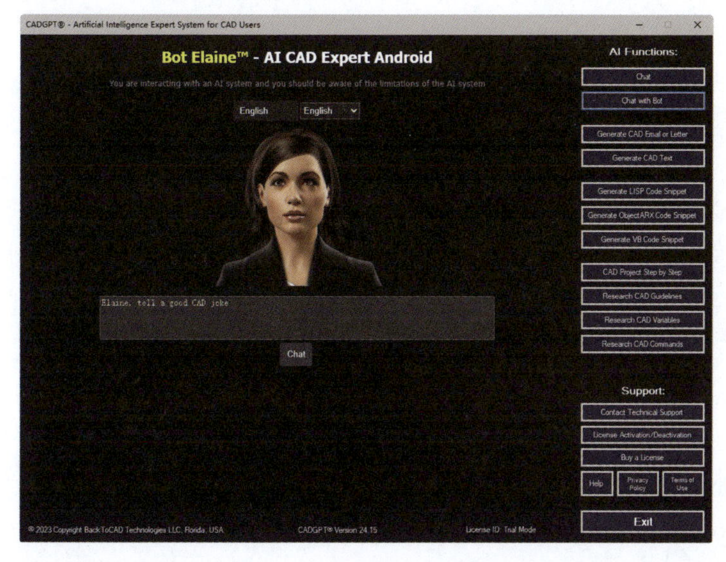

图 6-40

在 CADGPT 操作界面的右侧，用户可以自行选择不同的功能来执行相应的操作，这里不再赘述。

6.2 利用 Python 自动化绘制图形

在本例中，我们将使用 Python 并在 ChatGPT 的辅助下实现在 AutoCAD 2024 中操控键盘和鼠标自动绘制用户所需的图形。本例将绘制图 6-41 所示的方形螺旋图案。

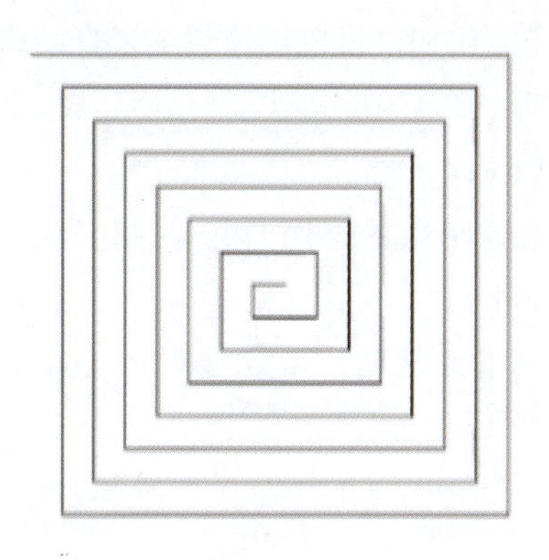

图 6-41

6.2.1　安装 Python、PyAutoGUI 和 PyAutoCAD

Python 是一门在开发者社区中非常流行的高级编程语言。它以简洁易理解的语法和丰富的库支持而受到人们的青睐。Python 可用于各种应用开发，还可用于数据科学、AI 和机器学习等。

以下是 Python 编程语言的关键特性。

- 容易学习和使用：Python 的语法非常简练，易于学习，有很强的可读性。Python 使用缩进来划定语句块，这使代码更加清晰和易读。
- 解释型语言：Python 是一种解释型语言，在开发过程中无须编译。在 Python 的交互式模式中，开发者可以一边编码，一边测试代码。
- 面向对象：Python 支持面向对象编程，允许数据结构的封装，所以更加适合复杂的软件设计。
- 丰富的库支持：Python 社区提供大量的库供开发者使用，包括处理文件、Web 服务、数据分析、图形用户界面（Graphical User Interface，GUI）等诸多功能。
- 广泛的应用领域：Python 可以应用在各个领域，如 Web 开发、爬虫编写、数据分析、机器学习、AI 等。
- 兼容多平台：Python 可以在多种操作系统上运行，包括 Windows、Linux 和 macOS 等。

Python 的灵活性和易用性使其成为计算机编程初学者的最佳选择之一，同时也是许多专业开发者的主要工具。即使没有 Python 基础，用户也可以借助 ChatGPT 来完成一定的编程任务。PyAutoGUI 和 PyAutoCAD 是 Python 的两个模块，可以用来自动化 AutoCAD 中的任务。比如，可以创建脚本来自动执行一系列的绘图命令，或者创建一个应用程序来处理 AutoCAD 文件。

一、下载与安装 Python

Python 编程软件是免费使用的。用户可以直接从 Python 的官方网站上下载 Python。下载及安装步骤如下。

1. 首先进入 Python 的官方网站，然后选择 Python 3.12.1 进行下载，如图 6-42 所示。

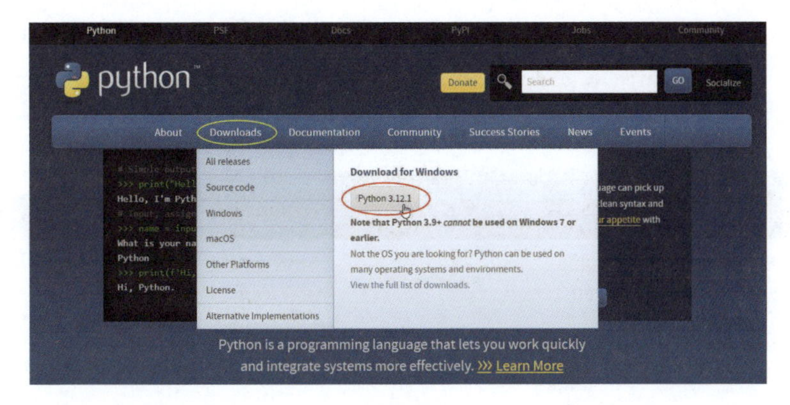

图 6-42

2. 下载完成后，双击 Python 3.12.1 程序，在弹出的安装界面中勾选【Add python.exe to PATH】复选框，然后选择【Install Now】选项进行安装，如图 6-43 所示。

3. 完成自动安装后，单击【Close】按钮关闭安装界面，如图 6-44 所示。

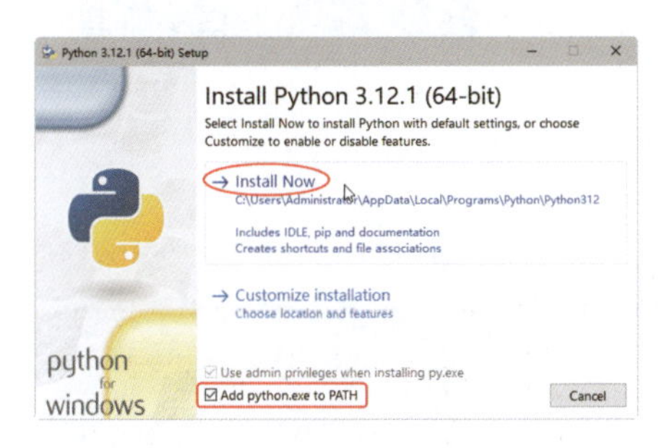

图 6-43

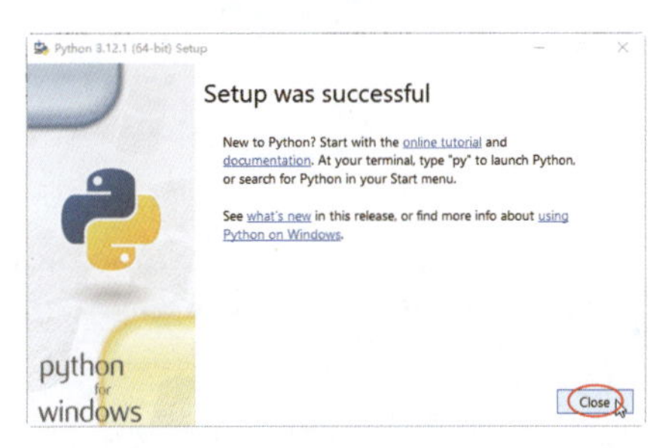

图 6-44

4. Python 安装成功后有两个启动程序：IDLE (Python 3.12 64-bit) 和 Python 3.12 (64-bit)。前者是图形用户界面工具，比较适合初学者使用，如图 6-45 所示。后者是命令行交互模式的编辑器，如图 6-46 所示。

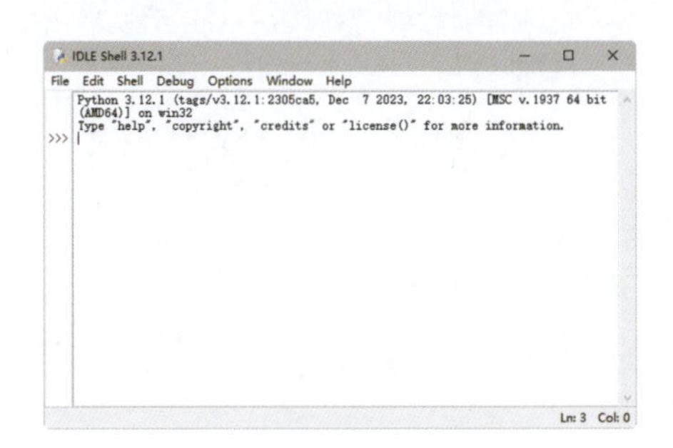

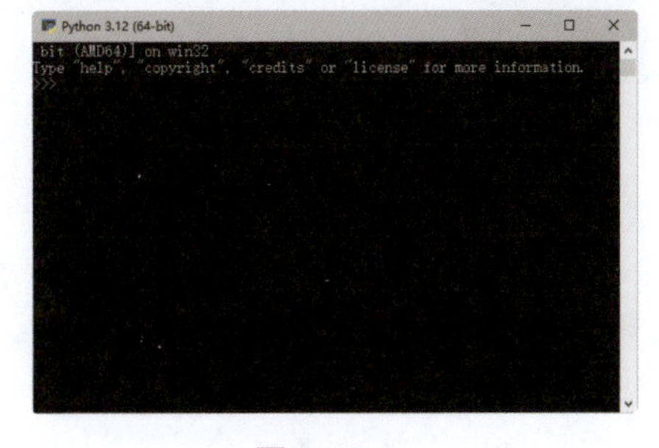

图 6-45　　图 6-46

5. 上述两种操作界面的操控性均有欠缺。接下来介绍 PyCharm，它是 JetBrains

公司专为 Python 开发者设计的集成开发环境（Integrated Development Environment, IDE）。下载 PyCharm 的官方网站可通过搜索获取。下载页面及 PyCharm 最新版的下载方式如图 6-47 所示。

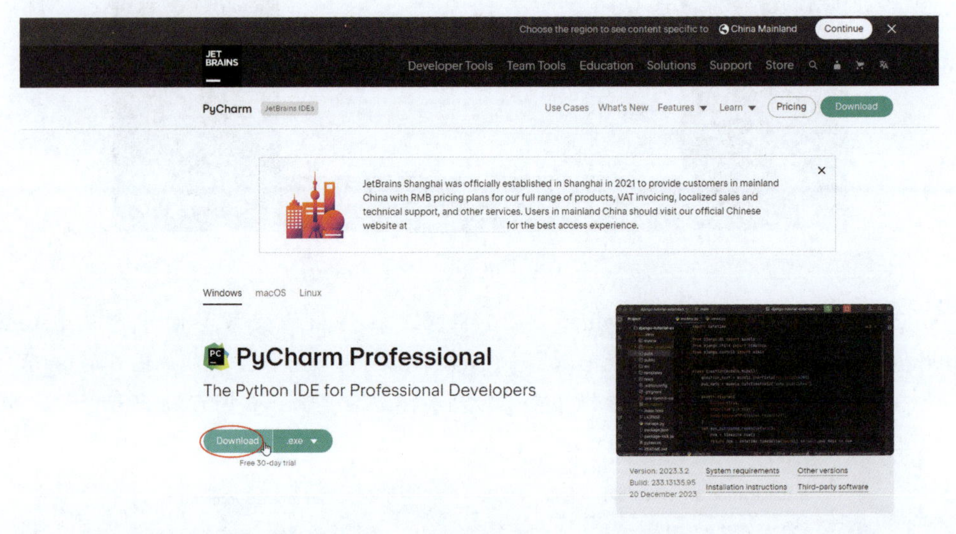

图 6-47

6. 双击下载完成的 pycharm-professional-2023.3.2.exe 程序，弹出【PyCharm 安装】对话框，单击【下一步】按钮，设置安装目录，接着单击【下一步】按钮，如图 6-48 所示。

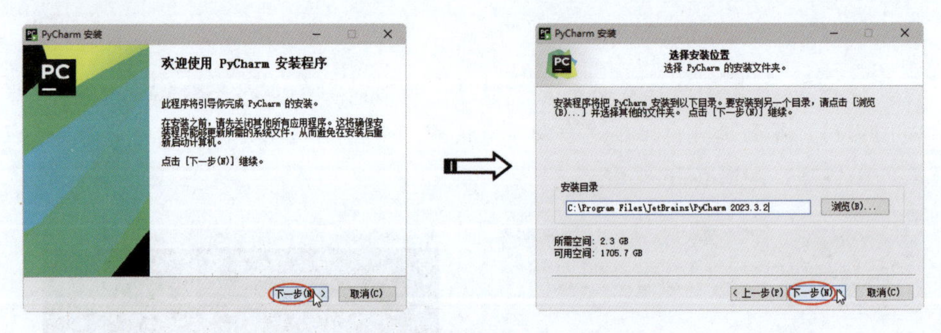

图 6-48

7. 进入安装选项设置界面，勾选所有选项后，单击【下一步】按钮。进入选择开始菜单目录界面，保持默认设置，单击【安装】按钮开始安装程序，如图 6-49 所示。

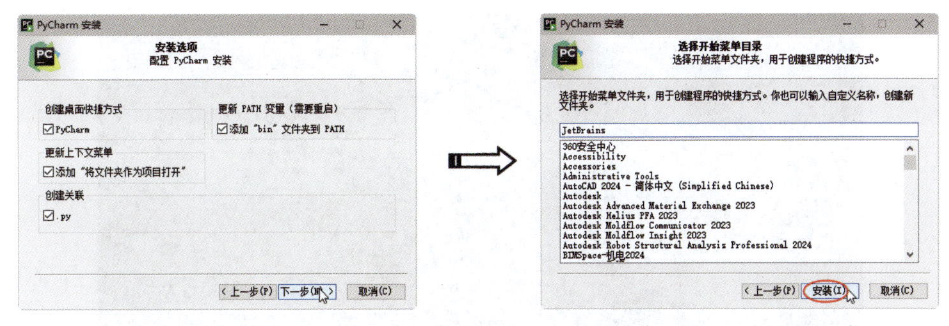

图 6-49

8. 安装成功后重新启动计算机，然后启动 PyCharm，其默认界面为英文界面，如图 6-50 所示。

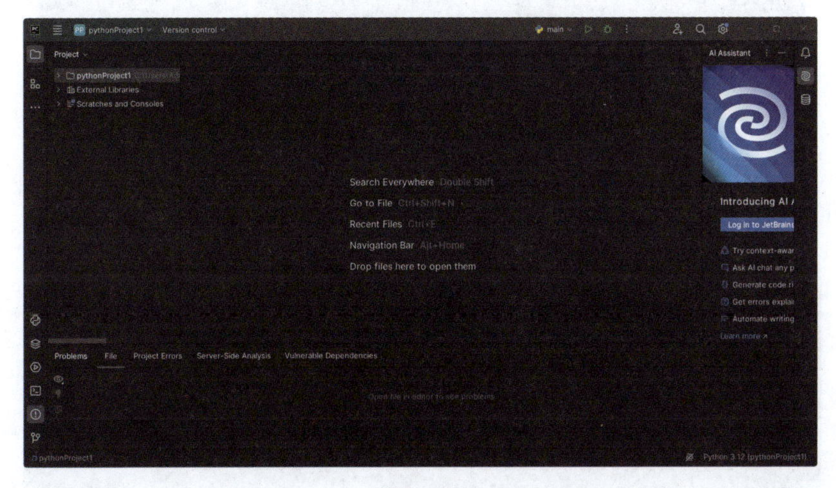

图 6-50

9. 初学者可将英文界面设置为中文界面。首先在软件界面的顶部单击【主菜单】按钮展开菜单栏，然后执行菜单栏中的【File】/【Settings】命令，打开【Settings】对话框。

提示：主菜单在默认状态下是收拢的，需要单击【主菜单】按钮才能全部展开。

10. 在【Settings】对话框左侧的选项列表中选择【Plugins】选项，接着在对话框中部的 Plugins 插件搜索文本框中输入“中文”，按 Enter 键进行搜索。系统随后会列出很多关于“中文”的词条，选择第一个中文语言插件进行安装即可，如图 6-51 所示。

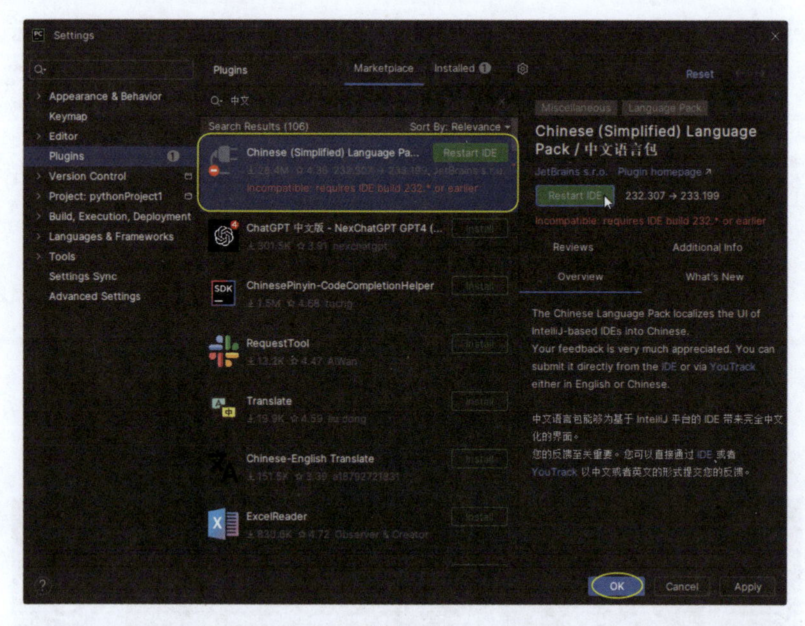

图 6-51

11. 安装完成后，重启 PyCharm 即可显示中文界面，如图 6-52 所示。

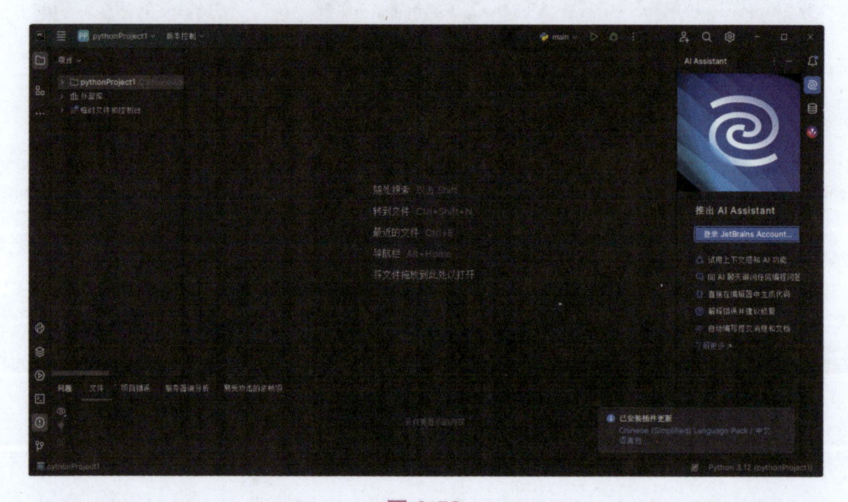

图 6-52

12. 若要在 PyCharm 中利用 Python 进行编程，可在菜单栏中执行【文件】/【新建】命令，在弹出的【新建】菜单中选择【Python 文件】命令，然后为 Python 文件命名（英文或数字），按 Enter 键即可创建基于 Python 项目的文件，如图 6-53 所示。创建 Python 项目文件后的界面如图 6-54 所示。

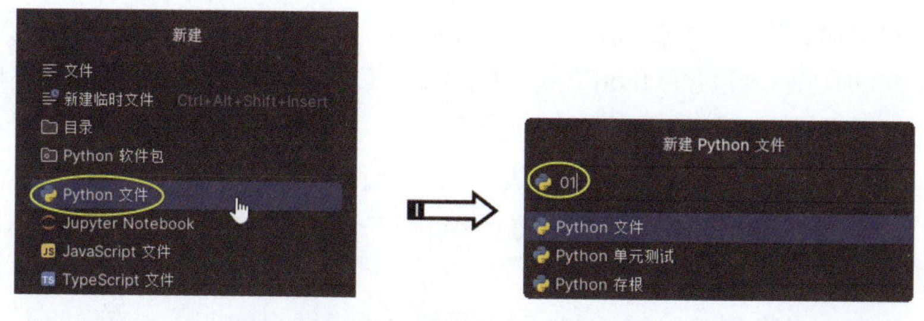

图 6-53

图 6-54

13. 如果用户安装了多个版本的 Python，那么在 PyCharm 中新建项目时须选择合适的版本。可在菜单栏中执行【文件】/【新建项目】命令，在弹出的【新建项目】对话框中设定 Python 版本，如图 6-55 所示。

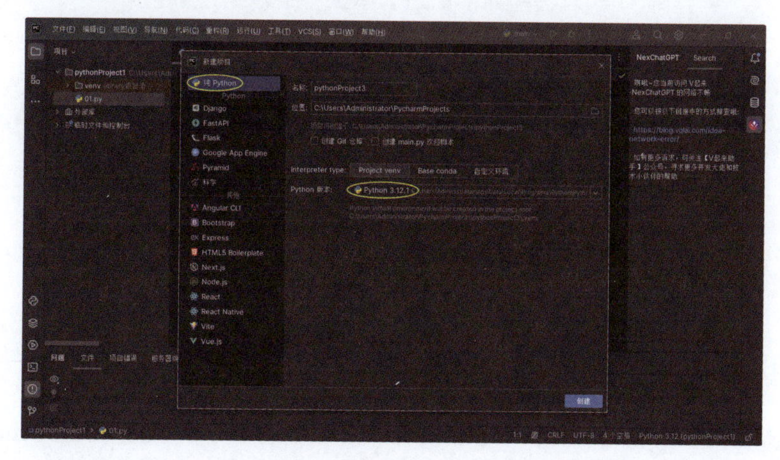

图 6-55

二、PyAutoGUI 和 PyAutoCAD 的安装

PyAutoGUI 是一款纯 Python 的 GUI 自动化工具，其用途包括模拟鼠标的移动、单击、拖曳以及键盘的按键等操作。

PyAutoCAD 是 Python 的一个模块，它允许使用 Python 语言访问 AutoCAD 的应用程序。PyAutoCAD 使用 COM 的自动化技术，使 Python 可以执行 AutoCAD 的大多数命令。

安装 PyAutoGUI 和 PyAutoCAD 时，我们可以借助 ChatGPT，流程如下。

1. 首先在 ChatGPT（或者其他大语言模型）中提问："如何在 Windows 中安装 PyAutoGUI？"

2. ChatGPT 稍后会给出比较准确的答案，如图 6-56 所示。

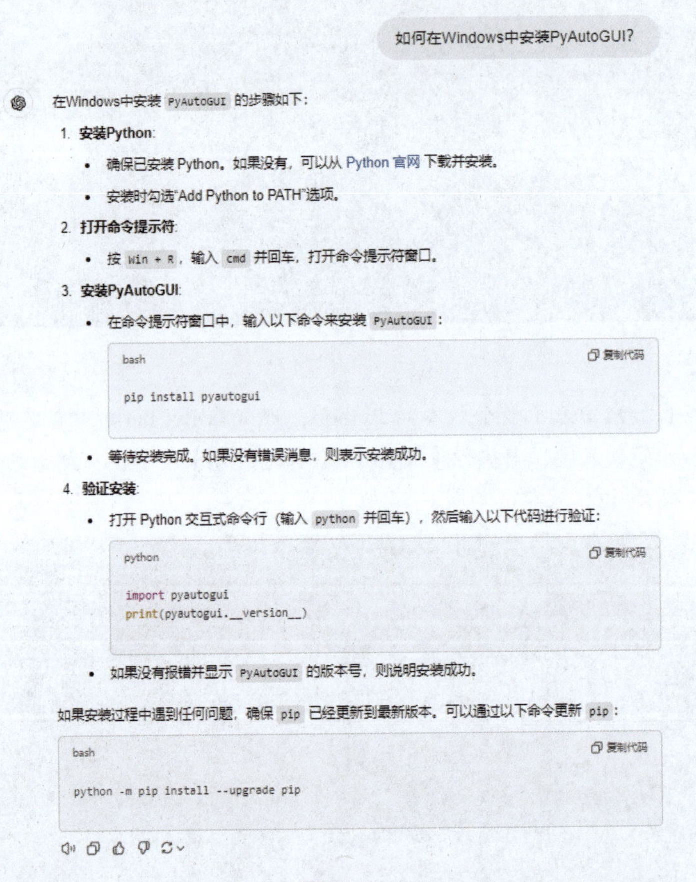

图 6-56

3. 按照给出的操作步骤，以管理员身份启动命令提示符（Command Prompt）或 Windows PowerShell 窗口，然后复制"pip install pyautogui"命令并按 Enter 键确认，如图 6-57 所示。

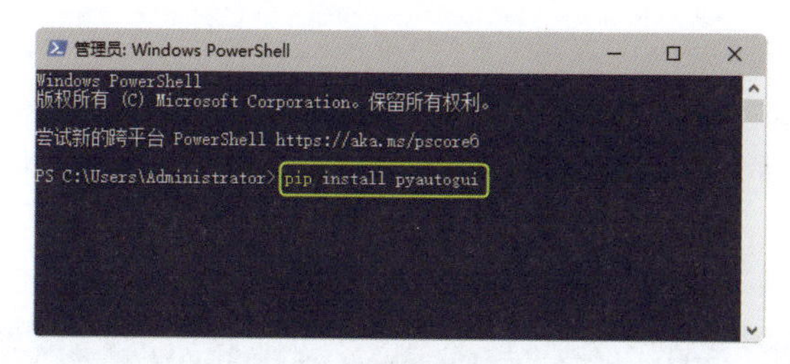

图 6-57

> **提示：** 如果输入的 pip 不能运行代码，我们还需要询问 ChatGPT 如何安装 pip。

4. 随后系统自动完成 PyAutoGUI 的安装。打开 PyCharm 软件，新建 Python 项目文件后，在代码行中输入“import py...”后，在弹出的窗口中会显示已安装的 PyAutoGUI 工具，如图 6-58 所示。

图 6-58

> **提示：** 如果安装 PyAutoGUI 后，命令行结尾显示以下命令行文本，说明用户安装的 pip 版本不是最新版（目前是 23.2.1，最新版是 23.3.2），需要用户继续执行“python.exe -m pip install --upgrade pip”命令来升级 pip，如图 6-59 所示。升级 pip 之后再重新安装 PyAutoGUI。

[notice] A new release of pip is available: 23.2.1 -> 23.3.2

[notice] To update, run: python.exe -m pip install --upgrade pip

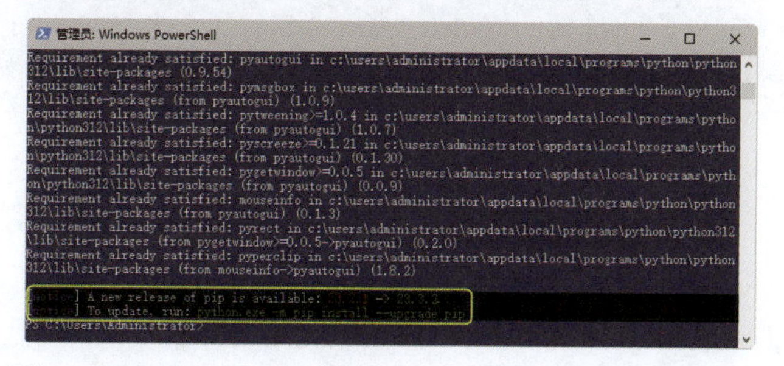

图 6-59

> **提示：** 当用户安装 PyAutoGUI 后，发现在 PyCharm 中输入导入模块的命令时提示“没有名称为‘Pyautogui’的模块”，这可能是由于安装的 PyCharm 版本太新了，通过命令提示符窗口安装的 PyAutoGUI 版本较低而无法匹配。解决这个问题需要在 PyCharm 中重新安装 PyAutoGUI，如图 6-60 所示。

图 6-60

5. 为了避免 pip 安装的 PyAutoCAD 版本与 PyCharm 和 AutoCAD 2024 不匹配，建议在 PyCharm 中直接安装 PyAutoCAD，安装方法：在代码窗口中输入“import PyAutoCAD”。稍后系统会提示错误，然后快速修复这个错误，即可自动安装匹配的 PyAutoCAD，如图 6-61 所示。

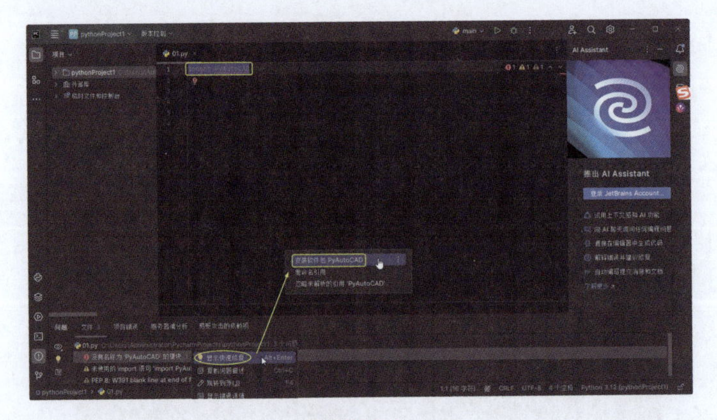

图 6-61

6.2.2 编写自动化绘制图形代码

接下来在 ChatGPT 和 PyCharm 中生成自动化绘制图形的 Python 代码。操作步骤如下。

1. 在 ChatGPT 的消息框中输入“如何在 PyCharm 中使用 PyAutoGUI?”发送消息后，ChatGPT 会给出答复，如图 6-62 所示。

图 6-62

2. 从给出的答复可以看出，ChatGPT 比较了解 Python 的编程规则，也清楚如何使用模块进行编程。但由于 ChatGPT 不是专业的自动编程软件，所以即使能够生成代码，也容易出现常识性的错误。因此我们需要让 ChatGPT 掌握 Python、PyAutoGUI 和 PyAutoCAD 的代码编写规则。如果还会出现错误，就只能通过用户手动去逐步修改错误。

3. 要实现自动化绘图，还有一个重要工作需要完成，那就是在 AutoCAD 2024 中建立 COM 接口。在 AutoCAD 2024 的菜单栏中执行【文件】/【绘图仪管理】命令，双击文件夹中的【添加绘图仪向导】图标，如图 6-63 所示，启动绘图仪安装管理界面。

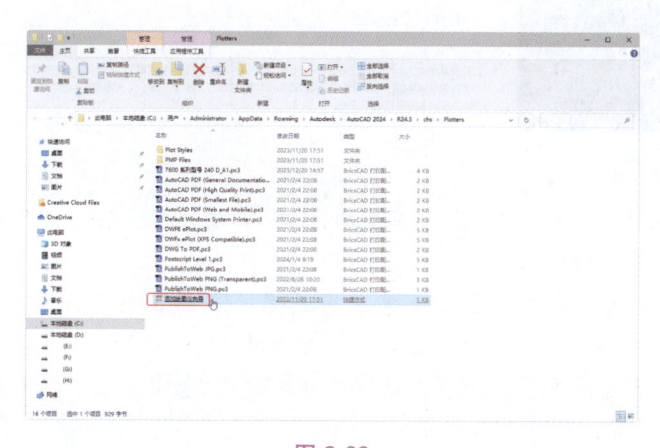

图 6-63

4. 在打开的界面中连续单击【下一页】按钮，切换到【添加绘图仪 - 端口】页面，在端口下拉列表中勾选【COM1】复选框，并单击【下一页】按钮，如图 6-64 所示，直至完成 COM 绘图仪的添加。添加的绘图仪存储在 AutoCAD 绘图仪路径中，如图 6-65 所示。

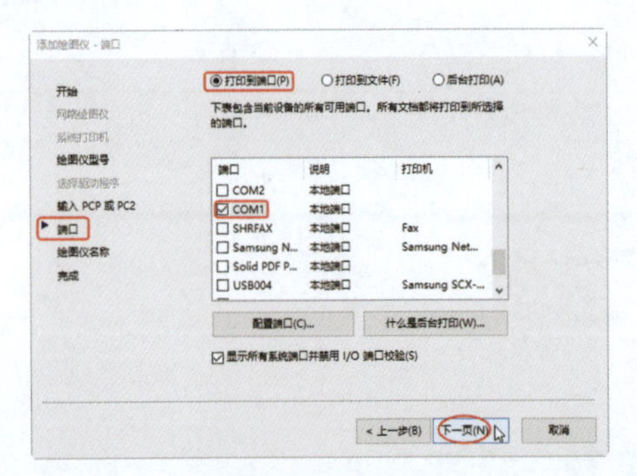

图 6-64

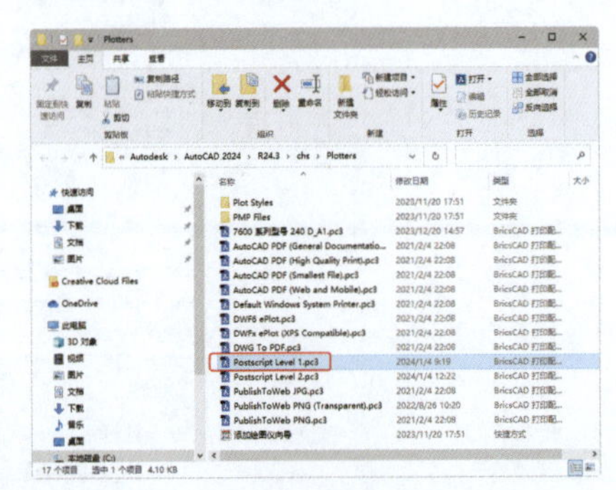

图 6-65

5. 在 PyAutoGUI 官方网站中打开帮助文档页面，如图 6-66 所示。通过对帮助文档的了解，掌握 PyAutoGUI 的基本用法。

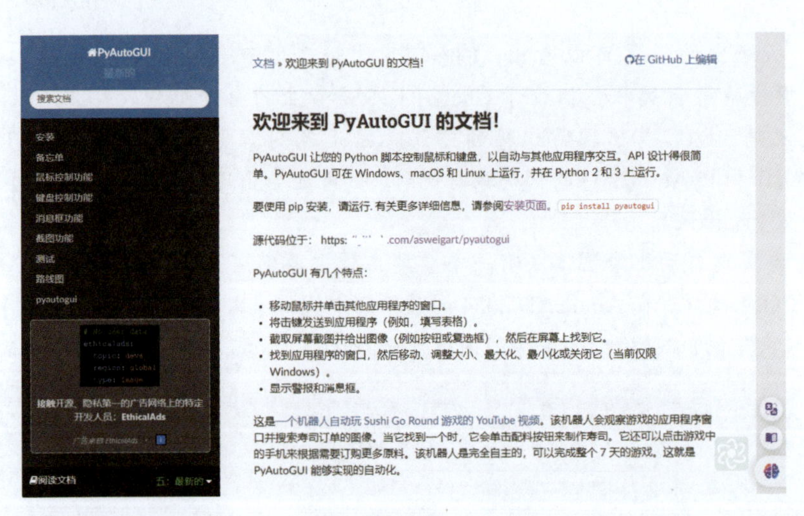

图 6-66

6. 将帮助文档中的“示例”代码完全复制，准备在 ChatGPT 中用作自定义说明的参考，如图 6-67 所示。

7. 在 ChatGPT 主页的右上角单击用户名，在弹出的菜单中选择【自定义 ChatGPT】命令，打开【自定义 ChatGPT】对话框，将复制的示例代码粘贴到【您希望 ChatGPT 了解您的哪些方面以便提供更好的回复？】文本框中，单击【保存】按钮保存自定义设置，如图 6-68 所示。

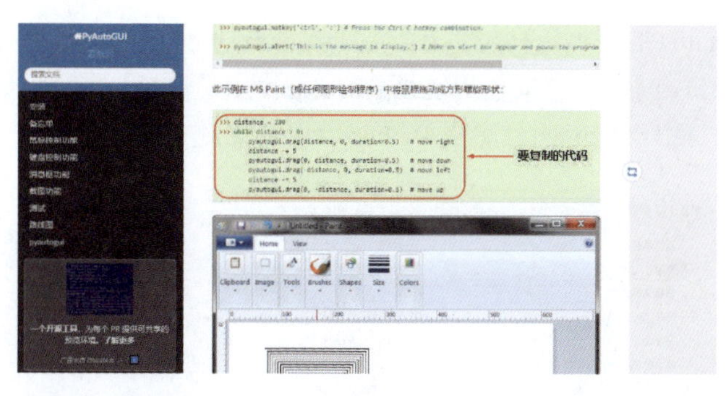

图 6-67

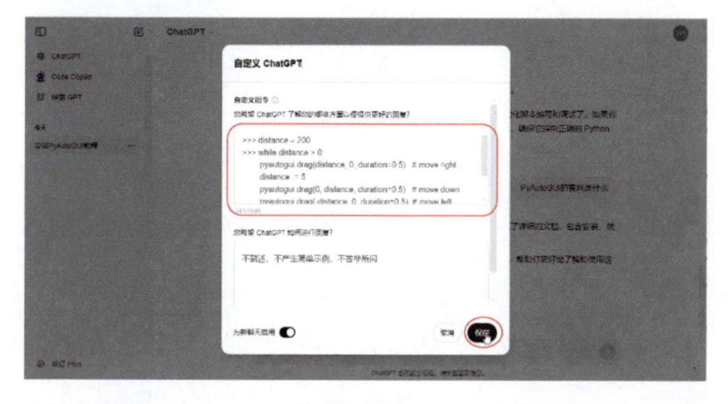

图 6-68

8. 此时，可对 ChatGPT 提出编程要求，随后 ChatGPT 给出正确的 Python 代码，如图 6-69 所示。

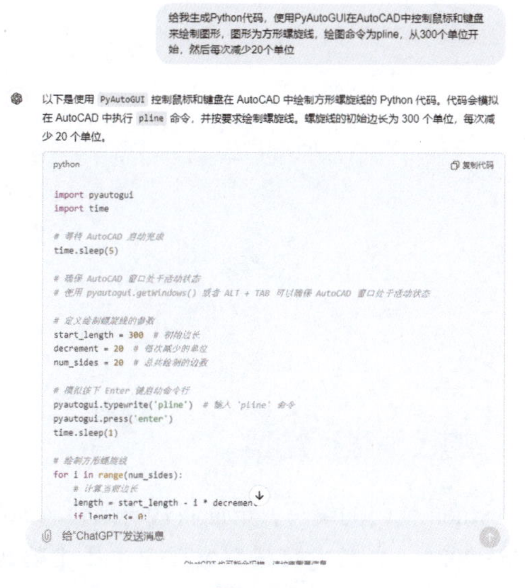

图 6-69

9. 复制 ChatGPT 给出的代码，然后在 PyCharm 中执行菜单栏中的【文件】/【新建】命令，在弹出的【新建】菜单中选择【Python 文件】选项，接着输入新文件名称，如图 6-70 所示，最后按 Enter 键完成 Python 文件的创建。

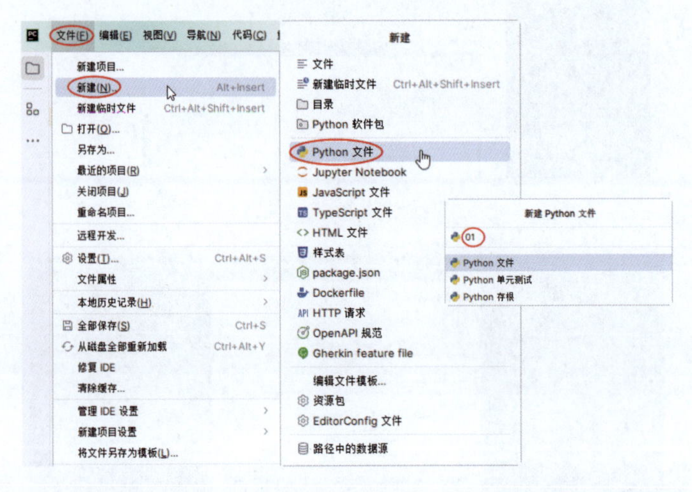

图 6-70

10. 将复制的 ChatGPT 生成的 Python 代码粘贴到代码编写窗口中，如图 6-71 所示。

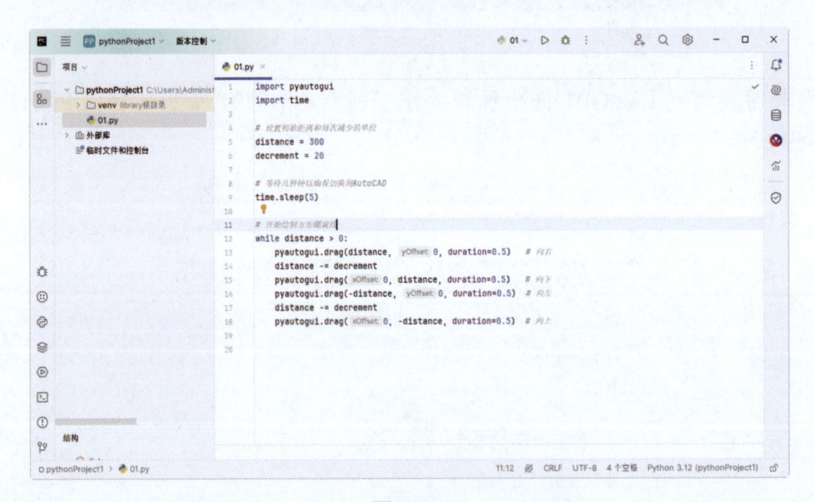

图 6-71

6.2.3 利用 AI 编写的代码进行绘图

上一小节完成了 Python 代码的编写，下面将代码结合 AutoCAD 来绘制图形。

1. 启动 AutoCAD 2024，在新建的模型空间中单击【默认】选项卡的【绘图】面板中的【多段线】按钮，激活【多段线】命令。随后快速移动鼠标指针到

PyCharm 窗口中。

2. 单击 PyCharm 窗口顶部的【运行】按钮▷运行代码，接着快速移动鼠标指针到 AutoCAD 2024 的模型空间中的任意位置（最好是中间）。此时不要人为给鼠标或键盘添加任何动作指令，让 Python 代码自动控制鼠标和键盘，并完成方形螺旋线的绘制，结果如图 6-72 所示。

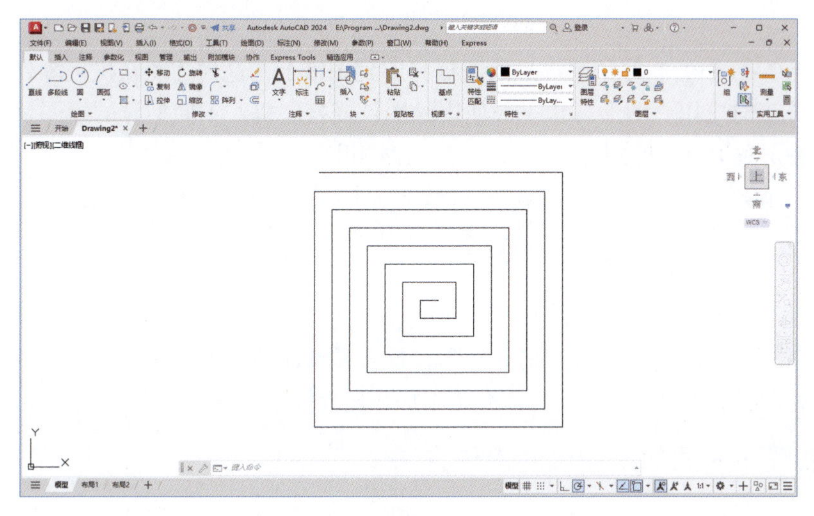

图 6-72

第 7 章 图纸布局与打印出图

AutoCAD 中绘制好的图形最终要被打印到图纸上，这样才能在机械零件加工或者建筑施工时应用。图形打印一般使用绘图仪或打印机。不同型号的绘图仪或打印机只是在配置上有所区别，其他操作方法基本相同。

7.1 添加和配置打印设备

要对绘制好的图形进行输出并打印，首先要添加和配置打印图纸的设备，如绘图仪或打印机。下面以绘图仪为例介绍添加和配置打印设备的方法。

上机实践——添加绘图仪的操作方法

在 AutoCAD 2024 中打开需要打印的图形文件，添加绘图仪的操作方法如下。

1. 在菜单栏中执行【文件】/【绘图仪管理器】命令，弹出【Plotters】窗口，如图 7-1 所示。

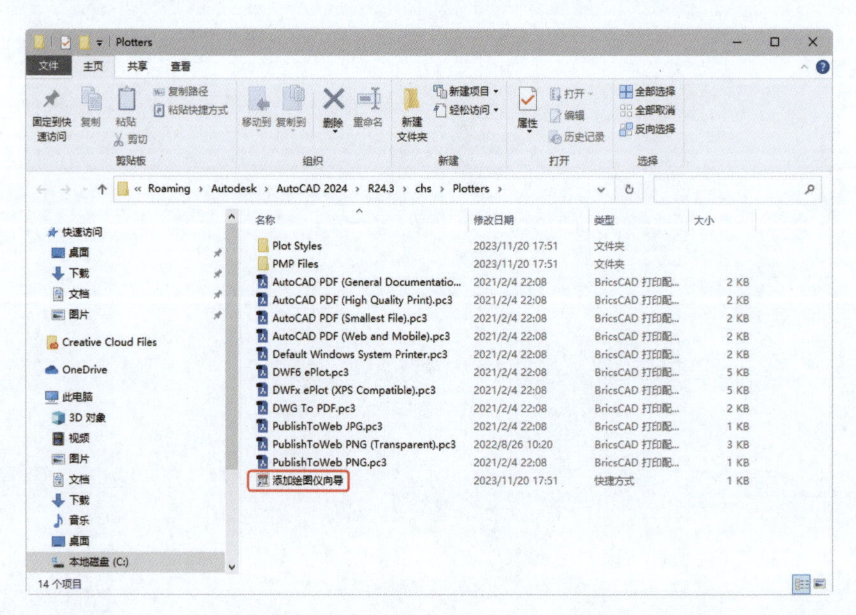

图 7-1

2. 在【Plotters】窗口中双击【添加绘图仪向导】图标，弹出【添加绘图仪 - 简介】对话框，如图 7-2 所示，单击【下一页】按钮。

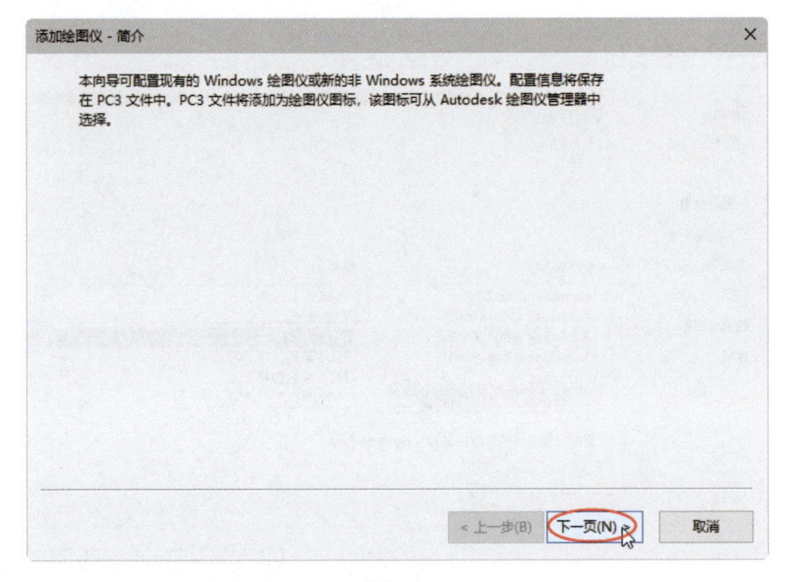

图 7-2

3. 弹出【添加绘图仪 - 开始】对话框，如图 7-3 所示。该对话框左边是添加新的绘图仪时一般要进行的 6 个步骤（黑色字体部分），前面标有三角符号的是当前步骤，可按右边的操作向导逐步完成。选择【我的电脑】选项后单击【下一页】按钮。

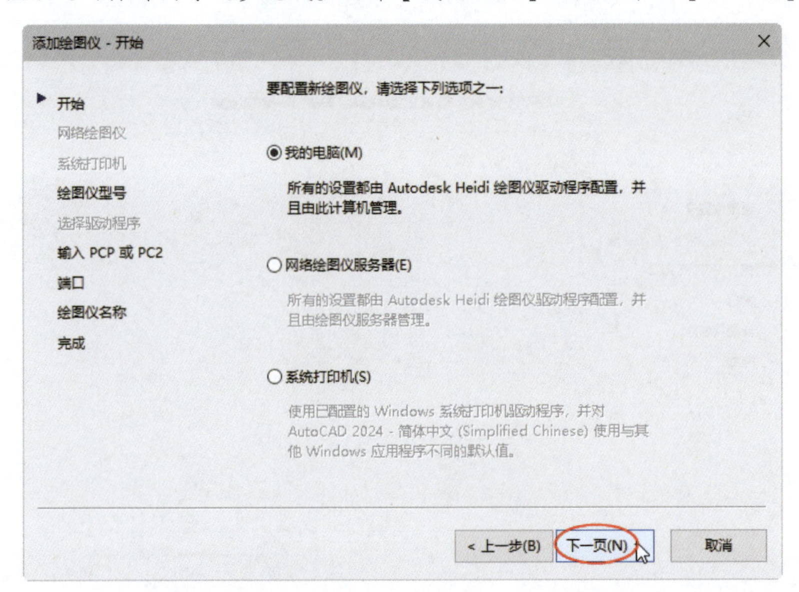

图 7-3

4. 弹出【添加绘图仪-绘图仪型号】对话框，选择绘图仪的“生产商”和“型号”，如图 7-4 所示，单击【下一页】按钮。

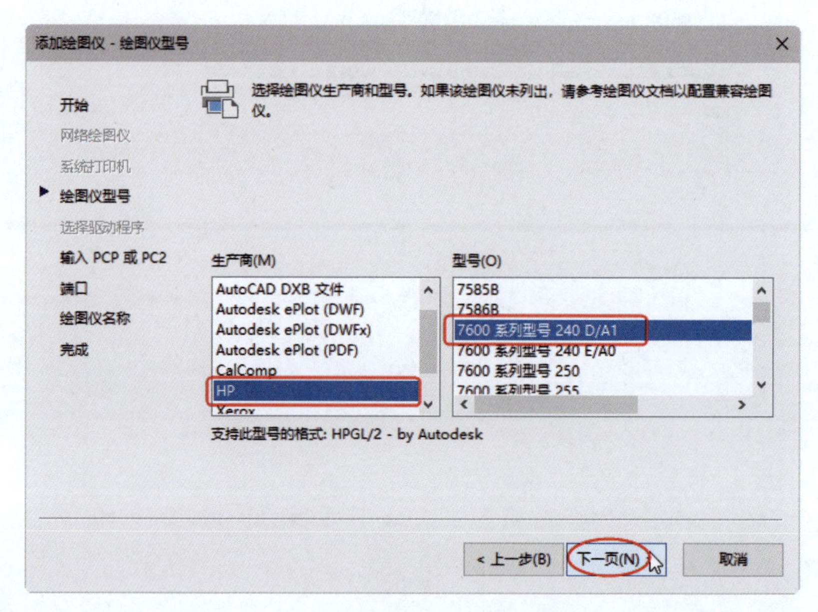

图 7-4

5. 弹出【添加绘图仪-输入 PCP 或 PC2】对话框，如图 7-5 所示，单击【下一页】按钮。

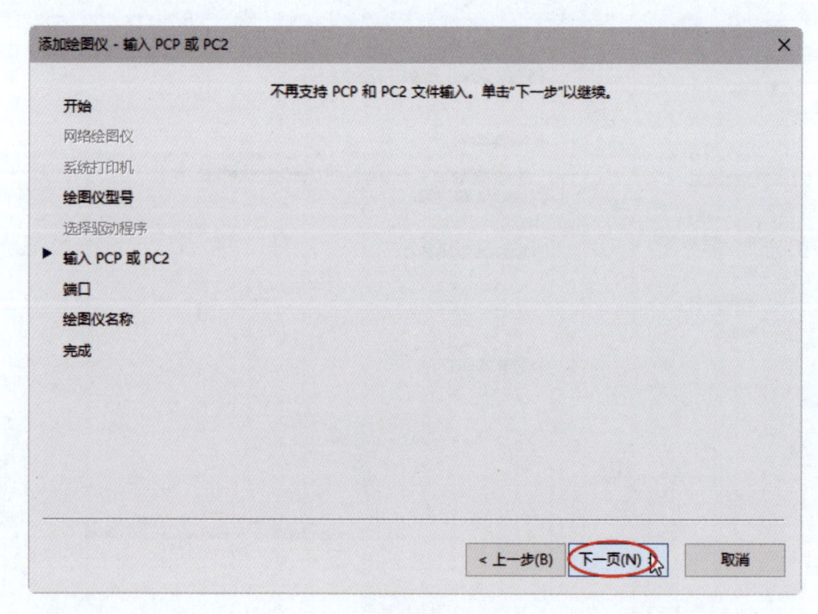

图 7-5

6. 弹出【添加绘图仪 - 绘图仪名称】对话框，如图 7-6 所示，选择打印设备的端口，单击【下一页】按钮。

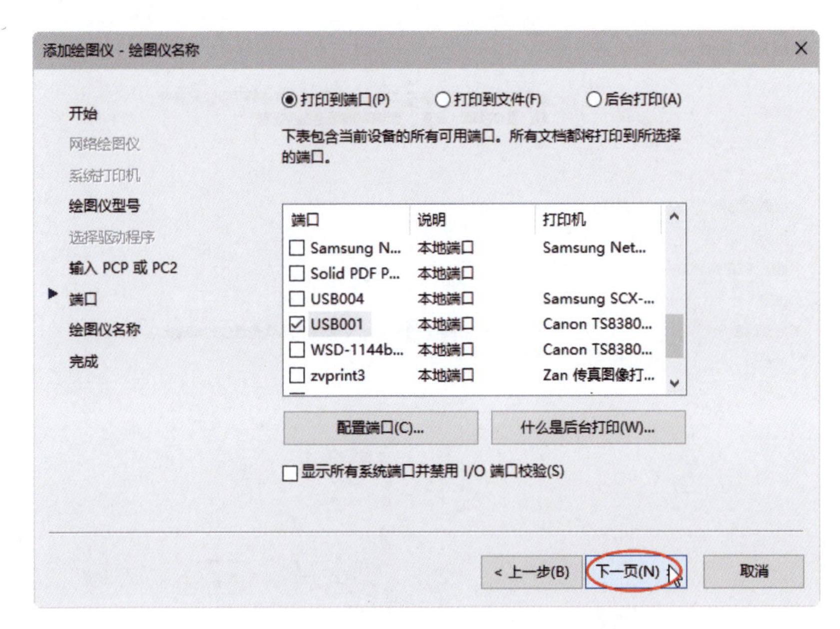

图 7-6

7. 输入绘图仪的名称，如图 7-7 所示，单击【下一页】按钮。

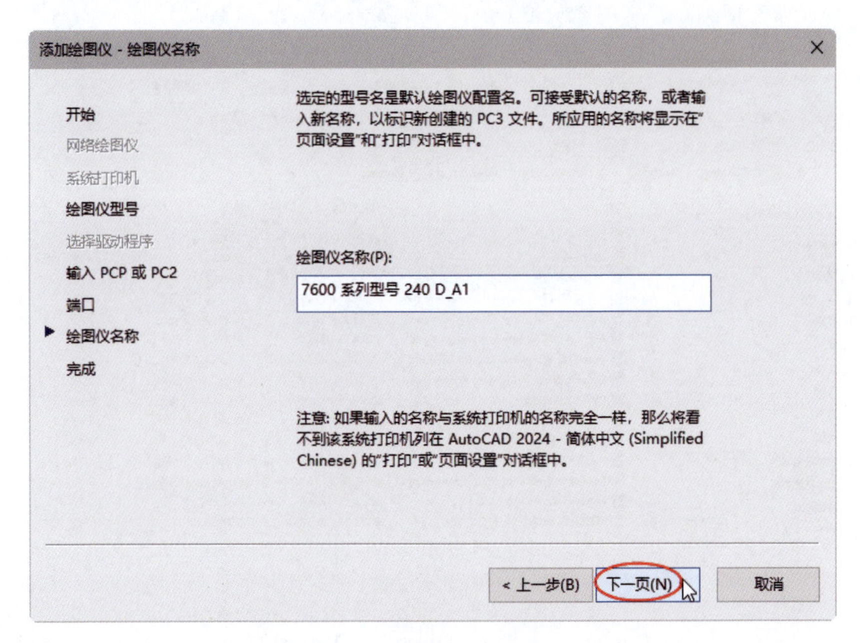

图 7-7

8. 弹出【添加绘图仪 - 完成】对话框，如图 7-8 所示，单击【完成】按钮完成绘图仪的添加。添加了一个【7600 系列型号 240 D_A1】绘图仪，如图 7-9 所示。

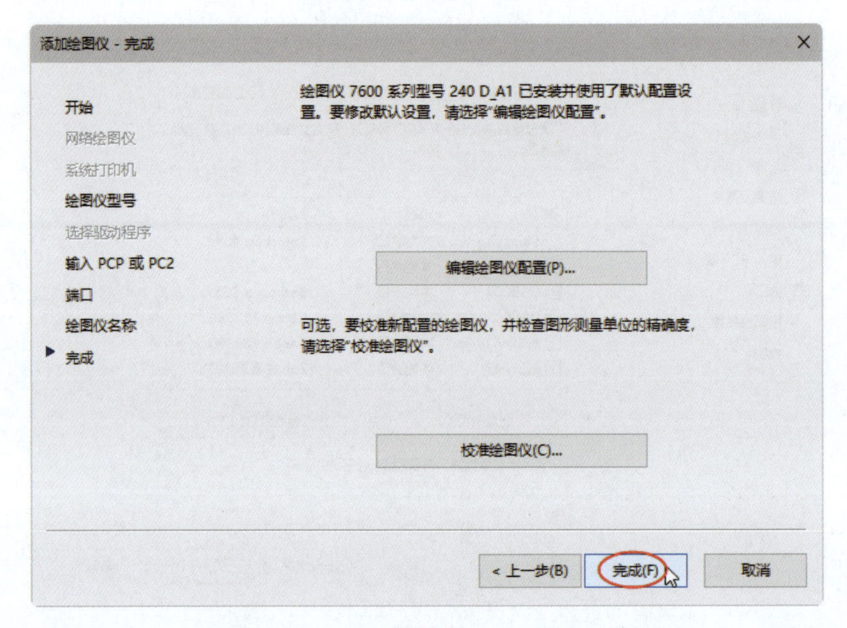

图 7-8

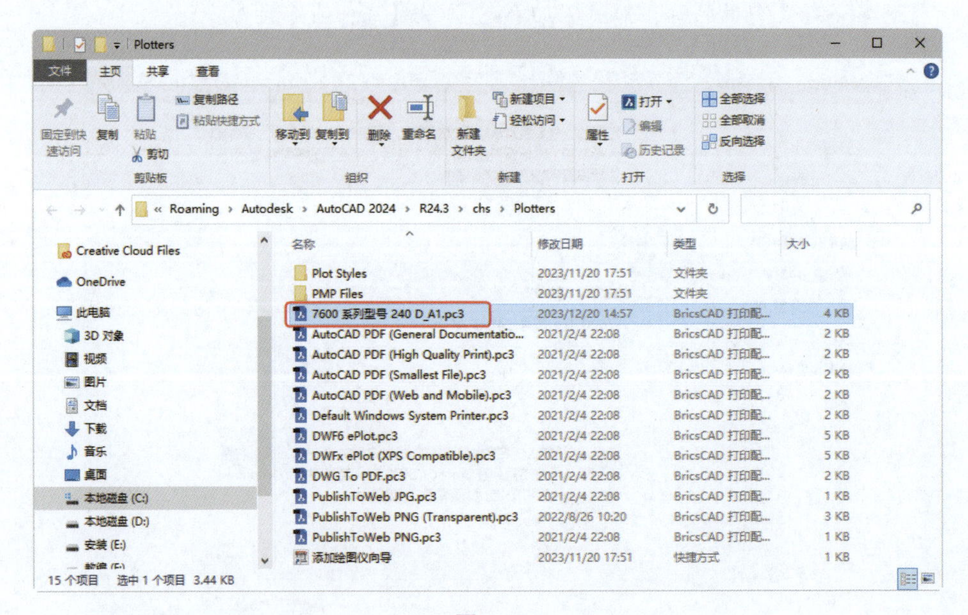

图 7-9

9. 双击新添加的【7600 系列型号 240 D_A1】绘图仪进行文件配置，弹出【绘

图仪配置编辑器 -7600 系列型号 240 D_A1.pc3】对话框，如图 7-10 所示。该对话框包含【常规】、【端口】和【设备和文档设置】3 个选项卡，可根据需要进行重新配置。

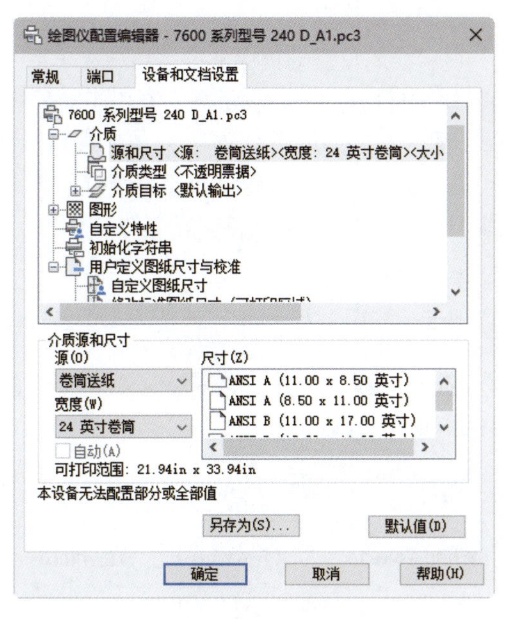

图 7-10

一、【常规】选项卡

切换到【常规】选项卡，如图 7-11 所示。

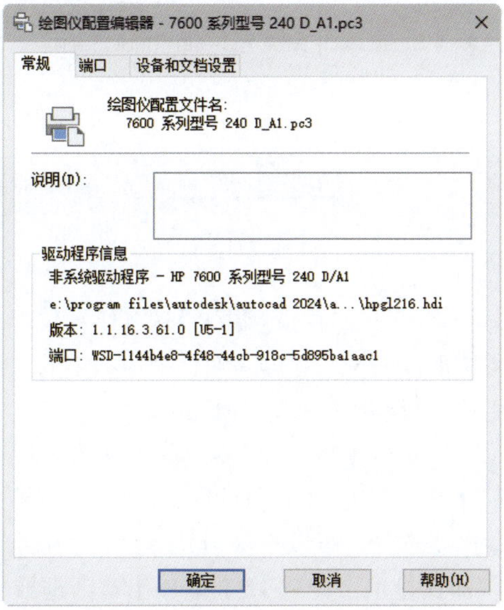

图 7-11

该选项卡中各选项的含义如下。

- 绘图仪配置文件名：显示在【Plotters】对话框中指定的绘图仪配置文件名。
- 说明：显示有关绘图仪的信息。
- 驱动程序信息：显示绘图仪驱动程序类型（系统或非系统）、名称、型号、位置、HDI 驱动程序文件版本号（AutoCAD 专用驱动程序文件）、网络服务器 UNC 名（如果绘图仪与网络服务器连接）、I/O 端口（如果绘图仪连接在本地）、系统打印机名（如果配置的绘图仪是系统打印机）、PMP（绘图仪型号参数）文件名和位置（如果 PMP 文件附在 .pc3 文件中）。

二、【端口】选项卡

切换到【端口】选项卡，如图 7-12 所示。该选项卡中各选项的含义如下。

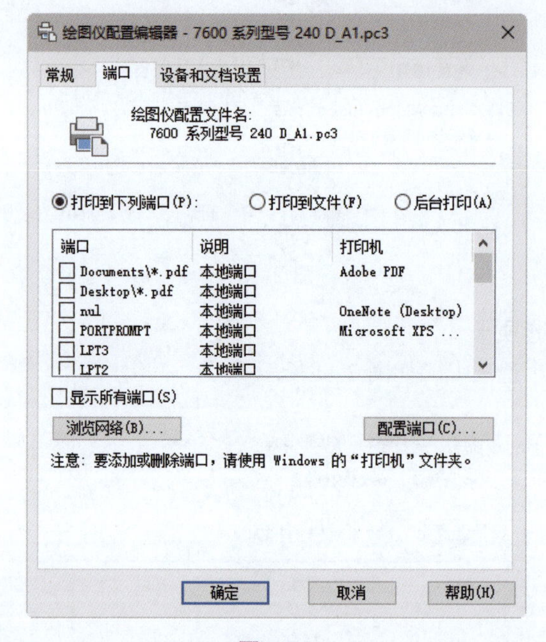

图 7-12

- 打印到下列端口：将图形通过选定端口发送到绘图仪。
- 打印到文件：将图形发送至【打印】对话框中指定的文件。
- 后台打印：使用后台打印程序打印图形。
- 端口列表：显示可用端口（本地和网络）的列表和说明。
- 显示所有端口：显示计算机上的所有可用端口，不管绘图仪使用哪个端口。
- 浏览网络：显示网络选择，可以连接到另一台非系统绘图仪。
- 配置端口：打印样式显示【配置 LPT 端口】对话框或【COM 端口设置】对话框。

三、【设备和文档设置】选项卡

切换到【设备和文档设置】选项卡，该选项卡控制 .pc3 文件中的许多设置，见图 7-10。

配置了新绘图仪后，应在系统配置中将该绘图仪设置为默认的打印机。

在菜单栏中执行【工具】/【选项】命令，弹出【选项】对话框，选择【打印和发布】选项卡，进行打印的有关设置，如图 7-13 所示。在【用作默认输出设备】下拉列表中，选择要默认的绘图仪名称，如“HP 7600 系列型号 240 D_A1.pc3”，单击【确定】按钮。

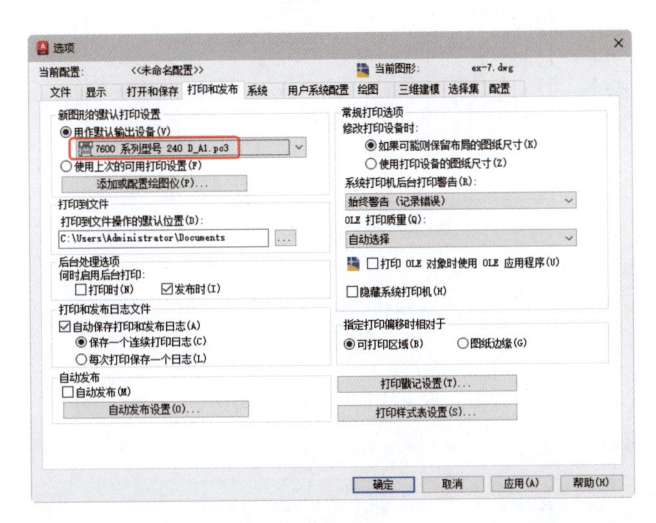

图 7-13

7.2 布局空间的使用

在 AutoCAD 2024 中，用户既可以在模型空间输出图形，也可以在布局空间输出图形。下面介绍使用布局空间的方法。

7.2.1 了解模型空间与布局空间

在 AutoCAD 中，用户可以在模型空间和布局空间中完成绘图和设计工作。一般来说，大部分设计和绘图工作在模型空间中完成。布局空间是模拟手工绘图的空间，它是为绘制平面图而准备的一张虚拟图纸，也是一个二维空间的工作环境。从某种意义上说，布局空间就是为布局图面、打印出图而设计的，用户还可以在其中添加如边框、注释、标题和尺寸标注等内容。

在绘图区底部有【模型】选项卡和一个或多个【布局】选项卡，如图 7-14 所示。

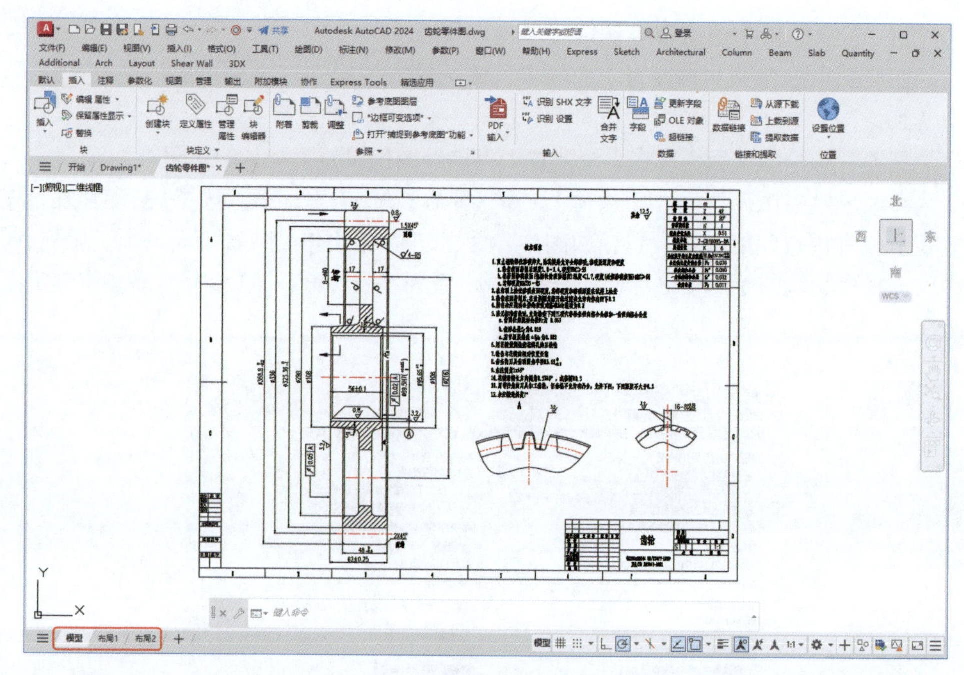

图 7-14

用户分别单击这些选项卡，就可以在空间之间进行切换。图 7-15 所示为切换到【布局 1】空间的效果。

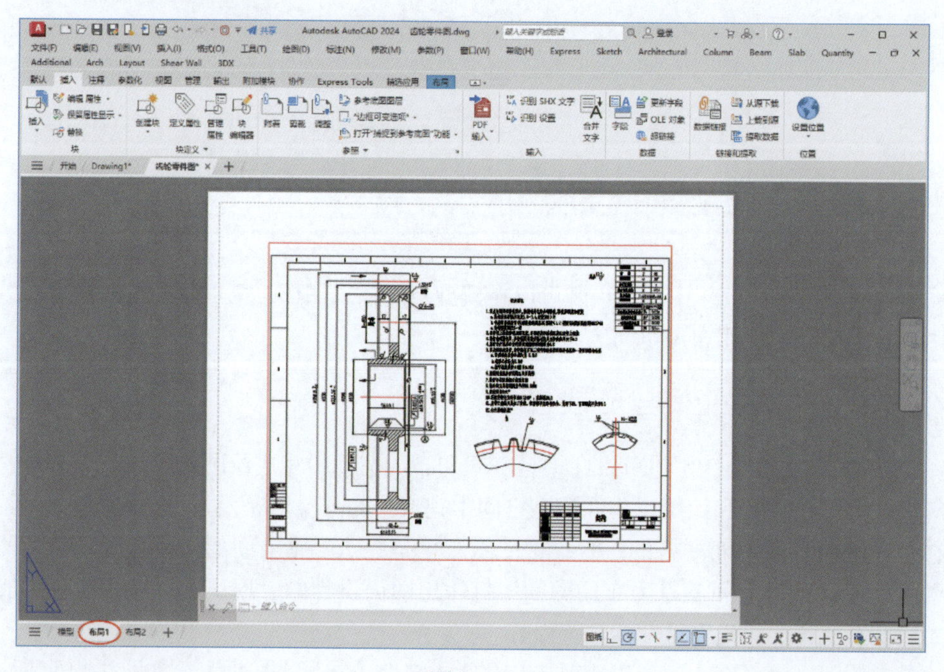

图 7-15

7.2.2 在布局空间中创建布局

在布局空间中可以进行环境布局的设置，如指定图纸大小、添加标题栏、创建图形标注和注释等。下面介绍创建布局的方法。

上机实践——创建布局

1. 在菜单栏中执行【插入】/【布局】/【创建布局向导】命令，弹出【创建布局 - 开始】对话框。

> **提示：**这个步骤也可以通过在命令行中输入“LAYOUTWIZARD”，按 Enter 键来完成。

2. 在“输入新布局的名称”文本框中输入新布局名称，如“机械零件图”，如图 7-16 所示，单击【下一页】按钮。

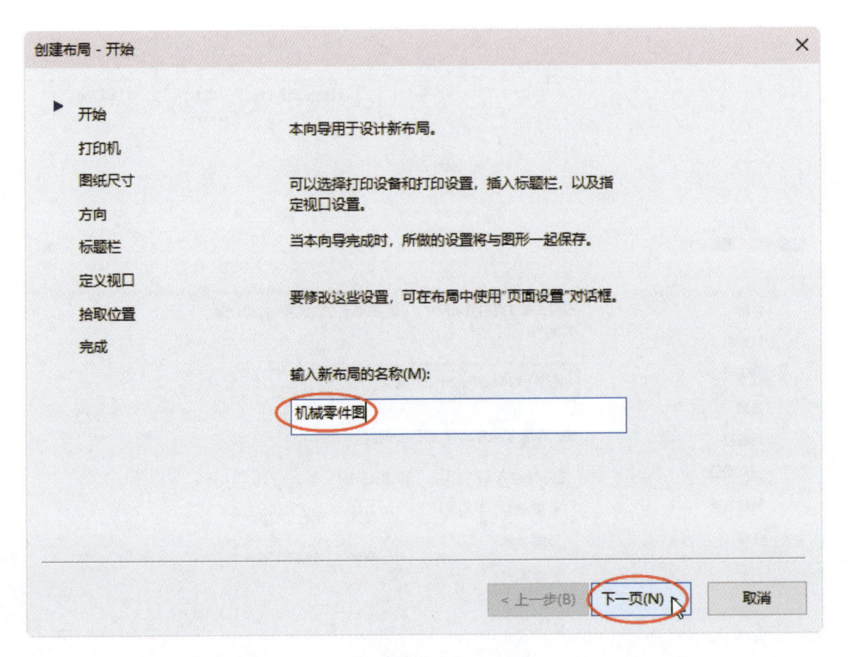

图 7-16

3. 弹出【创建布局 - 打印机】对话框，如图 7-17 所示，选择为布局配置的打印机，单击【下一页】按钮。

4. 弹出【创建布局 - 图纸尺寸】对话框，该对话框用于选择打印图纸的大小和所用的单位，选择图纸的大小，例如【ISO A1（594.00×841.00 毫米）】，选中【毫米】选项，如图 7-18 所示，单击【下一页】按钮。

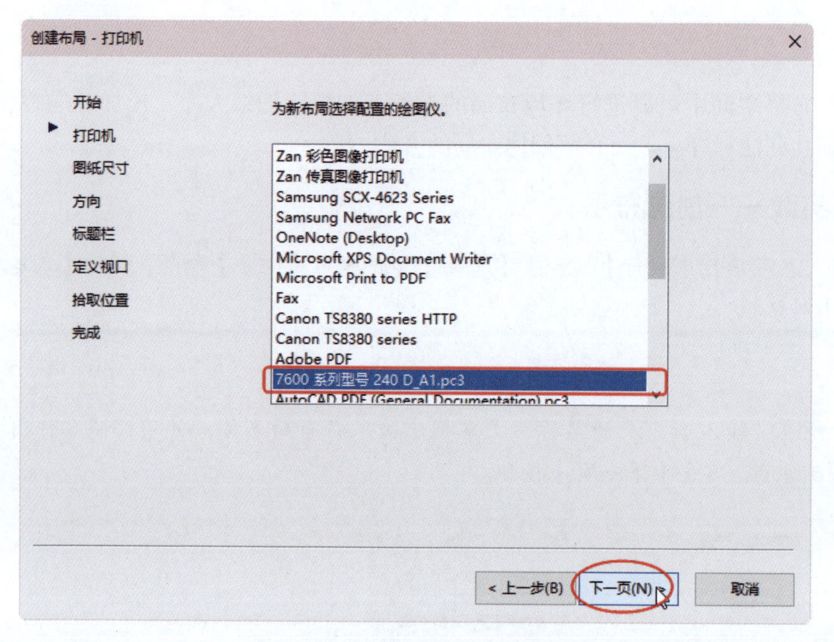

图 7-17

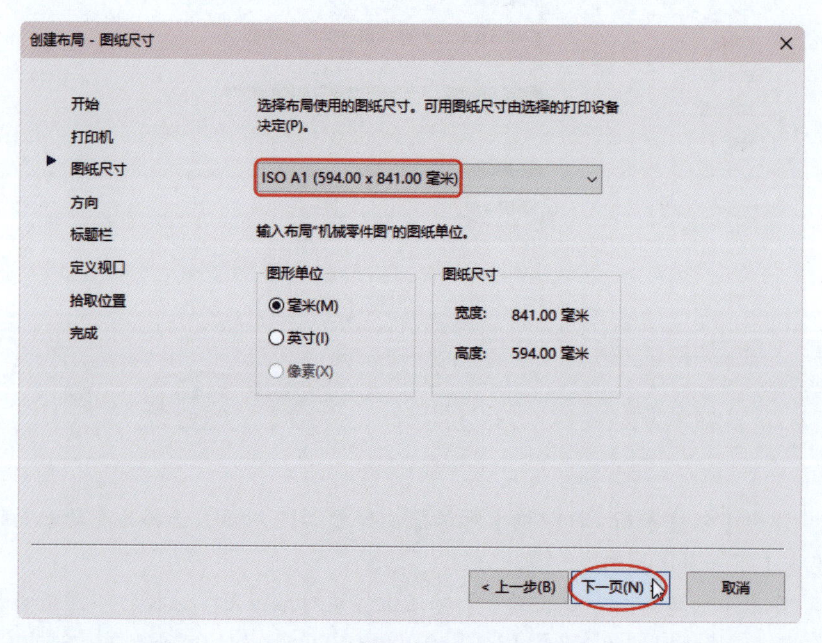

图 7-18

5. 弹出【创建布局 - 方向】对话框，用来设置图形在图纸上的方向，可以选择【纵向】或【横向】，如图 7-19 所示，单击【下一页】按钮。

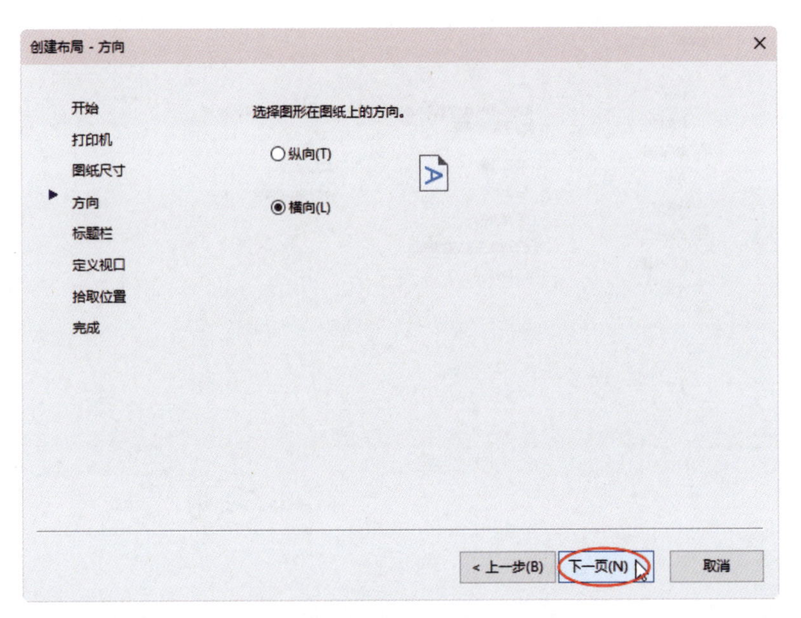

图 7-19

6. 弹出【创建布局 - 标题栏】对话框，如图 7-20 所示，在【路径】列表中选择【无】选项，单击【下一页】按钮。

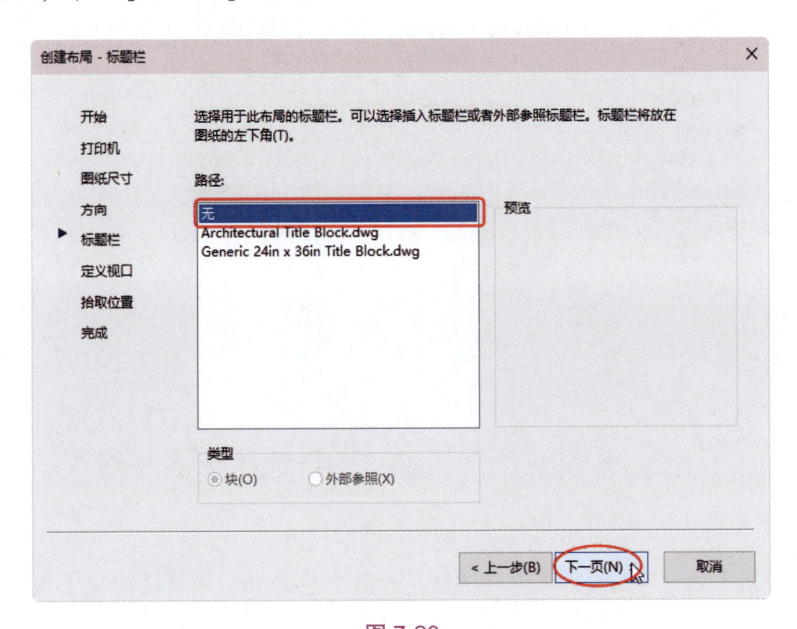

图 7-20

7. 弹出【创建布局 - 定义视口】对话框，如图 7-21 所示，【视口设置】设置为【单个】，【视口比例】设置为【按图纸空间缩放】，单击【下一页】按钮。

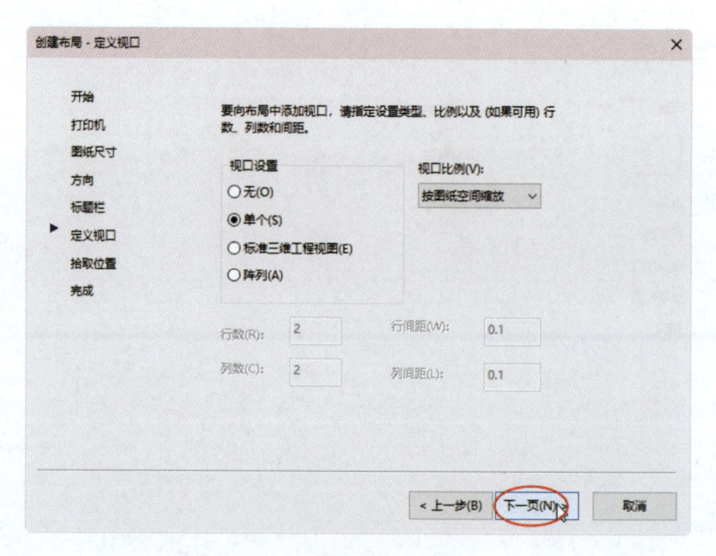

图 7-21

8. 弹出【创建布局 - 拾取位置】对话框，如图 7-22 所示，保持默认设置，单击【下一页】按钮。

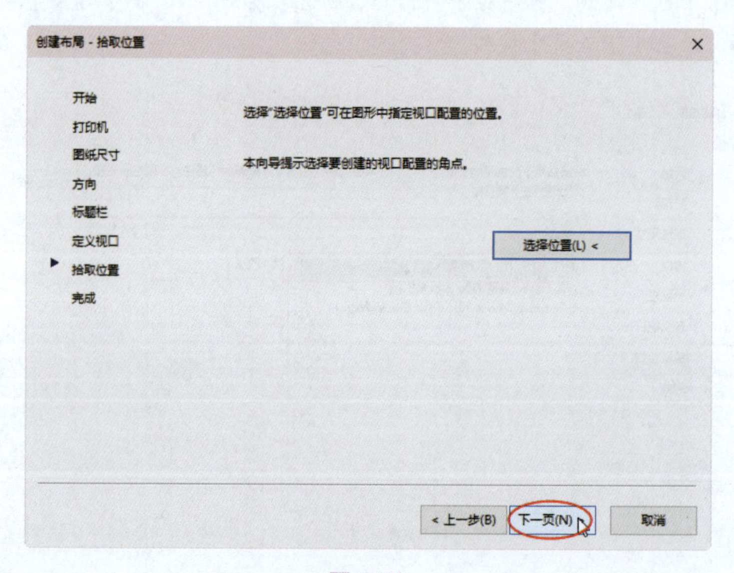

图 7-22

9. 弹出【创建布局 - 完成】对话框，如图 7-23 所示，单击【完成】按钮。

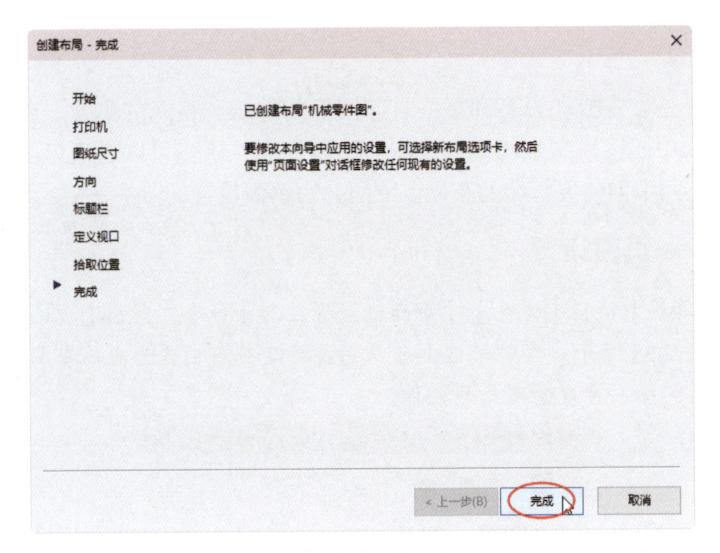

图 7-23

创建好的“机械零件图”布局如图 7-24 所示。

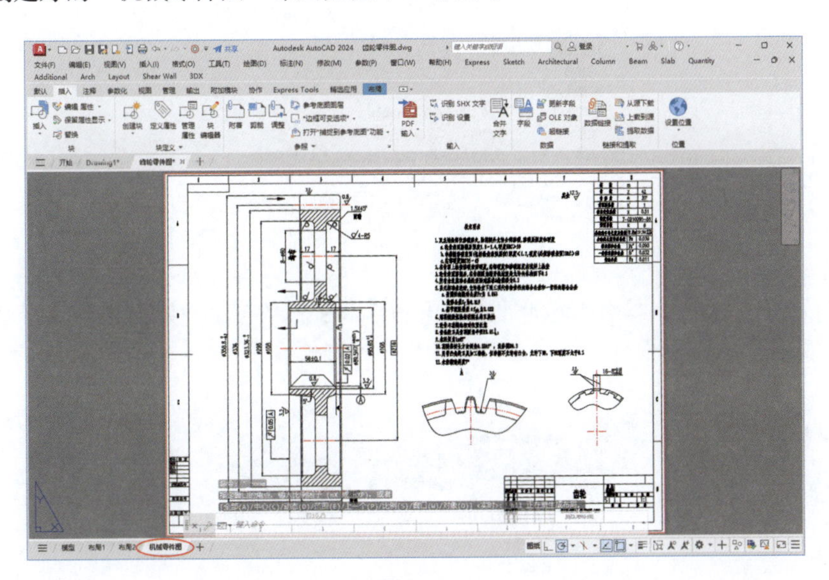

图 7-24

7.3 打印设置

AutoCAD 的打印设置包括页面设置和打印设置。图形的页面设置及打印设置一起保证了图形输出的正确性。

7.3.1　页面设置

页面设置是设置打印设备和最终打印图形的外观和格式的集合，这些设置可应用到其他布局中。在模型空间中完成图形绘制之后，用户可以通过单击【布局】选项卡在布局空间中创建要打印的布局。下面介绍页面设置的方法。

上机实践——页面设置

1. 在菜单栏中执行【文件】/【页面设置管理器】命令，弹出【页面设置管理器】对话框，如图 7-25 所示。在对话框中可以完成将某一布局置为当前布局、新建布局、修改原有布局和输入存在的布局等操作。

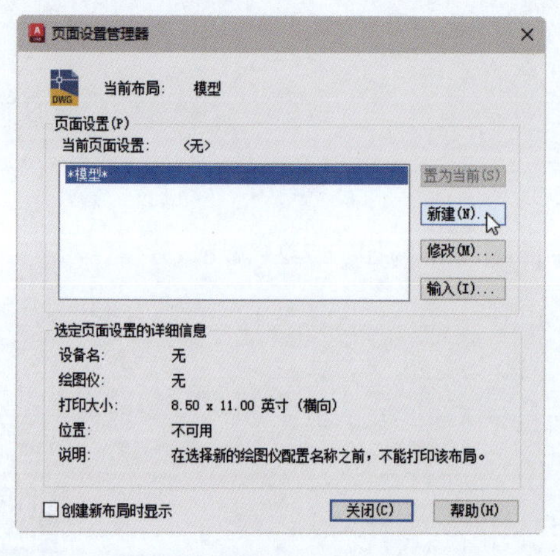

图 7-25

2. 单击【新建】按钮，弹出【新建页面设置】对话框，如图 7-26 所示。在【新页面设置名】文本框中输入新建页面的名称，如“机械图”，单击【确定】按钮。

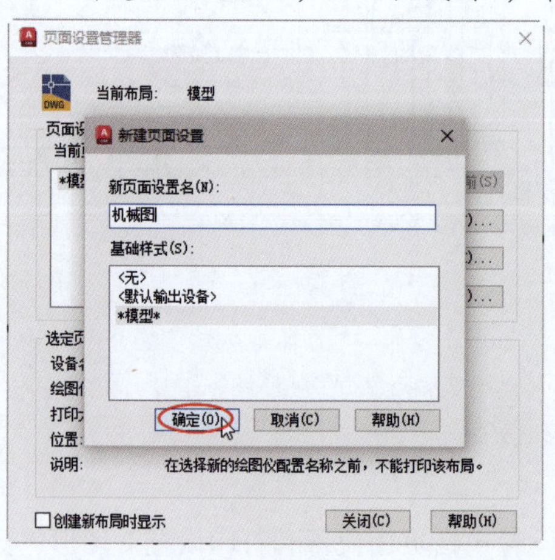

图 7-26

3. 进入【页面设置 - 模型】对话框，如图 7-27 所示。在该对话框中，可以指定布局设置和打印设备并预览布局的结果，虚线方框中的选项表示图纸中当前配置的图纸尺寸和打印机/绘图仪的可打印区域。设置完成后，单击【确定】按钮确认。

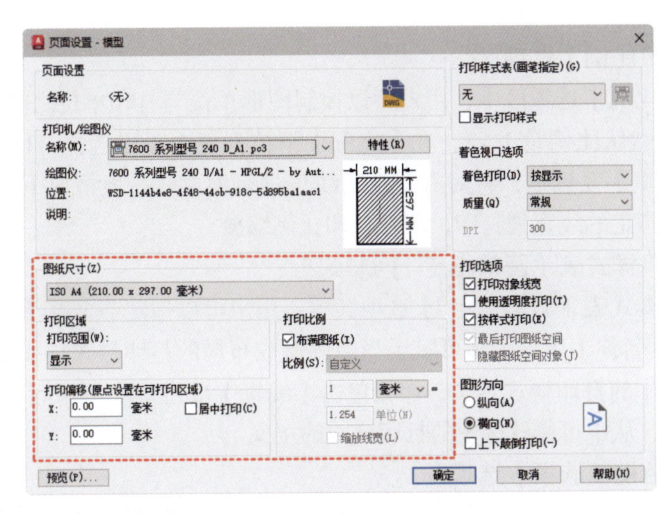

图 7-27

【页面设置 - 模型】对话框中的各选项功能如下。

一、打印机 / 绘图仪选项区

在【名称】下拉列表中，列出了所有可用的系统打印机 / 绘图仪名称和 .pc3 文件。用户可从中选择一种打印机或绘图仪，指定为当前已配置的系统打印设备，以打印布局图形。

单击【特性】按钮，可弹出【绘图仪配置编辑器】对话框。

二、【图纸尺寸】选项区

在【图纸尺寸】选项区中，用户可以从下拉列表中选择图纸尺寸，列表中可用的图纸尺寸由当前为布局所选的打印设备确定。如果配置绘图仪进行光栅输出，则必须按像素指定输出尺寸。使用【绘图仪配置编辑器】可以添加存储在绘图仪配置（.pc3）文件中的自定义图纸尺寸。

三、【打印区域】选项区

在【打印区域】选项区中，用户可指定图形实际打印的区域。在【打印范围】下拉列表中有【显示】、【窗口】、【图形界限】3 个选项。选择【窗口】选项，系统将关闭对话框返回到绘图区，这时可以通过指定区域的两个对角点或输入坐标值来确定一个矩形打印区域，然后再返回到【页面设置 - 模型】对话框。

四、【打印偏移（原点设置在可打印区域）】选项区

在【打印偏移（原点设置在可打印区域）】选项区中，用户可指定打印区域自图纸左下角的偏移数值。在布局中，指定打印区域的左下角默认在图纸边界的左下角

点，用户也可以在【X】、【Y】文本框中输入一个正值或负值来偏移打印区域的原点。在【X】文本框中输入正值时，原点右移；在【Y】文本框中输入正值时，原点上移。如果勾选【居中打印】复选框，系统将自动计算图形居中打印的偏移量，将图形打印在图纸的中间。

五、【打印比例】选项区

在【打印比例】选项区中，用户可以控制图形单位与打印单位之间的相对尺寸。打印布局时的默认比例是 1∶1，在【比例】下拉列表中可以选择打印的精确比例。勾选【缩放线宽】复选框，将对有宽度的线也进行缩放。一般情况下，图形中的各实体按图层中指定的线宽来打印，不随打印比例缩放。

六、【打印样式表（画笔指定）】选项区

在【打印样式表（画笔指定）】选项区中，用户可以指定当前赋予布局或视口的打印样式表。【名称】中显示了可赋予当前图形或布局的打印样式。如果要更改包含在打印样式表中的打印样式定义，那么单击【编辑】按钮，弹出【打印样式表编辑器】对话框，从中可修改选中的打印样式的定义。

七、【着色视口选项】选项区

在【着色视口选项】选项区中，用户可以选择若干用于着色打印和质量的选项。用户可以指定每个视口的打印方式，并可以将该打印设置与图形一起保存；还可以从各种分辨率（最大为绘图仪分辨率）中进行选择，并将该分辨率设置与图形一起保存。

八、【打印选项】选项区

在【打印选项】选项区中，用户可以选择打印对象线宽、使用透明度打印以及按样式打印等相关选项。勾选【打印对象线宽】复选框，系统将打印线宽；勾选【按样式打印】复选框，系统使用在打印样式表中定义的、赋予几何对象的打印样式来打印；勾选【隐藏图纸空间对象】复选框，系统不打印布局环境（布局空间）对象的消隐线，即只打印消隐后的效果。

九、【图形方向】选项区

在【图形方向】选项区中，用户可以设置打印时图形在图纸上的方向。选中【横向】单选项，将横向打印图形，使图形的顶部在图纸的长边；选中【纵向】单选项，将纵向打印，使图形的顶部在图纸的短边；勾选【上下颠倒打印】复选框，将使图形颠倒打印。

7.3.2　打印设置

当完成页面设置并预览效果后，就可以着手进行打印设置。下面以在模型空间打印为例，学习打印设置。

在快速访问工具栏上单击【打印】按钮，或者在菜单栏中执行【文件】/【打印】

命令，又或者在命令行中输入 plot，按 Enter 键，均可以打开【打印 - 模型】对话框，如图 7-28 所示。

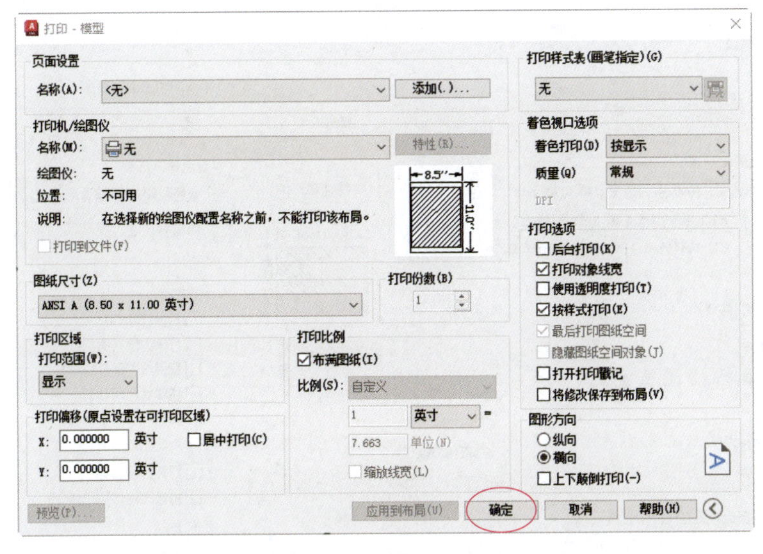

图 7-28

【打印 - 模型】对话框中的选项设置与【页面设置 - 模型】对话框中的选项设置大致相同，这里不再赘述。完成打印设置后，单击【确定】按钮，将自动完成打印任务。

7.4　打印出图

完成打印前的各项设置后，就可以打印图形了。打印图形包括从模型空间打印图形和从布局空间打印图形。

7.4.1　从模型空间打印图形

从模型空间打印图形时，需要在打印时进行页面设置。

上机实践——从模型空间打印图形

1. 打开本例源文件“齿轮零件图 .dwg”。在菜单栏中执行【文件】/【打印】命令，弹出【打印 - 模型】对话框，如图 7-29 所示。

2. 在【页面设置】下拉列表中选择要应用的页面设置名称。选定后，该对话框将显示已设置后的“页面设置”各项内容。如果没有进行设置，可在【打印 - 模型】对话框中直接进行打印设置。

3. 选择页面设置或进行打印设置后，单击【打印 - 模型】对话框左下角的【预览】按钮，对图形进行打印预览，如图 7-30 所示。

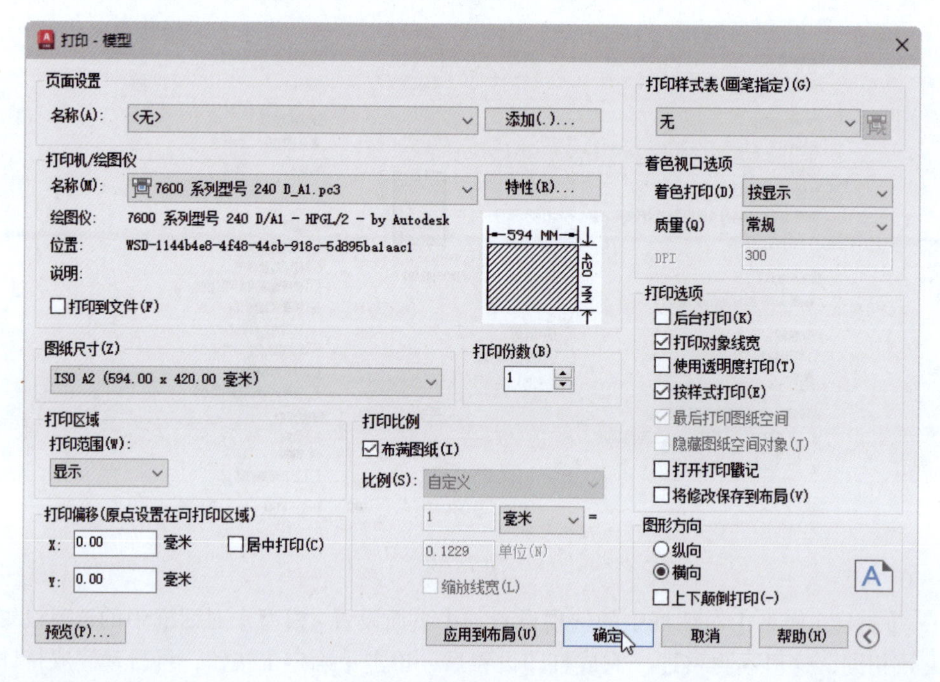

图 7-29

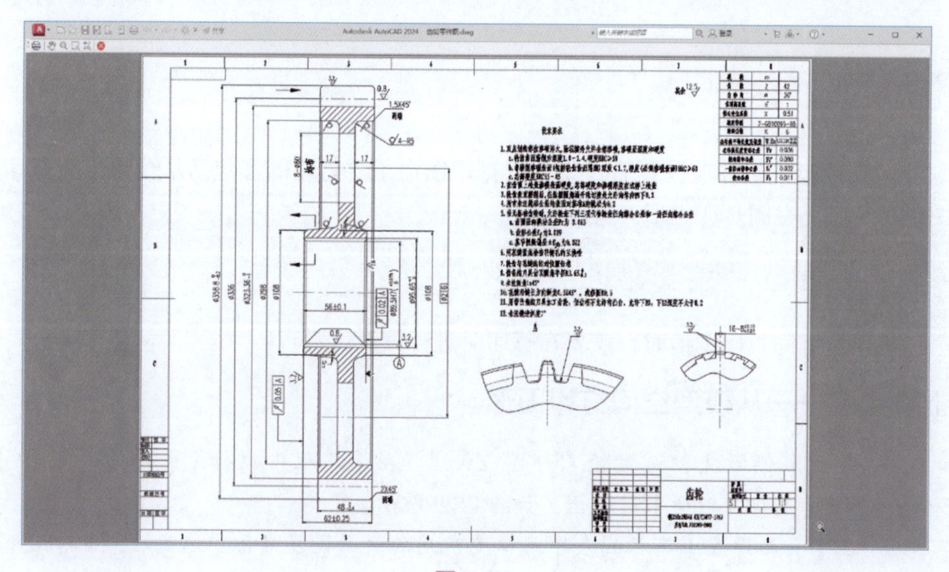

图 7-30

> **提示：** 在该预览界面上右击并选择【退出】命令，即可返回【打印 - 模型】对话框，或按 Esc 键退出。

4. 单击【打印 - 模型】对话框中的【确定】按钮，开始打印图形。当打印的下一张图样和上一张图样的打印设置完全相同时，打印时只需直接单击【打印】按钮，在弹出的【打印 - 模型】对话框中，选择【页面设置】的【名称】为【上一次打印】选项，不必再进行其他的设置，就可以打印出图。

7.4.2 从布局空间打印图形

上机实践——从布局空间打印图形

1. 打开本例源文件“齿轮零件图 .dwg”。在菜单栏中执行【视图】/【缩放】/【范围】命令，将模型空间中的图纸以最大化显示在绘图区中。在绘图区底部单击【布局 1】选项卡，从模型空间切换到布局空间，如图 7-31 所示。

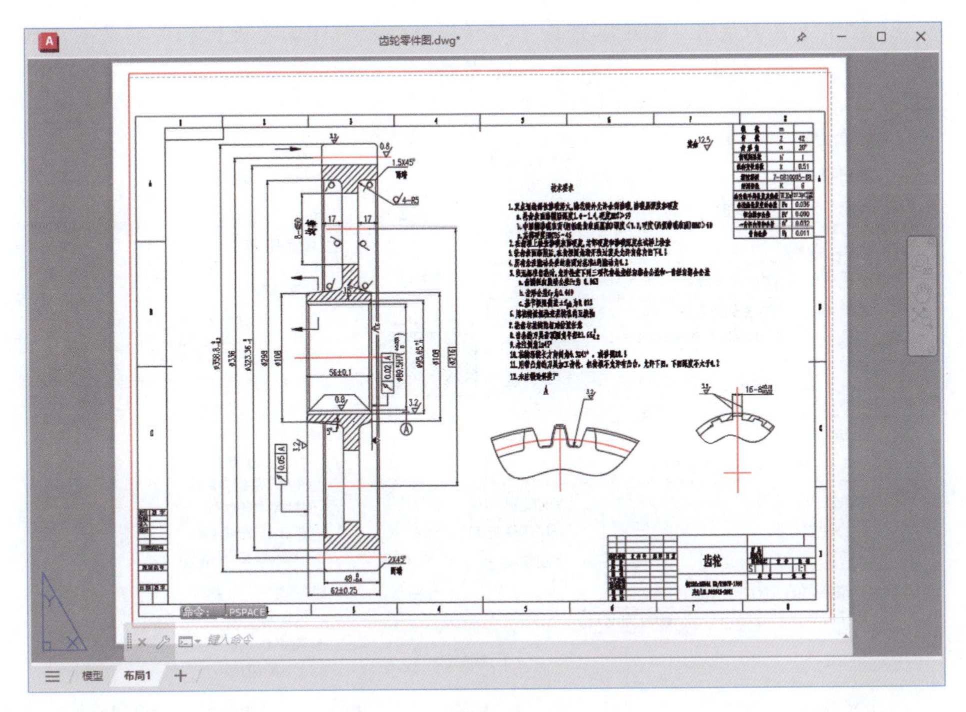

图 7-31

2. 在菜单栏中执行【文件】/【页面设置管理器】命令，打开【页面设置管理器】对话框，单击【新建】按钮，如图 7-32 所示，弹出【新页面设置】对话框。

3. 在【新建页面设置】对话框中的【新页面设置名】文本框中输入“齿轮零件

图”，单击【确定】按钮，如图 7-33 所示。

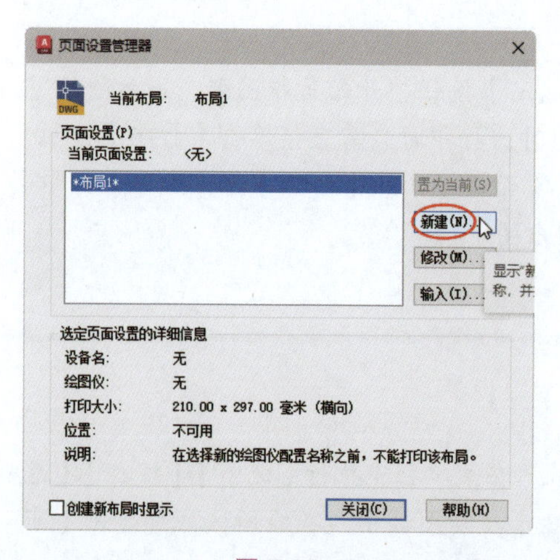

图 7-32

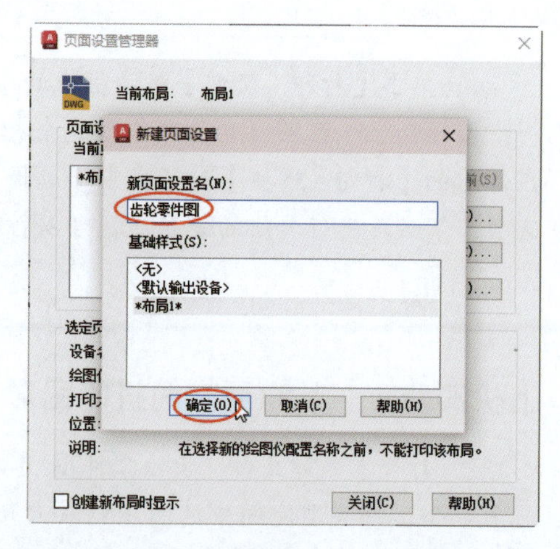

图 7-33

4. 弹出【页面设置 - 齿轮零件图】对话框，根据打印需要进行相关的选项设置，设置完成后单击【确定】按钮，如图 7-34 所示。

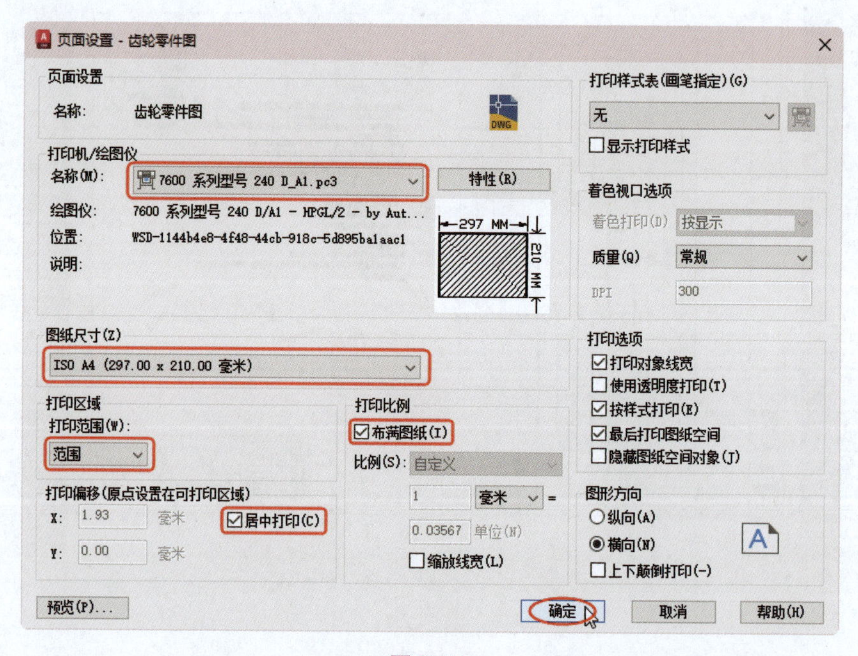

图 7-34

5. 返回到【页面设置管理器】对话框。在【当前页面设置】列表框选中【齿轮零件图】布局，单击【置为当前】按钮，如图 7-35 所示，将其置为当前布局。

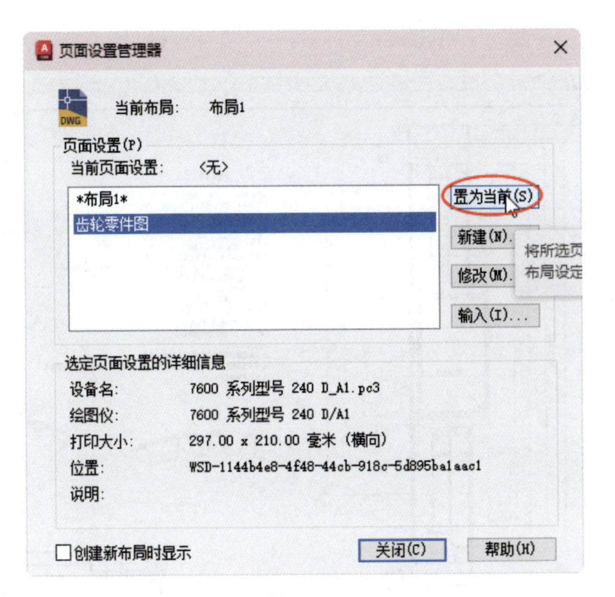

图 7-35

6. 单击【页面设置管理器】对话框中的【关闭】按钮，完成“齿轮零件图”布局的创建。

7. 在快速访问工具栏中单击【打印】按钮，弹出【打印 - 布局 1】对话框，不需要重新设置，单击左下方的【预览】按钮，如图 7-36 所示。

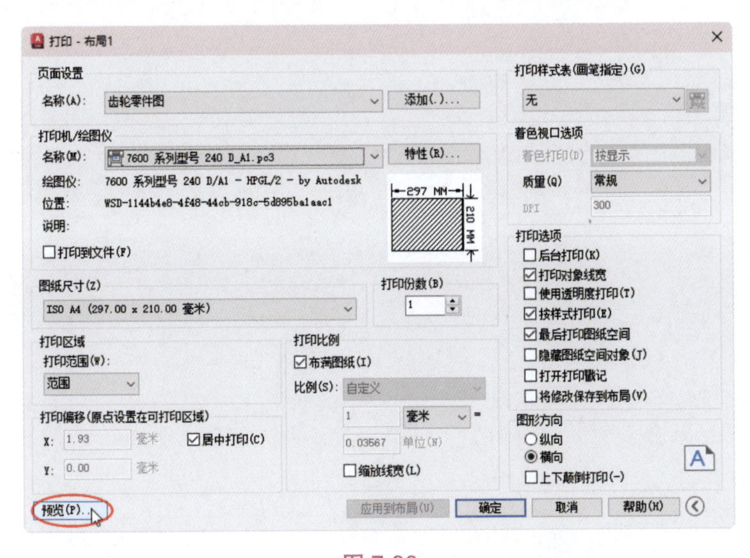

图 7-36

8. 打印预览效果如图 7-37 所示。预览无误后，在预览窗口中右击并选择【打印】命令，开始打印零件图。

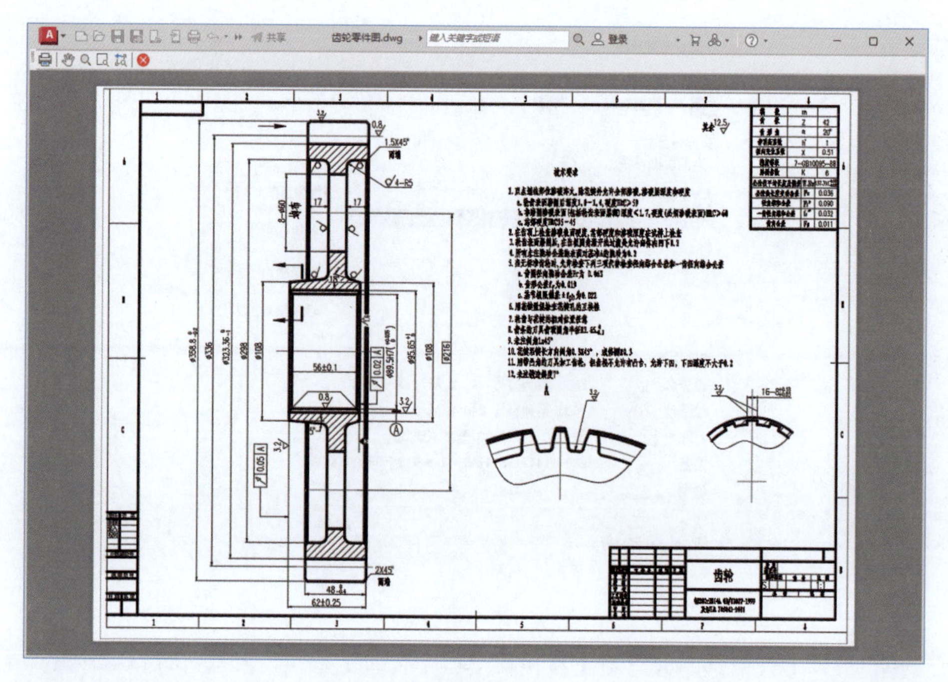

图 7-37